"十二五"江苏省高等学校重点教材

电工技术与电子技术实验

（第 3 版）

王香婷　徐瑞东　张　林　主　编

中国教育出版传媒集团
高等教育出版社·北京

内容简介

本教材是高等学校理工科非电类专业“电工技术与电子技术”课程实验教材《电工技术与电子技术实验》的第3版，为“十二五”江苏省高等学校重点教材、中国矿业大学“十四五”规划教材。本教材共分为5章，既包括基础性实验、设计性实验，又包括综合性实验、研究性实验，并融入仿真技术与贴合实际的高新技术，内容丰富，为学生个性化学习提供了扩展空间。

本教材为新形态教材，提供的数字资源包括与教材内容相关的实验视频、仿真视频及配套课件，供读者扫描二维码学习。

本教材适合作为高等学校理工科非电类专业电工技术与电子技术实验课程教材，以及电类相关专业本科生的实验参考书，同时也可供大学生电子设计竞赛及有关专业工程技术人员和科研人员参考。

图书在版编目（CIP）数据

电工技术与电子技术实验 / 王香婷，徐瑞东，张林主编. -- 3版. -- 北京 ：高等教育出版社，2024. 9.

ISBN 978-7-04-062336-9

Ⅰ. TM-33；TN-33

中国国家版本馆 CIP 数据核字第 20240J04U2 号

Diangong Jishu yu Dianzi Jishu Shiyan

策划编辑 杨 晨	责任编辑 杨 晨	封面设计 李树龙	版式设计 李彩丽
责任绘图 杨伟露	责任校对 张 然	责任印制 高 峰	

出版发行	高等教育出版社	网　　址	http://www.hep.edu.cn
社　　址	北京市西城区德外大街4号		http://www.hep.com.cn
邮政编码	100120	网上订购	http://www.hepmall.com.cn
印　　刷	固安县铭成印刷有限公司		http://www.hepmall.com
开　　本	787mm×1092mm　1/16		http://www.hepmall.cn
印　　张	12.5	版　　次	2009年3月第1版
字　　数	290千字		2024年9月第3版
购书热线	010-58581118	印　　次	2024年9月第1次印刷
咨询电话	400-810-0598	定　　价	34.70元

物 料 号　62336-00

江苏省重点教材编号：2015-1-050

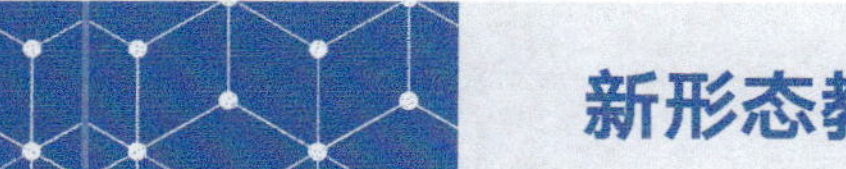

新形态教材网使用说明

电工技术与电子技术实验

（第3版）

王香婷　徐瑞东　张　林

主　编

1　计算机访问https://abooks.hep.com.cn/62336或手机微信扫描下方二维码进入新形态教材网。

2　注册并登录后，计算机端进入“个人中心”，点击“绑定防伪码”，输入图书封底防伪码（20位密码，刮开涂层可见），完成课程绑定；或手机端点击“扫码”按钮，使用“扫码绑图书”功能，完成课程绑定。

3　在“个人中心”→“我的学习”或“我的图书”中选择本书，开始学习。

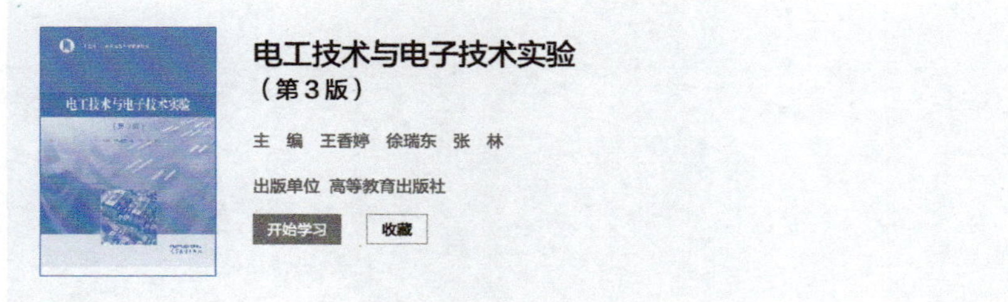

绑定成功后，课程使用有效期为一年。受硬件限制，部分内容可能无法在手机端显示，请按照提示通过计算机访问学习。

如有使用问题，请直接在页面点击答疑图标进行咨询。

https://abooks.hep.com.cn/62336

第 3 版前言

《电工技术与电子技术实验》(第 3 版)为中国矿业大学“十四五”规划教材,第 2 版于 2017 年出版,为“十二五”江苏省高等学校重点教材。随着电工技术与电子技术的迅猛发展,结合本课程实验教学对学生能力培养的需求,特对第 2 版实验教材进行修订、完善,以适应新形势的需要。

本教材修订工作主要体现在以下几个方面:

1. 实验平台及仪器设备的更新完善。更新了 PLC 实验平台、示波器、台式数字万用表,完善了电工综合实验平台,增加了电工电子创新设计实验系统介绍等。

2. 修订教材对部分基础性实验更新了基本实验及扩展实验内容,扩展实验内容以“*”标注,以满足学生差异化需求。更新及重新编写了相关综合性实验内容,以工程为背景设定场景,提出设计需求,引导学生分析、解决问题。

3. 结合新的 PLC 平台,重新编写了可编程序控制器相关实验,介绍了西门子 S7-1200 可编程序控制器编程软件 TIA Portal V13 的使用。

4. 仿真软件由 EWB 更新为 Multisim14,实验教材中的 EWB 仿真实验全部更换为 Multisim 仿真实验,介绍了 Multisim14 软件的使用。

5. 在实验内容编写过程中,融入育人元素,增强学生的安全生产意识、绿色环保意识、工程责任意识、规范操作意识等,提高学生的职业素养。

6. 本教材为新形态教材,突出“以学生为中心”,提供实验视频、仿真电路视频、多媒体课件等数字资源,且可根据学生个性化发展需求进行内容的拓展,更有效地服务于线上教学、混合式教学等新型教学模式。本教材提供与教材内容相关的实验视频、仿真视频及配套课件,供读者扫描二维码学习。

本教材是在中国矿业大学电工教学组全体教师多年实验教学改革与实践经验的基础上编写、修订的。由王香婷、徐瑞东、张林担任主编,王香婷负责教材统稿。王香婷、徐瑞东、张林、张晓春、汤中于、廖红梅、刘玉英、李海港、王晔枫、夏双、王攀攀等老师参加了教材修订编写、视频拍摄、数字化资源制作等,参加第 1 版、第 2 版编写、修订工作的还有刘涛、吴春燕、周书颖等老师。

本教材修订承蒙南京理工大学黄锦安教授审阅,并提出了宝贵的修改意见,在此向黄锦安教授致以衷心的感谢。

由于编者水平有限,书中难免有不妥和错误之处,恳请使用本教材的师生批评指正。编者的电子邮箱为:xiang tingw@ 163.com。

编者

2024 年 5 月

第 2 版前言

本教材为《电工技术与电子技术实验》教材的修订版，为“十二五”江苏省高等学校重点教材。本教材的编写修订本着“坚实基础、注重综合、强化设计、旨在创新”的原则，以符合基本教学规律和满足实验教学改革需要为出发点，构建以学生能力培养为核心的开放式实验教学体系，编写了基础型实验、综合性实验、计算机仿真综合实验共计 32 个，各学科专业根据实验学时和教学要求的不同选择使用课外开放性实验。

修订教材的特点：

1. 突出学生个性化培养，更新和拓展实验内容

修订教材包含基础型实验 18 个，其中电路和电机与控制实验 9 个、模拟电路实验 5 个、数字电路实验 4 个。更新了基础性实验内容，增加了扩展性实验内容，以满足学生差异化需求。基础实验在实验指导中给出了参考电路和实验方法步骤，扩展性实验多为设计性实验内容。

修订教材包含综合设计性实验 10 个，在原教材基础上增加了 2 个综合设计性实验。综合设计性实验体现学生的开放自主性学习，学生根据实验要求自行设计实验、进行电路仿真、选择芯片器件、进行硬件实验调试等，最终自主完成实验。

2. 结合新的实验平台和设备，编写相关新实验

第一版实验教材所涉及实验使用的是未更新的实验平台和模拟实验仪器仪表，本次教材修订针对新实验平台和数字仪器仪表使用以及所涉及的相关实验等进行了重修编写，满足学生课内实验和课外实践的需求。

3. 主教材与实验数字课程一体化设计，实验教学资源可通过网站免费获取

通过访问 http://abook.hep.com.cn/1237053 可免费获取实验教学资源。包括与主教材配套多媒体课件、实验仿真课件及相关实验视频等。

编写了针对电工技术与电子技术实验的多媒体电子教案，学生通过网站可免费获取，供课内外实验使用。

提供了应用计算机仿真软件制作的基础性实验和综合仿真实验的仿真课件源文件，供学生学习浏览。

提供了实验仪器设备使用及相关实验教学视频（MP4 文件），供学生实验课前预习使用。

本教材是在中国矿业大学电工教学组全体教师多年实验教学改革与实践的基础上编写而成的，由王香婷和徐瑞东进行统稿，刘涛、张晓春、周书颖、汤中于、吴春燕、廖红梅、刘玉英、戴新联等教师参加编写。

由于我们水平有限，书中难免有不妥和错误之处，恳请使用本教材的师生批评指正。编者的电子邮箱为：xiangtingw@163.com。

编者

2016年7月

第1版前言

电工技术与电子技术实验是“电工技术与电子技术”课程重要的实践性教学环节。实验教学的目的不仅是使学生巩固和加深理解所学的理论知识，更重要的是训练学生的实验技能，提高学生的动手能力和综合实践能力，同时培养学生电气操作技能的综合素质和严谨的科学作风。

本实验教程在编写上结合了理工科非电类专业“电工技术与电子技术”课程的教学要求，并充分考虑了非电类专业学生的学习特点和21世纪对人才培养的要求，具有以下特点。

1. 注重实用性

在实验内容的安排上由浅入深，循序渐进，增加了设计性实验的比例、增设了综合性实验，偏重实用性，提高学生的学习兴趣，增强学生的综合实验和分析问题、解决问题的能力。

2. 注重先进性

跟踪新技术的发展，将EDA技术、可编程序控制器(PLC)等引入实验教学，进一步提高学生的计算机应用能力和电气技能素质。

3. 注重能力培养

教材编写突出“更新、拓宽、综合、实用”的原则，有利于学生创新意识的培养和个性的发展。

本书的编写目标是适应新形势、新要求，因此内容涵盖面广，有一定深度。它既适用于多学时的教学要求，又是一本普遍适用的实践教程。使用时可根据不同专业的要求，对内容进行不同的安排和选择。本书还为实验室开放提供丰富的选题。

本书在中国矿业大学电工教学组全体教师多年实验教学经验的基础上编写而成，由王香婷和刘涛任主编并进行统稿，吴春燕、廖红梅、徐瑞东、汤中于、周书颖、张晓春等参与编写。

本书由上海交通大学朱承高教授主审，朱教授提出了许多宝贵的意见，在此表示衷心的感谢。

由于水平有限，书中难免有不妥和错误之处，恳请使用本书的师生批评指正。

编者

2008年11月

目　录

实验要求

一、实验目的

实验是“电工技术与电子技术”课程中重要的实践性教学环节，实验的目的不仅是要巩固和加深理解所学的理论知识，更重要的是训练实验技能，提高动手能力和综合实践能力，树立工程观念和严谨的科学作风。

通过实验训练以下几方面的基本技能：

1. 能正确使用常用的电工仪表、电子仪器、电机和常用电气设备。
2. 能独立操作和完成简单的电工技术、电子技术实验。
3. 学习查阅手册，能正确使用常用的电子元器件。
4. 能准确读取实验数据，观察实验现象，测绘波形曲线，查找和排除实验的简单故障。
5. 能整理分析实验数据，独立撰写出条理清楚、整洁的实验报告。
6. 具备一定的安全用电知识，遵守操作规程。

二、实验预习

1. 实验前认真阅读实验教材相关内容及观看实验视频等，明确实验目的，理解实验原理，熟悉实验电路与内容，了解实验注意事项。

2. 了解实验中所使用的各种电气设备、实验平台，以及电子仪器的原理及使用方法。

3. 写出实验预习报告，内容包括：实验目的、实验仪器与设备、实验原理及实验电路图、数据记录表格，计算实验数据理论值，预习内容中的思考题、选择题和填空题等。对于设计性、综合性实验，要提前查阅相关资料，写出实验设计方案。

三、实验规则

1. 做好实验前的预习，凡没有预习报告者一律不得参加实验。

2. 严格遵守实验室的各项规章制度，保持实验室的安静和整洁，爱护实验室的仪器设备。禁止动用与实验无关的仪器设备。

3. 实验接线完毕后，要认真复查，确认无误后，方可接通电源进行实验。强电实验时，通电前应由指导教师检查线路。

4. 实验前根据估算实验数据正确选择仪表的量程，实验中认真记录实验数据、波形，并分析实验结果是否正确。实验中若出现问题与故障，应尽量独立分析与排除，并记录解决问题与故障的方法。

5. 注意用电安全，严禁带电接线、拆线或改接线路。

6. 实验中如发现仪器异常或机器故障，应立即切断电源或停止实验，并及时报告指导教师。

7. 实验数据测试完成后，需做初步整理，检查错误与遗漏，经指导教师签阅确认后，才能拆除实验电路。实验完毕应及时将仪器设备及其他用具归放原位，清理实验环境后方可离开。

8. 实验室仪器设备不能擅自搬动、调换，更不能擅自带出实验室。

9. 综合设计性实验中若用到实验箱上没有的元器件时，应提前通知实验室做好准备。

四、实验报告

实验报告的具体内容如下：

1. 实验目的、实验仪器与设备、实验原理及实验电路图、实验数据。

2. 课前完成的预习内容：预习中要求的理论数据计算、回答问题、设计记录表格等。

3. 实验数据与处理：根据实验原始记录，整理实验数据，按实验报告要求加以必要的处理。

4. 综合设计性实验，除完成上述要求外，还应给出标准的设计电路及详细的设计说明。

5. 根据实验要求，绘制相关的曲线和图表，写出心得体会及建议。

五、实验安全用电

1. 不得擅自接通电源，尤其是室内总电源。

2. 强电实验在电源接通后，不允许用手触及带电部分，以防触电。严格遵守“先接线后通电”“先断电后拆线”的操作程序。

3. 在强电实验时若遇触电事故，应立即切断电源，或用绝缘工具迅速将电源线断开，使触电者脱离电源。

4. 实验中当被测值难以预测时，仪表量程应置最大，再根据测量情况减小量程。否则将因过电压、过电流而烧坏仪表。

5. 实验中若发现异常现象，如设备过热、绝缘烧焦发出异味、电动机转动声音不正常等，也应立即切断电源，查找原因。

第 1 章 电工技术实验

实验一 电路的基本定律和定理

课件：
电路的基本定律和定理

视频：
电路的基本定律和定理

一、实验目的

1. 验证基尔霍夫定律和叠加定理，理解电流、电压参考方向的意义。
2. 通过实验实现线性有源二端网络的等效变换。
3. 测定电压源的外特性。

二、实验仪器与设备

1. 直流双路稳压源　　一台
2. 电阻元件模块　　一块
3. 直流电压表、电流表模块　　一块
4. 测电流插孔板　　一块

三、实验预习内容

1. 填写表 1.1

复习教材有关内容，根据图 1.1 和图 1.2 电路给出的参数计算表 1.1 中各量。

表 1.1 理论计算数据

基尔霍夫定律及叠加定理						戴维南定理					
U_1/V	U_2/V	U_3/V	I_1/mA	I_2/mA	I_3/mA	U_{OC}/V	I_{SC}/mA	R_0/Ω	$I_{51\,\Omega}$/mA	$I_{100\,\Omega}$/mA	$I_{200\,\Omega}$/mA

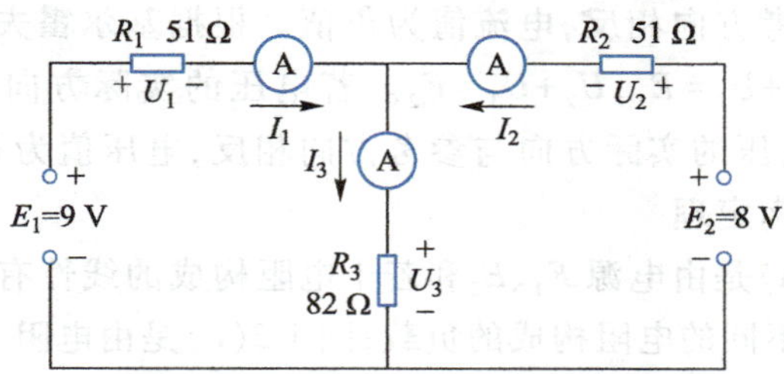

图 1.1 验证基尔霍夫定律和叠加定理的实验电路

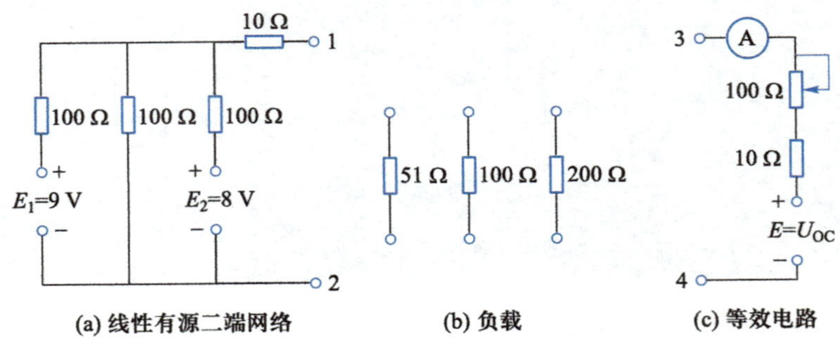

图 1.2 戴维南定理实验电路

视频：基尔霍夫电流定律仿真演示

视频：基尔霍夫电压定律仿真演示

视频：叠加定理仿真演示

视频：戴维南定理等效仿真演示 1

视频：戴维南定理等效仿真演示 2

2. 完成下列填空题

(1) 测量电压时，应将电压表与被测电路________，测量电流时，应将电流表与被测电路________。

(2) 根据图 1.1 中所标电压、电流的参考方向，当 E_1单独作用时，表 1.1 中________、________的测量值应为负值；当 E_2单独作用时，表 1.1 中________、________的测量值应为负值。

(3) 在本实验中，当 E_1单独作用时，应先将电源 E_2从电路中去掉，然后再将图 1.1 电路中________的两端短接。在实验时，若出现 U_2和 I_2的测量值为 0 的现象，则说明________处于开路状态。

3. 注意事项

(1) 注意实验电路中给定的电流、电压的参考方向。

(2) 电流插孔的使用方法：在只有一块直流电流表，但需要测量多个电流时，可以借助图 1.3 所示的电流插孔测量电流。在需要测量电流的支路中，串联一个电流插孔，将其 1 和 2 两端接入电路。测电流时，将电流表接入 3 和 4 两端，拔掉短接插件，电流表则以串联方式接入电路。完成测量以后，接入短接插件，拔出电流表。

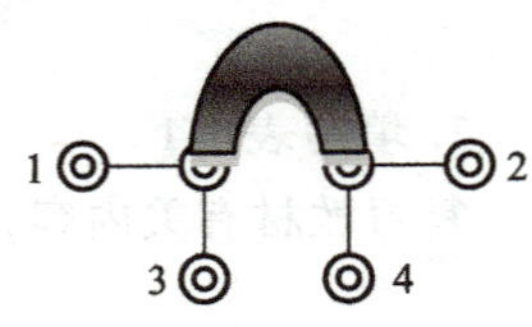

图 1.3 电流插孔

四、实验原理

1. 基尔霍夫定律和叠加定理

实验电路如图 1.1 所示。根据基尔霍夫电流定律，节点处 3 条支路的电流应满足 $I_1+I_2=I_3$。若电流的实际方向与参考方向相同，电流值为正值；若电流的实际方向与参考方向相反，电流值为负值。根据基尔霍夫电压定律，闭合回路的电压应满足 $U_1+U_3=E_1$，$U_2+U_3=E_2$。若电压的实际方向与参考方向相同，电压值为正值；若电压的实际方向与参考方向相反，电压值为负值。

2. 戴维南定理

图 1.2(a)是由电源 E_1、E_2和若干电阻构成的线性有源二端网络；图 1.2(b)是由 3 个阻值不同的电阻构成的负载；图 1.2(c)是由电阻、电动势构成的戴维南等效电路，100 Ω 电位器和 10 Ω 电阻用于构成线性有源二端网络的等效电阻。

线性有源二端网络的等效参数可用开路电压、短路电流法确定。在线性有源二端网络输出端开路时，用电压表测量其输出端的开路电压 U_{OC}，将输出端短路，用电流表测量短路电流 I_{SC}，则有源二端网络的等效内阻

$$R_0=\frac{U_{OC}}{I_{SC}}$$

五、实验内容

1. 验证基尔霍夫定律及叠加定理

（1）按图 1.1 连接电路，直流双路稳压电源的一路调至 $E_1=9$ V，另一路调至 $E_2=8$ V，分别测量表 1.2 中各电压和电流，并记录。

（2）测量 E_1 和 E_2 共同作用时，表 1.2 中各电压和电流，并记录。

（3）测量 E_1 单独作用和 E_2 单独作用时，表 1.2 中各电压和电流，并记录。

（4）根据叠加定理将各电源单独作用时的电压、电流测量值叠加，记入表 1.2 中。

表 1.2 验证基尔霍夫定律及叠加定理

条件	E_1/V	E_2/V	U_1/V	U_2/V	U_3/V	I_1/mA	I_2/mA	I_3/mA
E_1、E_2共同作用								
E_1单独作用		0						
E_2单独作用	0							
用测量数据计算 E_1、E_2共同作用								

2. 通过实验实现线性有源二端网络的等效变换

（1）按图 1.2(a)所示连接电路，按表 1.3 内容测量各电压与电流，并记录。

（2）将电路改接成如图 1.2(c)所示的戴维南等效电路。按表 1.3 内容测量各电压与电流，并记录。

表 1.3 线性有源二端网络的等效变换

条件	负载/Ω	∞	200	100	51	
线性有源二端网络	U/V					计算 R_0 =
	I/mA	0				I_{SC} =
等效电路	U'/V					
	I'/mA	0				I_{SC} =

六、实验报告要求

1. 比较表 1.1 中的理论计算数据和表 1.2 中的第一组数据，分析误差产生的原因。

2. 画出图 1.2(a)所示线性有源二端网络的实测等效电压源电路，并标出电路参数。

3. 用表 1.3 中的第二组数据绘出电源的外特性曲线 $U'=f(I')$，并分析当负载（指电流）增加时，电源端电压的变化趋势。

4. 拓展与思考：戴维南等效电路中 R_0 的其他测量方法。

实验二　常用电子仪器仪表的使用

一、实验目的

课件：常用电子仪器仪表的使用

1. 熟悉示波器、函数发生器、数字万用表面板上各操作键及旋钮的作用。
2. 学会用示波器测量信号幅值、有效值和频率。
3. 学会使用数字万用表、函数发生器及示波器。

二、实验仪器与设备

1. UTD2102 型示波器　　一台
2. SFG-1023 型函数发生器　　一台
3. GDM-8352 型数字万用表　　一台
4. TT-CX-2D 型现代电工电子创新设计实验箱　　一台

视频：示波器使用

三、实验预习内容

1. 阅读附录三，熟悉示波器面板上各操作键及主要旋钮的功能及使用方法。

2. 阅读附录四，熟悉函数发生器面板上各操作键及主要旋钮的功能及输出信号的调节方法。

视频：函数发生器使用

3. 阅读附录五，熟悉数字万用表的使用方法。

4. 思考题：调节函数发生器波形对称旋钮 DUTY 能改变频率，但能否用其调节函数发生器的输出频率？

四、实验原理

视频：数字万用表使用

1. 方波、正方波

图 2.1(a)所示波形为正方波，它包含交流分量及直流分量，如图 2.1(b)(c)所示。当示波器输入耦合方式开关置于“AC”(交流)时，由于隔直电容的作用，只能观看到波形中的交流分量；当示波器输入耦合方式开关置于“DC”(直流)时，才能观察到如图 2.1(a)所示的正方波。

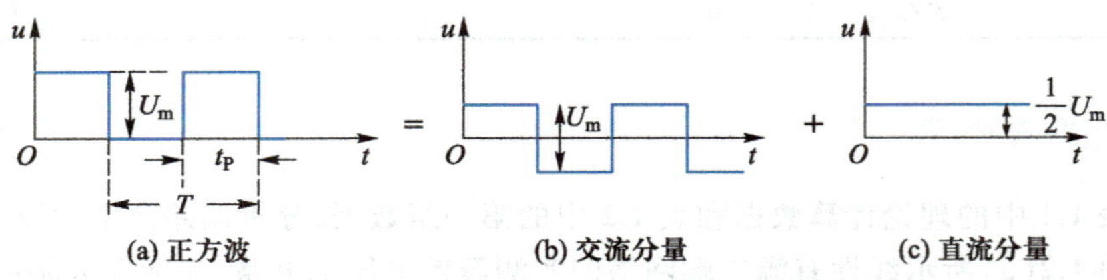

图 2.1　含有交直流分量的信号

图 2.1 所示正方波的周期为 T，脉冲宽度为 t_P，脉冲波形的占空比为

$$占空比=\frac{脉冲宽度}{脉冲周期}=\frac{t_P}{T}$$

2. 测量两个同频率正弦信号的相位差

测量两个同频率正弦信号相位差的电路如图 2.2 所示。函数发生器输出的正弦信号作为 *RC* 串联电路的输入信号，示波器的 CH_1 通道输入电压信号，CH_2 通道输入电流信号（因示波器只能输入电压信号，故电流信号用电阻两端的电压反映）。

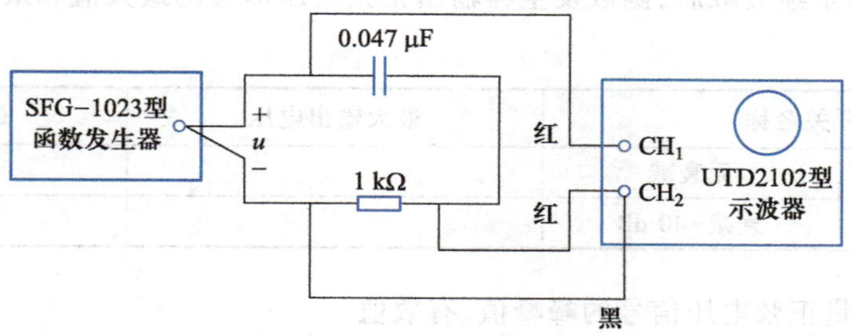

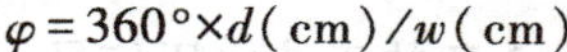
图 2.2　测量两个同频率正弦信号相位差的电路

示波器显示屏上显示出两个正弦波，如图 2.3 所示。根据两波形在水平方向的间隔 d 及信号一周期在示波器上所占的格数，可求得两个同频率正弦信号的相位差

$$\varphi=360°\times d(\text{cm})/w(\text{cm})$$

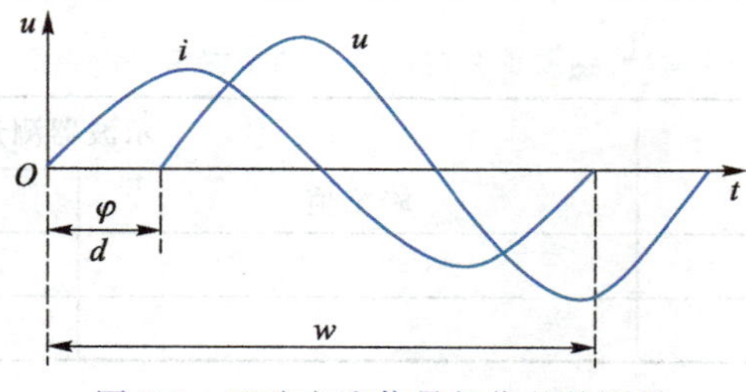

图 2.3　正弦交流信号相位差的测量

五、实验内容

1. 按下各仪器的电源开关，预热仪器

2. 用函数发生器产生正弦波信号

（1）将函数发生器的输出波形选择键 WAVE 设置为正弦波。

（2）按下波形对称旋钮 DUTY。

（3）按下直流补偿旋钮 OFFSET。

（4）频率设置为 1 kHz。

（5）按下输出键 OUTPUT。

3. 用示波器观察和测量信号

（1）将信号连接到示波器的 CH_1。

（2）按下 AUTO 按钮。示波器将自动设置使波形显示达到最佳。在此基础上，可以进一步手动调节垂直、水平挡位，直至波形的显示符合要求。

(3) 自动测量信号的电压和时间参数。数字存储示波器可对大多数显示信号进行自动测量。

4. 测量函数发生器输出正弦波信号时的输出电压范围

(1) 转动函数发生器输出幅度调节旋钮 AMPL 至最大和最小位置，用数字万用表的交流电压挡测量函数发生器输出正弦电压信号的最大值和最小值，记入表 2.1。

(2) 按下函数发生器 Shift+3(-40 dB)键，再转动输出幅度调节旋钮 AMPL 至最大和最小位置，用数字万用表测量经衰减后，函数发生器输出正弦电压信号的最大值和最小值，记入表 2.1。

表 2.1 输出电压范围

旋钮、开关名称		最大输出电压	最小输出电压
AMPL	无衰减		
	衰减-40 dB		

5. 用示波器测量正弦电压信号的峰峰值、有效值

(1) 调节函数发生器 AMPL 旋钮，使之输出有效值为 0.5 V 的正弦电压信号，正弦电压信号的有效值用数字万用表测量，并将此信号送入示波器 CH_1 通道。

(2) 用示波器观察和测量正弦电压信号的峰峰值、有效值(即方均根值)，记入表 2.2，并与数字万用表测量的有效值比较。

(3) 使函数发生器输出有效值为 2 V 的正弦电压信号，重复步骤(1)和(2)。

表 2.2 测量正弦电压信号的峰峰值、有效值

数字万用表测量	示波器测量	
电压信号有效值	峰峰值	有效值(方均根值)
0.5 V		
2 V		

6. 用示波器测量正弦电压信号的周期和频率

(1) 使函数发生器输出频率为 500 Hz 的正弦电压信号，接入示波器。

(2) 用示波器观察和测量正弦电压信号的周期和频率，记入表 2.3。

(3) 改变函数发生器的输出频率为 4 kHz，重复步骤(2)。

表 2.3 测量正弦电压信号的周期和频率

函数发生器输出频率	示波器测量	
	周期	频率
500 Hz		
4 kHz		

7. 用函数发生器输出方波、正方波电压信号，用示波器观察方波、正方波电压信号

(1) 输出、观察方波电压信号。

① 将函数发生器的输出波形 WAVE 设置为方波，按下直流补偿旋钮 OFFSET，按下波形对称

旋钮 DUTY。

② 调节频率 $f=1$ kHz。

③ 调节函数发生器输出幅度调节旋钮 AMPL，使示波器显示的方波电压信号的幅值为 1 V。

④ 按下示波器的 CH_1，再按 F1，将示波器耦合方式设置为交流，将示波器显示的波形记入表 2.4 中。

表 2.4　方波、正方波电压信号

仪器	函数发生器		示波器	
旋钮／波形	OFFSET	DUTY	耦合方式	显示波形（虚线是水平基线）
方波	推入	推入	交流	----------
正方波	拉出	推入	直流	----------
	拉出	拉出（顺时针旋转）	直流	----------
		拉出（逆时针旋转）	直流	----------

(2) 输出、观察正方波电压信号。

① 将示波器耦合方式置为直流。

② 将函数发生器直流补偿旋钮 OFFSET 拉出，顺时针旋转，使波形上移，直到示波器显示屏上波形的最低端正好压在基准线上，这时函数发生器输出的电压信号即为频率 $f=1$ kHz、幅值为 1 V 的正方波，将波形绘入表 2.4 中。

(3) 观察 DUTY 旋钮的作用。

① 将函数发生器示波器 DUTY 旋钮拉出，顺时针旋转，观察并记录正方波电压信号的宽度、周期和占空比的变化，将波形绘入表 2.4 中。

② 逆时针旋转 DUTY 旋钮，观察并记录正方波宽度、周期和占空比的变化，将波形绘入表 2.4 中。

*8. 观察及测量正弦信号的相位差

(1) 按图 2.2 接线，使函数发生器输出频率 $f=1$ kHz、有效值为 1 V 的正弦电压信号。

(2) 调节示波器 Y 轴位移旋钮，使 CH_1 和 CH_2 的扫描线重合，并压在水平刻度线上。显示屏上同时显示两个正弦波，如图 2.3 所示。读取并记录 d 及信号周期 T，计算 u，i 的相位差 φ。

六、实验报告要求

1. 将所测内容和标称值进行比较并进行误差分析。

2. 简述峰峰值和有效值之间的关系。利用数字万用表交流电压挡测量某正弦电压信号，若数值显示为 3 V，该信号的有效值是多少？用数字示波器观察某正弦电压信号的峰峰值为 3 V，该信号的有效值是多少？

3. 拓展与思考：了解各种仪器仪表的工作原理。

实验三 单相交流串联电路

一、实验目的

课件：单相交流串联电路

1. 研究正弦交流 *RLC* 串联电路中电压、电流的相位关系。
2. 测绘不同品质因数的 *RLC* 串联电路频率特性曲线。
3. 观察电容、电感元件上电压与电流的相位关系。

二、实验仪器与设备

视频：单相交流串联电路

1. UTD2102 型示波器 一台
2. SFG-1023 型函数发生器 一台
3. GDM-8352 型数字万用表 一台
4. TT-CX-2D 型现代电工电子创新设计实验箱 一台

三、实验预习内容

1. 预习函数发生器及示波器的使用方法。

2. 复习 *RLC* 交流串联电路的相关内容，了解电路参数 *R*、*L*、*C* 对谐振曲线及谐振频率的影响。

3. 计算图 3.1 实验电路（见实验原理）的谐振频率 f_0 = ________。

4. 在 *RLC* 串联电路中，当电源频率 f = ______时，电路产生串联谐振，此时电路的端电压与电流的相位______，电路呈______性（阻、感、容）。

5. 思考题

(1) 为了保证电源端电压为 500 mV，在调节函数发生器的输出幅度旋钮 AMPL 时，函数发生器是否接入实验电路？

(2) 在实验线路图 3.2（见实验内容）中，元件按 *CLR* 排列顺序。若元件按 *CRL* 排列顺序，还能用示波器观察总电压和电流的相位关系吗？

6. 研究谐振有何实际意义？请举例说明。

四、实验原理

本实验所用电路如图 3.1 所示。在 *RLC* 串联电路中，当电源电压的频率改变时，电路中的感抗与容抗随之变化，因此电路的性质也将发生变化。一般情况下，电源电压与电路中的电流是不同相的。

视频：*RLC* 串联的交流电路仿真演示

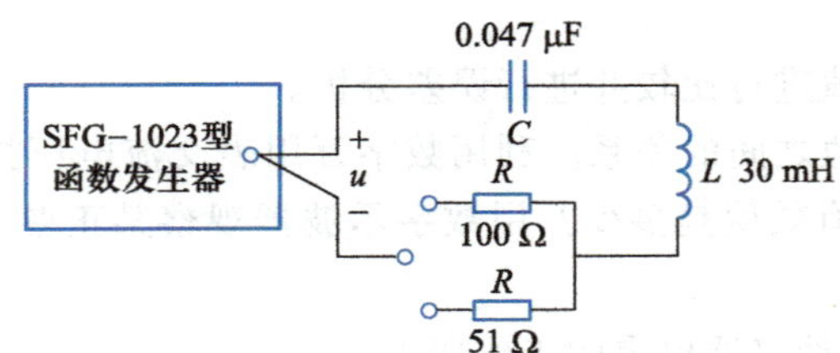

图 3.1 *RLC* 串联实验电路

当 $\omega L<\frac{1}{\omega C}$时，电路呈容性，电流超前电压；当 $\omega L>\frac{1}{\omega C}$时，电路呈感性，电流滞后电压；而当 $\omega L=\frac{1}{\omega C}$时，电路呈阻性，电流与电压同相，称为串联谐振。电路发生谐振时，谐振频率

$$f_0=\frac{1}{2\pi\sqrt{LC}}$$

本实验用函数发生器作为外加电源，改变电源的频率可使电路发生谐振。根据谐振时电流与电压同相的特点，可用示波器观察电压、电流波形找出谐振频率。另外，串联谐振时电路的阻抗最小，电流最大，所以电阻上的电压也最大。因此，也可利用谐振时电阻上电压最大的特点找到谐振频率。谐振时，电路中电容或电感上的电压一般为电源电压的 Q 倍。

$$\text{品质因数 } Q=\frac{\text{谐振时的电容电压}}{\text{电源电压}}=\frac{\text{谐振时的电感电压}}{\text{电源电压}}$$

五、实验内容

1. 调 RLC 串联电路的谐振点

（1）按图 3.2 接线，取 $R=51\ \Omega$。函数发生器输出正弦交流信号。用示波器的 CH_1 显示电压波形，CH_2 显示电流波形（用电阻上的电压反映电流信号）。

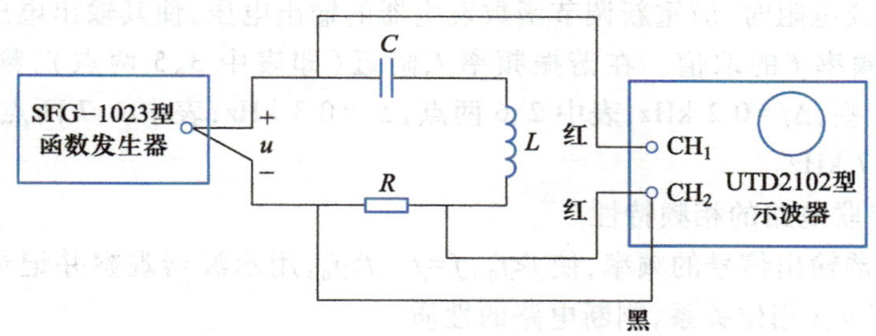

图 3.2　观察电压与电流相位差的接线图

（2）按预习估算的谐振频率，将函数发生器的频率调至估算的频率输入至示波器。

（3）调节频率旋钮，观察电压、电流波形的变化，当电压、电流波形同相时（以荧光屏中间的波形为准），电路发生谐振。记下此时的频率，即为谐振频率 f_0。保持谐振频率不变，调节函数发生器的输出幅度，旋转 AMPL 旋钮，使电源电压为 500 mV（用数字万用表测量），按表 3.1 所列读取各项数据，记入表 3.1 中。

表 3.1　谐振时的电路参数

谐振频率	电源电压	$R=51\ \Omega$				$R=100\ \Omega$			
		U_R	U_L	U_C	Q	U_R	U_L	U_C	Q
$f_0=$	$U=500$ mV								

2. 测绘 *RLC* 串联电路的幅频特性

按表 3.2 中所列各项，在$f<f_0$和$f>f_0$的范围内分别读取 3 组数据，记入表 3.2 中。

表 3.2 *RLC* 串联电路的幅频特性

顺序	频率/kHz	$R=51\ \Omega$		$R=100\ \Omega$	
		测量值	计算值	测量值	计算值
		U_R	I	U_R	I
1					
2					
3					
4	$f_0=$				
5					
6					
7					

操作时应注意下列事项：

(1) 改变频率或电阻时，应重新调节函数发生器的输出电压，使其输出电压 $U=500$ mV。

(2) 表 3.2 中频率 f 的取值。在谐振频率 f_0附近（即表中 3、5 两点），频率的变化量 $\Delta f=|f-f_0|$应取得小一些，$\Delta f=0.2$ kHz；表中 2、6 两点，$\Delta f=0.3$ kHz；表中 1、7 两点，频率的变化量应取得大一些，$\Delta f=0.7$ kHz。

3. 观察 *RLC* 串联电路的相频特性

改变函数发生器输出信号的频率，使$f<f_0$、$f=f_0$、$f>f_0$，用示波器观察并记录电路端电压 u 和电流 i 的波形，根据 u、i 相位关系，判断电路的性质。

4. 观察电感及电容元件上电压与电流的相位关系

(1) 按图 3.3 接线。改变输出信号频率，使$f<f_0$、$f=f_0$、$f>f_0$，观察电感元件上电压与电流的相位关系。

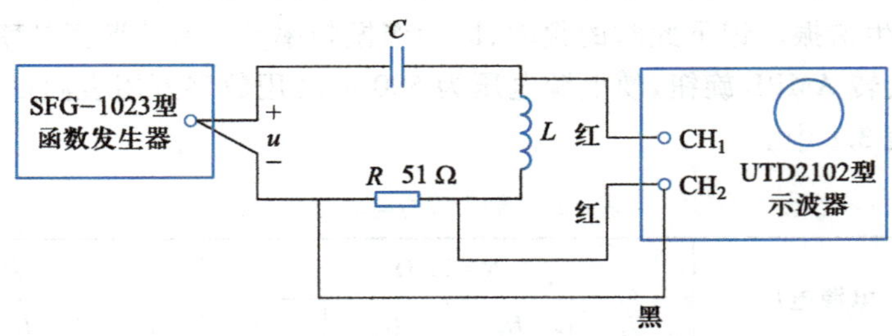

图 3.3 观察电感元件上电压与电流的相位差

(2) 按图 3.4 接线。改变输出信号频率，使 $f<f_0$、$f=f_0$、$f>f_0$，观察电容元件上电压与电流的相位关系。

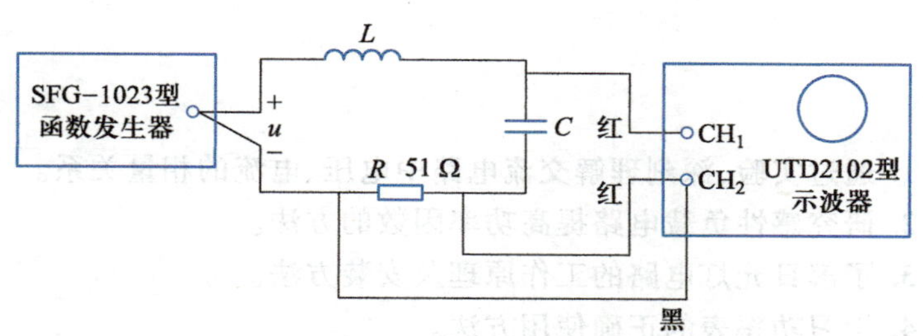

图 3.4　观察电容元件上电压与电流的相位差

六、实验报告要求

1. 整理测量数据，将计算值填入表中。

2. 在坐标纸上绘出 R、L、C 串联电路的幅频特性曲线 $I=F(f)$，$R=51\ \Omega$ 和 $R=100\ \Omega$ 的两条曲线画在同一坐标内。在曲线上标出谐振回路的通频带，注明谐振频率数值及每条曲线的 Q 值。

3. 用表 3.1 的测量值计算谐振回路的品质因数 Q，并分析电阻 R 对 Q 值、选择性及通频带的影响。

4. 绘出 $f<f_0$、$f=f_0$、$f>f_0$时，电路端电压 u 和电流 i 的波形。当 $f<f_0$时，电压在相位上________电流，电路呈________性。当 $f>f_0$时，电压在相位上________电流，电路呈________性。

5. 拓展与思考：举例说明其他判断 RLC 串联电路达到谐振的方法。

实验四 功率因数的改善

一、实验目的

课件：
功率因数的改善

视频：
功率因数的改善

1. 通过实验，深刻理解交流电路中电压、电流的相量关系。
2. 研究感性负载电路提高功率因数的方法。
3. 了解日光灯电路的工作原理及安装方法。
4. 学习功率表的正确使用方法。

二、实验仪器与设备

1. 日光灯组件　一套
2. 镇流器和电容模块　一块
3. 功率表模块　一块
4. 交流电流表模块　两块
5. 交流电压表模块　一块

三、实验预习内容

1. 了解日光灯管、镇流器、启辉器的内部结构和原理，熟悉日光灯电路的接线。

2. 了解感性负载并联电容器提高电路功率因数的原理及电路现象。

3. 日光灯灯管相当于一个＿＿＿＿＿＿（a. 电阻、b. 电感性）负载，镇流器相当于一个＿＿＿＿（a. 电阻、b. 电感性）负载，若日光灯灯管的功率为 20 W，则功率表测出的有功功率＿＿＿＿（a. 大于、b. 等于、c. 小于）20 W。

4. $U_{灯}$和$U_{镇}$之和＿＿＿＿（a. 大于、b. 等于、c. 小于）220 V。

5. 日光灯电路并联电容器后，当电容器的容量由 0 μF 增加到 6.7 μF 时：

(1) 日光灯支路电流 I_1＿＿（a. 增大、b. 减小、c. 不变、d. 先减小后增大）；

(2) 电容支路电流 I_C＿＿（a. 增大、b. 减小、c. 不变、d. 先减小后增大）；

(3) 总电流 I＿＿（a. 增大、b. 减小、c. 不变、d. 先减小后增大）；

(4) 电路的性质＿＿（a. 感性、b. 阻性、c. 容性、d. 由感性过渡到容性）；

(5) 电路的有功功率＿＿（a. 增大、b. 减小、c. 不变）；

(6) 电路的功率因数＿＿（a. 增大、b. 减小、c. 不变、d. 先增大后减小）。

四、实验原理

1. 日光灯电路

图 4.1(a)所示是日光灯电路接线图，电路中日光灯管和镇流器串联构成一个感性负载电路。图 4.1(b)是它的等效电路，由日光灯管的等效电阻、镇流器的电阻和电感串联组成。

(1) 日光灯管

日光灯管的结构如图 4.2 所示，在玻璃灯管内壁涂有一层薄薄的荧光粉，密封的灯管内放入

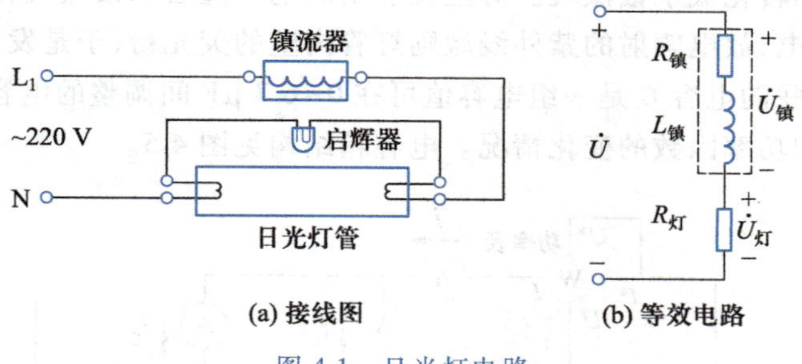

图 4.1　日光灯电路

少量水银，充有惰性气体（氩气）。灯管两端各装有灯丝，灯丝上涂有一层氧化物，通电受热后会发射电子。灯管点亮前，管内气体未被电离，处于高阻断状态。灯管点亮后，管内气体被电离，从而转为低阻导通状态，若不加限流装置，会有过大的电流流过灯管，将灯管烧坏。

（2）镇流器

镇流器实际上是一个带铁心的电感线圈。日光灯电路刚接通电源时，镇流器两端产生一个高电压，以帮助灯管启辉点亮。灯管点亮后，利用镇流器的阻抗限制灯管的工作电流。

（3）启辉器

启辉器的构造如图 4.3 所示，在充有惰性气体（氖气）的密封玻璃泡内，装有动触片和静触片。动触片是用两种热膨胀系数不同的双金属片制成的，呈倒 U 形，倒 U 形内层的金属材料热膨胀系数高。在启辉器辉光放电时，放电产生的热量加热双金属片，双金属片伸开，与静触片接通。辉光放电停止后，双金属片冷却收缩，触点断开。

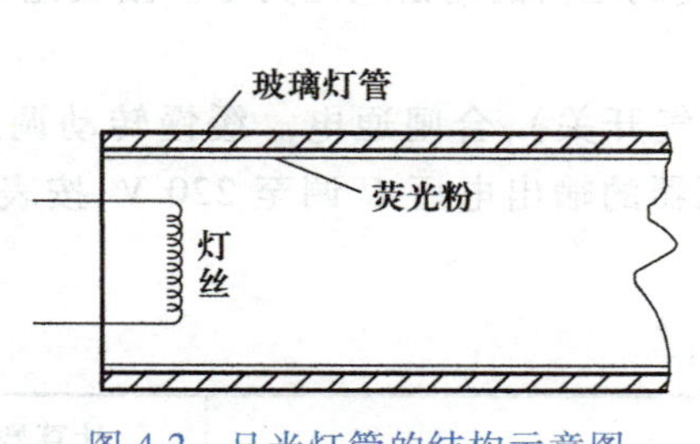

图 4.2　日光灯管的结构示意图

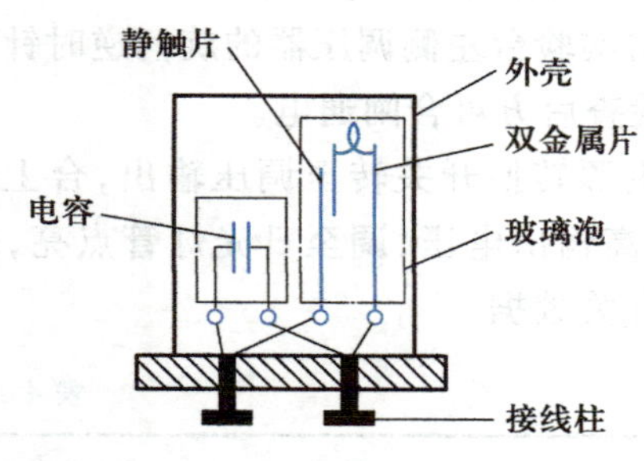

图 4.3　启辉器的结构

2. 日光灯电路的工作原理

实验电路如图 4.4 所示。为了观察电源电压变化对日光灯工作的影响，日光灯电路用调压器的输出作为电源，功率表用来测量日光灯电路的有功功率。当日光灯电路刚接入交流电源时，启辉器中双金属片处于断开位置，灯管尚未放电，电路中没有电流。这时，电源电压经镇流器、灯管灯丝全部加在启辉器的动触片与静触片之间，使触片间的惰性气体（氖气）电离而产生辉光放电，双金属片受热伸展开，与静触片接触，触点闭合，电路接通，电流流过灯管灯丝。灯丝通电发光后开始发射电子，并且加热管内气体。同时，启辉器因动、静触片接触，辉光放电停止，双金属片冷却收缩，触点断开。启辉器触点断开瞬间，镇流器绕组产生一个相当高的感应电动势。此电动势与交流电源相叠加，共同加于灯管两端的灯丝之间，使管内氩气电离。氩气电离放电，灯管内温度升高，水银受热转化成水银蒸气。灯丝发射出的电子撞击水银蒸气，从而使灯管由氩气放电过渡为水银蒸气放电，放电辐射的紫外线激励灯管内壁的荧光粉，于是发出了可见光。

与日光灯电路并联的电容 C 是一组电容值可在 0~6.7 μF 间调整的电容，用以研究不同电容下电路的电流、功率和功率因数的变化情况。电容箱结构见图 4.5。

视频：
功率因数提高仿真演示

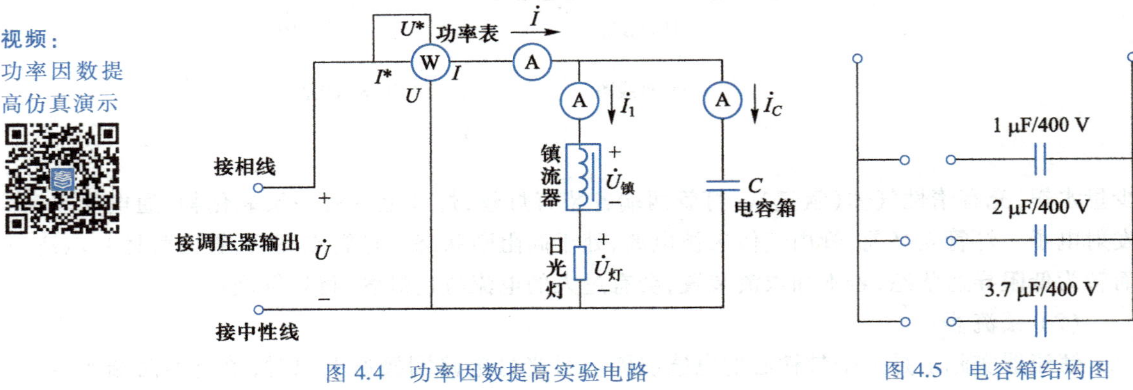

图 4.4 功率因数提高实验电路　　图 4.5 电容箱结构图

五、实验内容

注意事项：本实验使用的电源电压较高，要求学生必须遵守先接线后通电，先断电后拆线的实验操作原则。

1. 按图 4.4 将日光灯电路、功率表、各电流表、电容箱接入电路。
2. 不接电容（C=0 μF）。
3. 将实验台左侧调压器的旋柄逆时针旋至零位，使调压器的输出电压为零。接线完毕，经指导教师检查后方可合闸通电。
4. 电源转换开关转至调压输出，合上断路器（空气开关），合闸通电。缓慢转动调压器的旋柄，升高输出电压，调至日光灯管点亮，然后将调压器的输出电压 U 调至 220 V，按表 4.1 内容测量有关数据。

表 4.1 日光灯电路参数

测量数据						计算数据
U/V	I/mA	$U_{镇}$/V	$U_{灯}$/V	P/W	$R_{镇}$/Ω	$L_{镇}$/H
220						

5. 保持 U 为 220 V，接入不同电容值的电容，按表 4.2 所列项目进行测量，结果记入表 4.2 中。

表 4.2 并联电容对电路工作状态的影响

电容量/μF	测量数据						计算数据	
	U/V	I/mA	I_1/mA	I_C/mA	P/W	cos φ	S/V·A	cos φ
0								

续表

电容量/μF	测量数据						计算数据	
	U/V	I/mA	I_1/mA	I_C/mA	P/W	cos φ	S/V · A	cos φ
1								
2								
3.7								
4.7								
5.7								
6.7								

6. 调节功率表上、下按键，测量有功功率时选择“+”—“w/h”，测量 cos φ 时选择“+”—“pf”。

7. 将各电容断开，缓慢调节调压器旋柄旋至零位，使调压器的输出电压为零。

六、实验报告要求

1. 在表 4.1、表 4.2 中填入测量数据和计算数据。

2. 写出表 4.1 中镇流器电感 $L_{镇}$ 的计算公式。

3. 定性画出 $C=0$ μF、$C=3$ μF、$C=6.7$ μF 三种情况下 $\dot{U}$、$\dot{I}$、$\dot{I}_1$、$\dot{I}_C$ 的相量图（以 $\dot{U}$ 为参考相量）。

4. 分析相量图，说明总电流及电路性质的变化与电容量的关系，在本实验中取哪一个电容时提高功率因数的效果最好。

5. 拓展与思考：提高线路功率因数为什么只采取并联电容法，而不使用串联电压法？

实验五 三相电路

一、实验目的

课件：
三相电路

1. 学习三相交流负载的三角形联结(△)和星形联结(Y)方法。
2. 验证对称负载三相电路中，线电压与相电压、线电流与相电流的关系。
3. 观察三相四线供电系统中不对称负载星形联结时中性线的作用。

二、实验仪器与设备

视频：
三相电路

1. 三相灯组模块 三块
2. 交流电压表模块 一块
3. 交流电流表模块 两块
4. 测电流插孔板 一块

三、实验预习内容

视频：
三相负载的三角形联结

1. 复习三相电路内容，理解三相负载星形联结(Y)及三角形联结(△)时的线电压和相电压、线电流和相电流之间的关系。

2. 完成以下填空内容。

(1) 由三相负载接成星形与三相电源相连接时，一般采用____(a. 三相四线制、b. 三相三线制)接法，若负载不对称，中性线电流____(a. 等于、b. 不等于)零。三相负载接成三角形，电路为____(a. 三相四线制、b. 三相三线制)接法。

视频：
三相负载的星形联结

(2) 在三相四线制中，不对称负载______(a. 能、b. 不能)省去中性线，中性线上______(a. 能、b. 不能)安装熔断器。

(3) 若电源线电压为220 V，则三相对称负载星形联结时每相负载的相电压为______V。

3. 分析三相负载星形联结(Y)，当负载不对称(U相开一个灯，V相开两个灯，W相开三个灯)且无中性线时，哪一相灯最亮？哪一相最暗？为什么？

四、实验原理

三相电路中，负载的连接方式有星形联结和三角形联结两种。星形联结时根据需要可采用三相三线制和三相四线制供电；三角形联结时只能采用三相三线制供电。目前中国低压配电大多数为380 V三相四线制供电系统，通常单相负载的额定电压为220 V，因此要接在相线和中性线之间，并尽可能使电源各相负载均衡、对称。

实验中由白炽灯组成的三相负载如图5.1所示，每相负载中有一个电流插孔，用于测量每相的相电流。

1. 三相对称负载作三角形联结(△)时，有 $U_L=U_p$，$I_L=\sqrt{3}I_p$。不对称三相负载作三角形联结

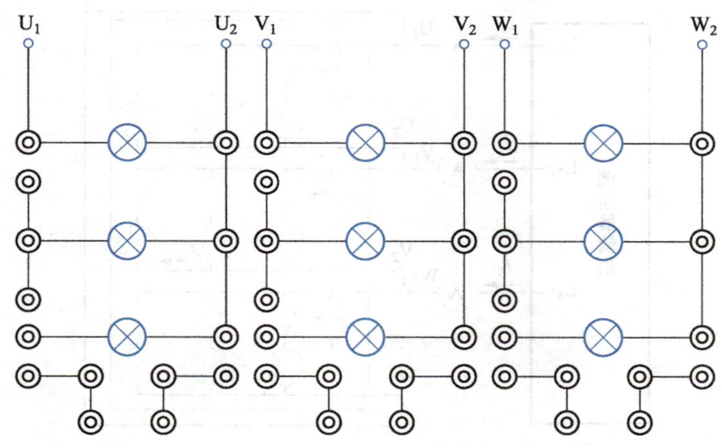

图 5.1　三相负载(灯组)

(△)时,$I_L \neq \sqrt{3} I_p$,但只要电源线电压对称,加在三相负载上的电压仍是对称的。

2. 三相对称负载作星形联结(Y)时,有 $U_L = \sqrt{3} U_p$,$I_L = I_p$。

3. 不对称三相负载作星形联结(Y)时,应采用三相四线制供电线路,以保证三相不对称负载的每相电压仍保持对称。

4. 三相电源的相序测定。三相交流电压依次达到最大值的顺序称为相序。以 U、V、W 的顺序为正相序,反之以 U、W、V 的顺序为逆相序。通常,三相电源的相序都是按正相序运行的。

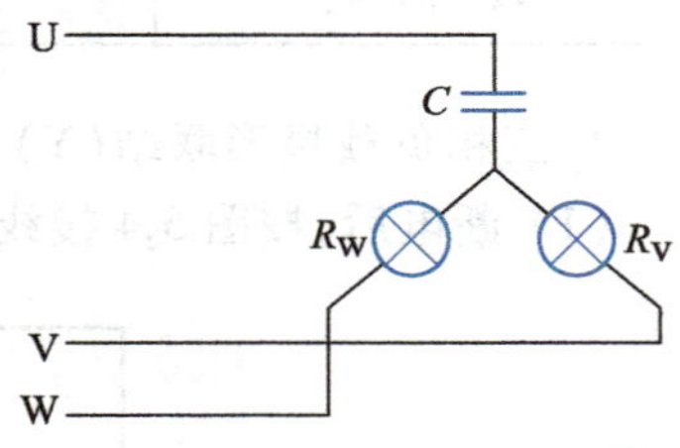

图 5.2　相序指示器电路

判断三相电源的相序可以采用如图 5.2 所示的相序指示器电路。它是由一个电容和两个瓦数相同的白炽灯连接成的星形不对称三相电路,假定电容器所接的相为 U 相,则灯光较亮的一相为 V 相,灯光较暗的一相为 W 相。

五、实验内容

注意事项:本实验使用的电源电压较高,要求学生必须遵守先接线后通电,先断电后拆线的实验操作原则。

1. 三相负载三角形联结(△)

(1) 按图 5.3 接线,接线完毕,经指导教师检查后方可通电。

(2) 电源转换开关转至调压输出,合上断路器,合闸通电,转动调压器旋柄使调压器输出线电压为 220 V。

(3) 每相负载接入一个白炽灯,形成三相对称负载,按表 5.1 测量各电压、电流,并记入表 5.1 中。

(4) 改变负载情况,U 相接一个灯、V 相接两个灯、W 相接三个灯,形成三相不对称负载,再按表 5.1 测量各电压、电流,记入表 5.1 中。

视频：
三相负载三角形联结仿真演示

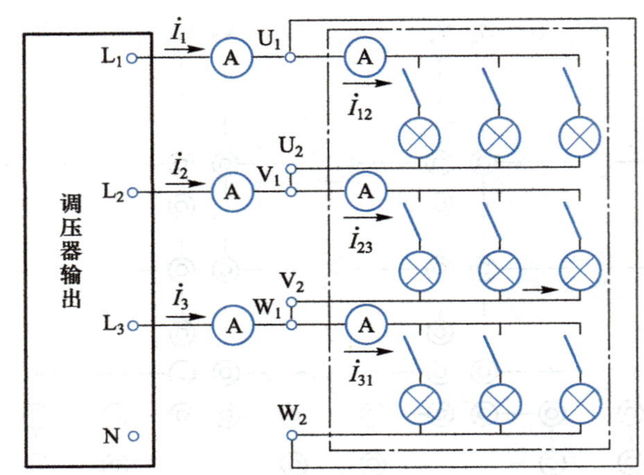

图 5.3 负载三角形联结(△)的实验电路

表 5.1 三相负载三角形联结(△)的实验数据

电路状态	线电压/V			线电流/mA			相电流/mA		
	U_{12}	U_{23}	U_{31}	I_1	I_2	I_3	I_{12}	I_{23}	I_{31}
对称负载									
不对称负载									

2. 三相负载星形联结(Y)

(1) 断电后，按图 5.4 接线。接线完毕，经指导教师检查后方可通电。

视频：
三相负载星形联结仿真演示

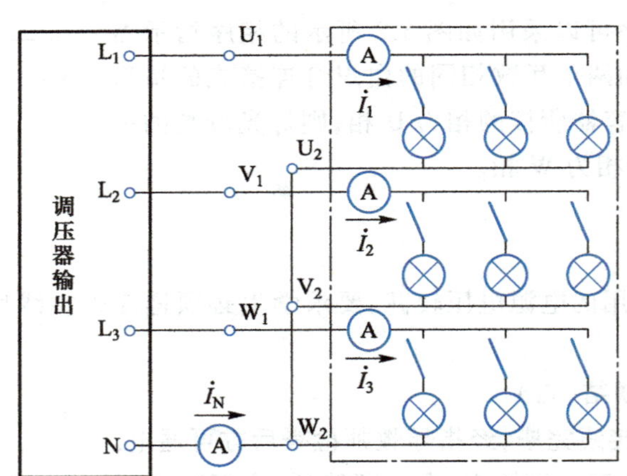

图 5.4 负载星形联结(Y)的实验电路

(2) 保持电源线电压为 220 V。

(3) 每相负载接一个白炽灯，形成三相对称负载，按表 5.2 测量负载端的各线电压、相电压及电流，记入表 5.2 中。

(4) 改变负载，U 相接一个灯、V 相接两个灯、W 相接三个灯，形成三相不对称负载，再按表

5.2 测量负载端的各线电压、相电压及电流，记入表 5.2 中。

表 5.2 三相负载星形联结(Y)的实验数据

电路状态		线电压/V			相电压/V			电流/mA			
		U_{12}	U_{23}	U_{31}	U_1	U_2	U_3	I_1	I_2	I_3	I_N
对称负载	有中性线										
	无中性线										/
不对称负载	有中性线										
	无中性线										/

*3. 三相电源的相序测定

相序指示器电路如图 5.5 所示。U 相负载为 4.7 μF 的电容器，V、W 相为相同瓦数的白炽灯。通电后，根据灯的明暗以确定三相电源的相序，并测定各相负载的电压，填入自拟的实验表格。

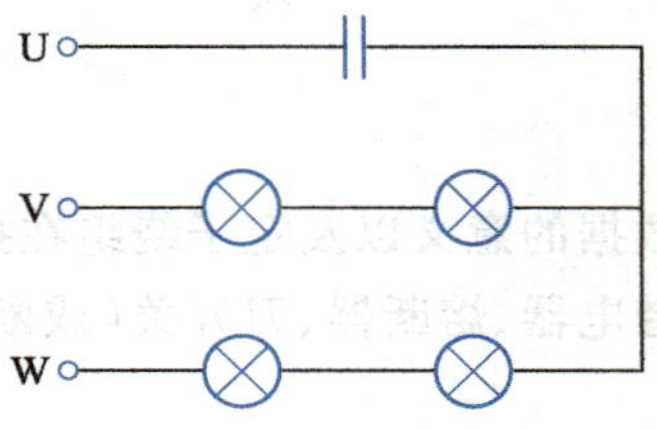

图 5.5 相序指示器电路

六、实验报告要求

1. 在表 5.1、表 5.2 中填入测量数据，用实验数据说明对称负载星形联结(Y)时 U_L与 U_p的关系、三角形联结(△)时 I_L与 I_p的关系。

2. 根据实验数据分析三相四线制供电时中性线的作用。

3. 不对称负载作三角形联结(△)时，线电流是否相等？线电流与相电流之间是否成固定的比例关系？

4. 根据实验数据，判定三相电源的相序。

5. 拓展与思考：试分析三相星形联结不对称负载在无中性线的情况下，当某项负载开路或短路时会出现什么情况？如果接上中性线，情况又如何？

实验六 三相异步电动机继电接触器控制的基本实验

课件：
三相异步电动机继电接触器控制的基本实验

视频：
三相异步电动机继电接触器控制的基本实验

一、实验目的

1. 了解按钮、交流接触器和热继电器等常用控制电器的用途和使用方法。
2. 熟悉三相异步电动机直接起动和正、反转的控制方法和控制电路。
3. 学会对三相异步电动机进行简单的顺序控制。
4. 学会分析、排除控制线路故障的方法，培养解决实际问题的能力。

二、实验仪器与设备

1. 电工实验台	一台
2. 三相异步电动机	一台
3. 三相灯组模块	三块
4. 万用表	一块

三、实验预习内容

1. 了解三相异步电动机铭牌数据的意义以及定子绕组在接线盒中的排列方式。

2. 复习按钮、交流接触器、热继电器、熔断器、刀开关（或断路器）等常用控制电器的结构、用途和工作原理。

3. 读懂异步电动机直接起动和正、反转控制电路的工作原理，理解自锁、互锁及点动的概念，以及短路保护、过载保护和零电压保护的概念。

4. 设计对两台电动机进行起、停顺序控制的电路，并画出电路图（包括主电路及控制电路），设计要求：M_1 起动后，M_2 才能起动；M_2 停车后，M_1 才能停车。

5. 思考题

（1）若将两个额定电压为 380 V 的接触器线圈串联后接到交流 380 V 电源上，会产生什么后果，为什么？

（2）在电动机正、反转控制电路中，指出哪些辅助触点起自锁或互锁作用。

（3）热继电器用于过载保护，它是否也能用于短路保护？为什么？

四、实验原理

1. 三相笼型异步电动机的直接起动控制

用接触器、继电器和按钮等控制电器实现对电动机的控制，称为继电接触器控制。任何复杂的控制电路都由一些基本的电路组成，而三相笼型异步电动机的直接起动控制电路是最基本的控制电路，如图 6.1 所示。该电路在实现

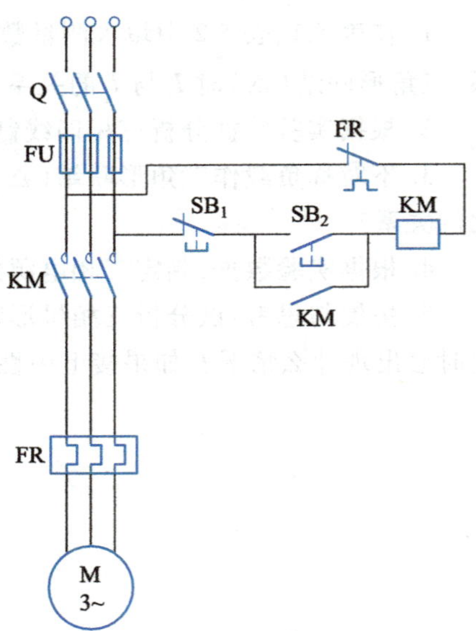

图 6.1 异步电动机直接起动的控制电路

电动机起、停控制的同时还具有短路保护、过载保护和零电压保护作用。

2. 三相笼型异步电动机的正、反转控制

根据异步电动机的转动原理可知，若要改变三相异步电动机的转动方向，只需改变电动机定子电流的相序。在继电接触器控制电路中，用两个接触器即可实现电动机的正、反转控制。图 6.2 是具有电气互锁和机械互锁的电动机正、反转控制电路。按下正转起动按钮 SB_F，正转接触器 KM_F 通电，其主触点 KM_F 闭合，电动机正转；按下反转起动按钮 SB_R，反转接触器 KM_R 通电，其主触点 KM_R 闭合，电源相序改变，电动机反转。

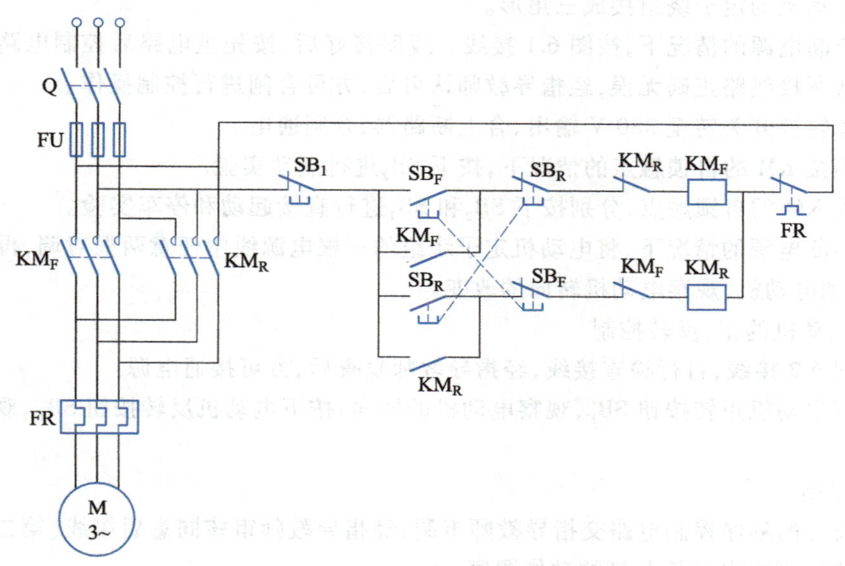

图 6.2　电动机正、反转控制电路

3. 故障分析方法

(1) 在图 6.1 电路中，接通电源以后，按起动按钮 SB_2，若接触器动作，而电动机不转，说明主电路中有故障；如果电动机伴有"嗡嗡"声，则可能有一相电源断开。检查主电路的熔断器、主触点 KM 是否良好，热继电器 FR 是否正常，连接导线是否断线，连接点是否接触良好等。

(2) 接通电源后，按起动按钮 SB_2 若接触器不动作，说明控制电路有故障。检查热继电器复位按钮是否正常，停止按钮 SB_1 接触是否良好，线圈及导线是否断线等。

4. 简单控制电路的设计方法和步骤

(1) 理解控制要求、动作顺序及保护要求，确定必要的控制电器。

(2) 根据控制要求及动作顺序，逐步画出主电路和控制电路原理图，力求简单、可靠。

(3) 电路中要加入必要的保护环节。

(4) 根据所用电源电压及控制对象的负荷要求，选择控制电器线圈的额定电压及触点的额定工作电流，确定电器型号。（本实验给定控制电器，不能自行选择。）

五、实验内容

1. 注意事项

(1) 必须在断开电源的情况下连接、改接和拆除电路。

(2) 开始实验之前，一定要认真检查线路，并经指导教师复查后方可起动。

(3) 发生触电事故时，要迅速脱离带电体，其他人员要及时断开电源。

2. 异步电动机的直接起动控制

(1) 将电动机的定子绕组接成三角形。

(2) 在切断电源的情况下，按图6.1接线。线路接好后，按先主电路后控制电路的顺序依次检查。在确认所接线路正确无误，经指导教师认可后，方可合闸进行控制操作。

(3) 电源转换开关转至380 V输出、合上断路器，合闸通电。

(4) 在不接KM的自锁触点的情况下，按下SB_2进行点动实验。

(5) 接入KM的自锁触点，分别按下SB_2和SB_1进行直接起动和停车实验。

(6) 在切断电源的情况下，将电动机定子绕组的三根电源线中任意两根对调，再闭合电源开关Q，重新起动电动机，观察电动机转向的改变。

3. 异步电动机的正、反转控制

(1) 按图6.2接线，自行检查接线，经指导教师复查后，方可接通电源。

(2) 按下电动机正转按钮SB_F，观察电动机的转向；按下电动机反转按钮SB_R，观察电动机能否直接反转。

4. 顺序控制

将自行设计的顺序控制电路交指导教师审阅，经指导教师审核同意后接线（第二台电动机用三相灯组代替），观察电动机与灯的动作顺序。

六、实验报告要求

1. 说明图6.1电路中采取了哪些保护措施，指出相应的保护器件名称。

2. 画出经实验验证后的电动机顺序控制电路，并写出其动作顺序。

3. 通过实验，总结用万用表检查控制电路的方法。

4. 说明实验过程中有无出现故障以及检查和排除的过程。

5. 拓展设计：某生产设备采用接触器控制电动机的运行，每次开机时必须先按电铃按钮，电铃响；松开电铃按钮后，电铃停，此时方可按起动按钮开机。如按电铃按钮，电铃响后一段时间没有按起动按钮，则需要再按电铃按钮后才能按起动按钮开机。请设计相应的控制电路。

实验七　三相异步电动机的时间控制与行程控制

一、实验目的

1. 了解行程开关、时间继电器的结构、工作原理及使用方法。
2. 学习设计简单的行程控制和时间控制电路。
3. 提高对控制线路进行设计和调试的能力。

课件：三相异步电动机的时间控制与行程控制

二、实验仪器与设备

1. 电工实验台	一台
2. 三相异步电动机	一台
3. 三相灯组	三块
4. 万用表	一块

三、实验预习内容

1. 复习行程开关、时间继电器的工作原理。

2. 设计延时起动控制电路（主电路和控制电路）。设计要求：M_1起动后，M_2自行起动，M_2能单独停车。交流接触器线圈及时间继电器线圈的额定电压均为380 V。

3. 根据下述生产机械的要求，设计行程控制电路。

某工作台工作时要求如下。

（1）用按钮操作，使工作台前进（电动机正转）。

（2）当前进到预定位置时，由行程开关SQ_2（见图7.1工作台动作示意图）控制停车。经延时后，工作台自动后退（电动机反转），当后退至预定位置时，行程开关SQ_1动作，工作台又自动前进。

（3）用按钮操作使工作台停止运动。

（4）可以用按钮操作，直接使工作台后退。

（5）有过载和短路保护。

后退　工作台　前进
撞块
SQ_1　SQ_2

图7.1　工作台动作示意图

4. 思考题

（1）如果所设计的延时起动电路在测试时出现以下现象：M_1起动后，M_2没有延时而是立刻起动。试分析原因。

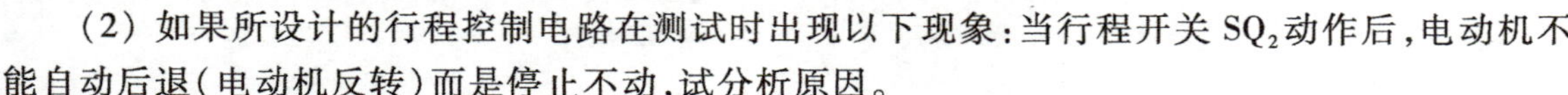

（2）如果所设计的行程控制电路在测试时出现以下现象：当行程开关SQ_2动作后，电动机不能自动后退（电动机反转）而是停止不动，试分析原因。

四、实验原理

1. 在需要控制生产机械的行程和位置时，常将行程开关（限位开关）的触点接入控制电路来控制电动机的起、停。行程开关分为直杆式、单臂滚轮式、双臂滚轮式等，一般具有一对动合（常开）触点和一对动断（常闭）触点。它由装在运动部件上的撞块撞动来改变其触点的通、断状态。

2. 某些控制电路需采用时间继电器对动作时间进行控制，以延时接通或延时断开电路。时间继电器有通电延时和断电延时两类，分别提供通电延时闭合触点、通电延时断开触点，断电延时闭合触点、断电延时断开触点，延时时间可按要求事先设定。这些触点根据功能需要接在控制电路中。

五、实验内容

1. 注意事项

(1) 必须在断开电源的情况下连接、改接和拆除电路。

(2) 连接电路前，要先请指导教师审阅设计的电路。

(3) 发生触电事故时，要迅速脱离带电体，其他同学要及时断开电源。

2. 验证延时起动控制电路

(1) 电动机的定子绕组接成三角形。

(2) 按设计的延时起动控制电路接线，第二台电动机用三相灯组代替，将三相灯组接成星形。

(3) 电源转换开关转至 380 V 输出，合上断路器，合闸通电。

(4) 观察电动机的起动和停车时的动作顺序是否满足延时起动控制要求，并记录延时时间。

(5) 调节时间继电器，使第二台电动机延时 20 s 后自行起动。

3. 验证三相异步电动机行程控制电路

六、实验报告要求

1. 画出经实验验证后的延时起动控制电路和行程控制电路。

2. 说明实验过程中有无出现故障以及检查和排除的过程。

3. 拓展设计：某生产设备采用接触器控制电动机的正、反转运行，有自动和手动两种运行模式。自动时，电动机正转到达限定位置后需要等待 30 s 后自动进入反转状态，反转 30 s 后再次自动进入正转状态；手动时，要求正、反转都能点动，到达限定位置后停车。请设计相应的控制电路。

实验八　电动机的可编程序控制系统

一、实验目的

1. 熟悉 TIA Portal 编程软件，掌握编程方法，并且能够正确独立地以梯形图形式编辑程序。

课件：
电动机的可编程序控制系统

2. 掌握 PLC 的基本指令，能使用基本指令来编写简单的程序。
3. 掌握用 PLC 控制异步电动机的正、反转和 Y-△换接起动的编程方法。
4. 掌握定时器在梯形图编程中的应用。

二、实验仪器与设备

1. 计算机	一台
2. PLC 实验装置	一台
3. 电动机正、反转控制实验模块	一套
4. 电动机 Y-△换接起动实验模块	一套

三、实验预习内容

1. 复习教材中相关内容，复习 S7-1200 可编程序控制器基本指令的使用方法。
2. 实验之前阅读附录九，初步了解使用方法。
3. 复习相关内容，复习电动机正、反转，以及 Y-△转换控制的继电接触器控制方法。
4. 实验之前绘出 PLC 的 I/O 分配表，编制出程序梯形图。
5. 实验之前绘出电动机控制的主电路。

四、实验原理

1. 三相异步电动机的正、反转控制

(1) 吊车或者某些机械的提升机构需要做左右或上下两个方向的运动，拖动它的电动机必须能做正、反两个方向的旋转。由异步电动机的工作原理可知，要想使电动机实现正、反转，只需要任意调换电源的两相接线，在继电接触器控制系统中，可以采用图 8.1 所示的电路。

(2) 采用 PLC 控制时，主电路不变，控制电路中的接触器触点逻辑关系可以用可编程序控制器实现，从而使接线大为简化。在程序的编制过程中要充分利用软件实现自锁和互锁。PLC 输入、输出端接线图如图 8.2 所示。

(3) 异步电动机正、反转控制输入/输出地址定义表，如表 8.1 所示。

(4) 电动机正、反转控制参考梯形图，如图 8.3 所示。

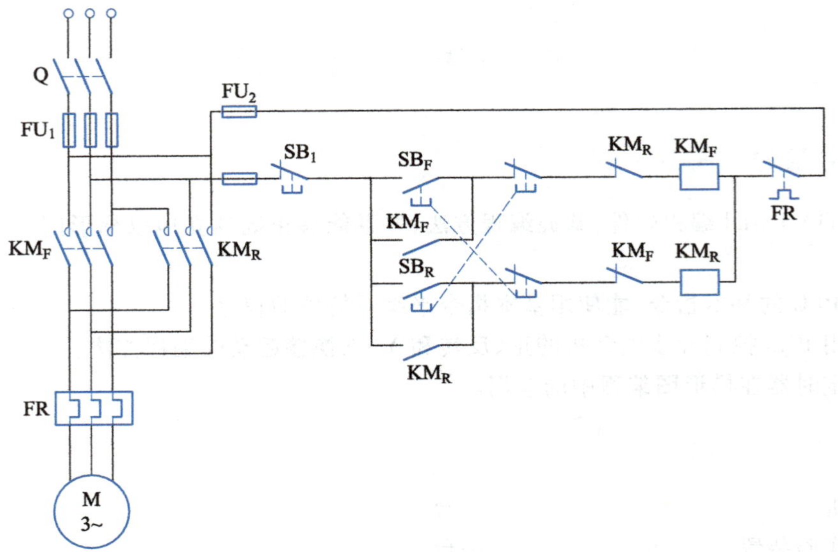

图 8.1　三相异步电动机的正、反转控制电路

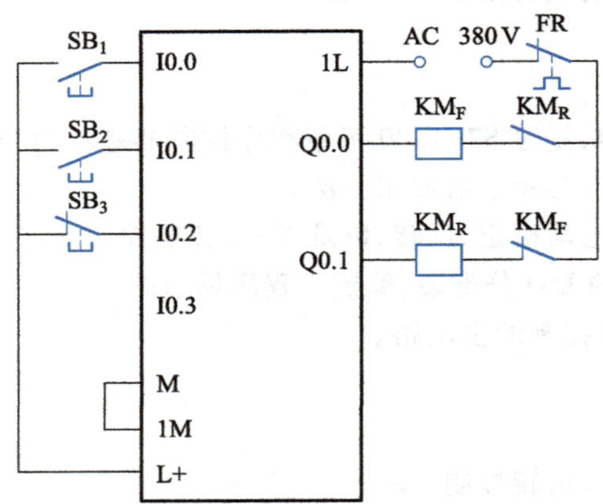

图 8.2　PLC 输入、输出端接线图

表 8.1　异步电动机正、反转控制输入/输出地址定义表

输入口地址	定义	输出口地址	定义
I0.0	正转起动按钮 SB_1	Q0.0	正转接触器线圈 KM_F
I0.1	反转起动按钮 SB_2	Q0.1	反转接触器线圈 KM_R
I0.2	停止按钮 SB_3		

2. 三相异步电动机的 Y-△换接起动控制

(1) 对于正常工作时采用三角形联结的电动机，在起动的时候可以采用星形联结起动，从而降低起动电流。系统要求：在起动时，电动机的 3 个绕组接成星形，经过一段时间延时（通过 PLC

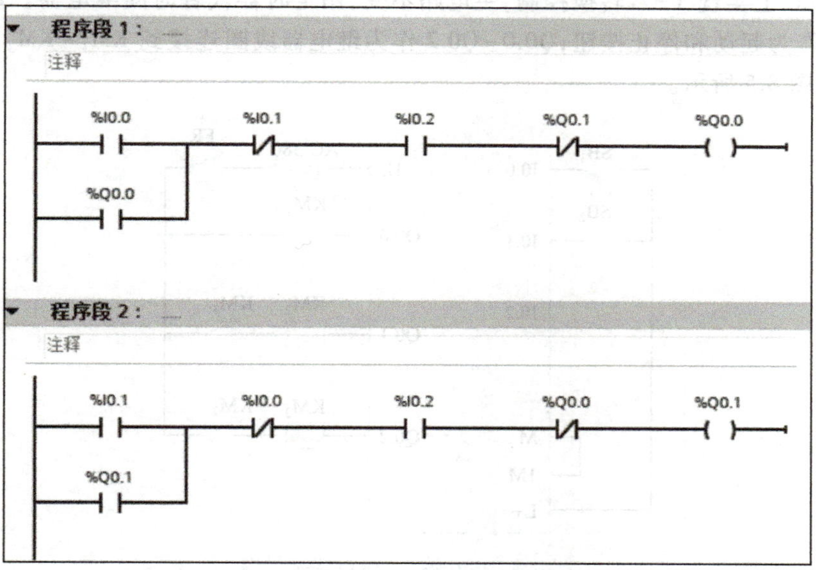

▼ 程序段 1：……
注释
%I0.0　%I0.1　%I0.2　%Q0.1　%Q0.0
%Q0.0

▼ 程序段 2：……
注释
%I0.1　%I0.0　%I0.2　%Q0.0　%Q0.1
%Q0.1

图 8.3　电动机正、反转控制参考梯形图

定时器设置）以后自动转换成三角形联结，完成起动，正常工作。在继电接触器控制系统中，采用的控制电路如图 8.4 所示。

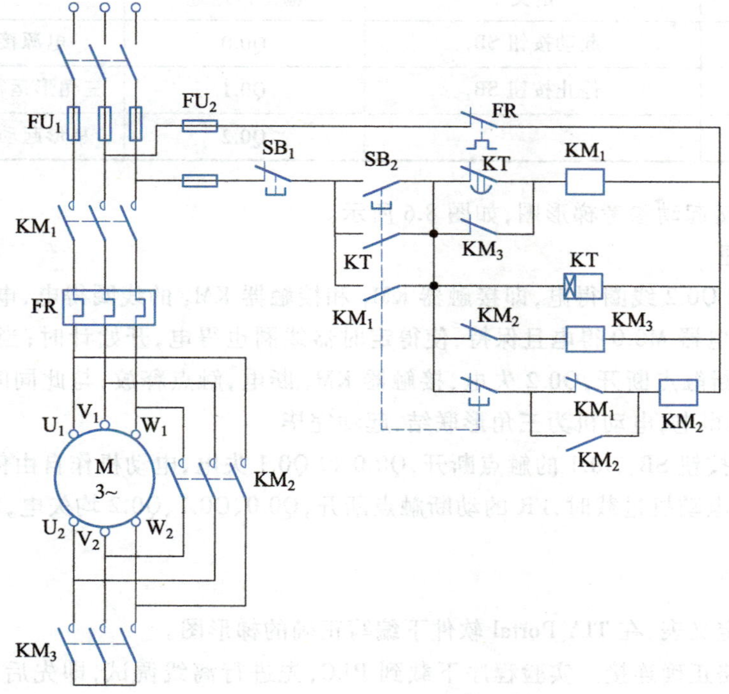

图 8.4　三相异步电动机的 Y-△换接起动控制电路

（2）在 PLC 上实现 Y-△转换控制，主电路不变，用定时器代替时间继电器。I0.0、I0.1 连接按钮 SB_1、SB_2作为起动和停止按钮；Q0.0~Q0.2 作为继电器线圈连接到 KM_1~KM_3，PLC 输入、输出端接线图如图 8.5 所示。

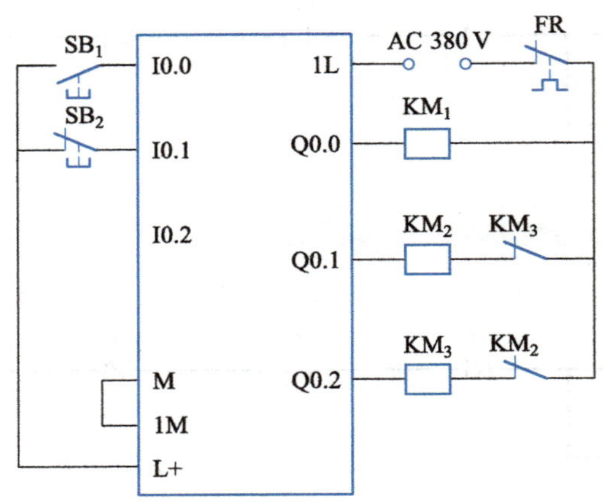

图 8.5 PLC 输入、输出端接线图

（3）异步电动机 Y-△换接起动输入/输出地址定义表，如表 8.2 所示。

表 8.2 异步电动机 Y-△换接起动输入/输出地址定义表

输入口地址	定义	输出口地址	定义
I0.0	起动按钮 SB_1	Q0.0	电源接触器线圈 KM_1
I0.1	停止按钮 SB_2	Q0.1	三角形运行接触器线圈 KM_2
		Q0.2	星形起动接触器线圈 KM_3

（4）Y-△换接起动参考梯形图，如图 8.6 所示。

（5）工作原理。

起动：Q0.0 和 Q0.2 线圈得电，即接触器 KM_1 和接触器 KM_3 的线圈得电，电动机作星形联结起动；同时辅助继电器 M0.0 得电且保持，使得定时器线圈也得电，开始计时；当计时时间累计达 6 s 时，M1.0 的动断触点断开，Q0.2 失电，接触器 KM_3 断电，触点释放；与此同时 M1.0 的动合触点闭合，Q0.1 线圈得电，电动机为三角形联结，起动完毕。

停车：按停止按钮 SB_2，I0.1 的触点断开，Q0.0 和 Q0.1 失电，电动机作自由停车运行。

过载保护：当电动机过载时，FR 的动断触点断开，Q0.0、Q0.1、Q0.2 均失电，电动机停车。

五、实验内容

1. 根据地址定义表，在 TIA Portal 软件下编写正确的梯形图。

2. 将输入电路正确连接。实验程序下载到 PLC，先进行离线调试，即先后按动 SB_1 和 SB_2，观察 PLC 输出 Q0.0、Q0.1 和 Q0.2 指示灯是否按预期点亮和熄灭。

3. 程序正确后，在断电情况下，连接好电动机的主电路图，再按输出电路图与 PLC 正确连接。

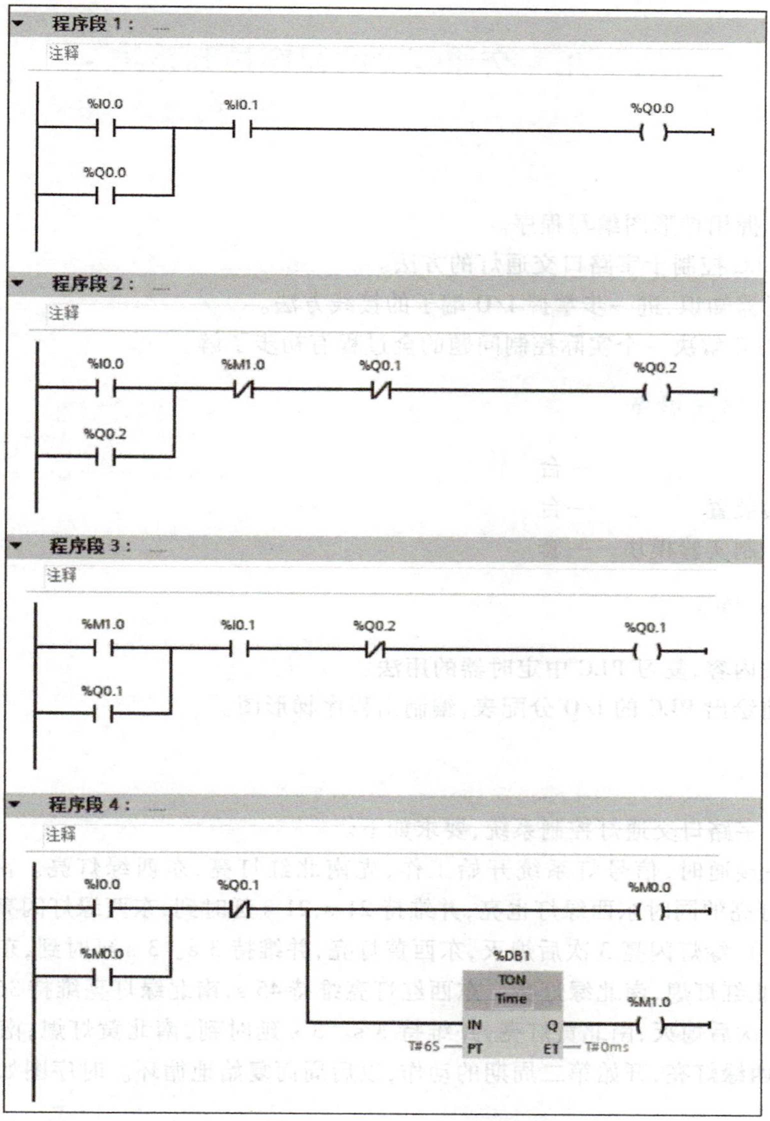

图 8.6　Y-△换接起动参考梯形图

六、实验报告要求

1. 写出 I/O 分配表、程序梯形图、程序注释。

2. 仔细观察实验现象，认真记录实验中发现的问题、错误、故障及解决方法。

3. 总结 PLC 控制系统与继电接触器控制系统的不同之处。

4. 拓展设计：利用 PLC 设计实验七中拓展设计内容，即某生产设备采用接触器控制电动机的正、反转运行，有自动和手动两种运行模式。自动时，电机正转到达限定位置后需要等待 30 s 后自动进入反转状态，反转 30 s 后，再次进入正转状态；手动时，要求正、反转都能点动，到达限定位置后停车。画出系统接线图，分配 I/O 端子，并设计相应的程序梯形图。

实验九 交通灯可编程序控制系统

一、实验目的

1. 进一步掌握用梯形图编写程序。
2. 掌握用 PLC 控制十字路口交通灯的方法。
3. 巩固定时器知识,进一步掌握 I/O 端子的接线方法。
4. 对采用 PLC 解决一个实际控制问题的全过程有初步了解。

二、实验仪器与设备

1. 计算机　　　　　　　一台
2. PLC 实验装置　　　　一台
3. 交通灯控制实验模块　一套

三、实验预习内容

1. 复习相关内容,复习 PLC 中定时器的用法。
2. 实验之前绘出 PLC 的 I/O 分配表,编制出程序梯形图。

四、实验原理

设计一个十字路口交通灯控制系统,要求如下。

当启动开关接通时,信号灯系统开始工作,先南北红灯亮,东西绿灯亮。南北红灯亮维持 30 s,在南北红灯亮的同时东西绿灯也亮,并维持 21 s,21 s 延时到,东西绿灯闪亮,绿灯闪亮周期 2 s(亮 1 s 熄 1 s),绿灯闪亮 3 次后熄灭,东西黄灯亮,并维持 3 s。3 s 延时到,东西黄灯熄,东西红灯亮,同时南北红灯熄,南北绿灯亮。东西红灯亮维持 45 s,南北绿灯亮维持 36 s,36 s 延时到,南北绿灯闪亮 3 次后熄灭,南北黄灯亮,并维持 3 s。3 s 延时到,南北黄灯熄,南北红灯亮,同时东西红灯熄,东西绿灯亮,开始第二周期的动作,以后周而复始地循环。时序图如图 9.1 所示。

五、实验内容

1. 分析 PLC 的输入和输出信号,并分配 PLC 的 I/O 端子。
2. 完成实验模块与 PLC 实验台的接线。
3. 编写出符合控制要求的程序。
4. 输入程序、调试程序、运行程序。

六、实验报告要求

1. 写出 I/O 分配表、程序梯形图、程序注释。

2. 拓展设计:晚间有些路口车流量不大,此时只需要东、西、南、北黄灯同时闪亮,提醒司机过路口减速慢行、注意安全,其他灯关闭。请在前述实验的基础上增加相应的功能。

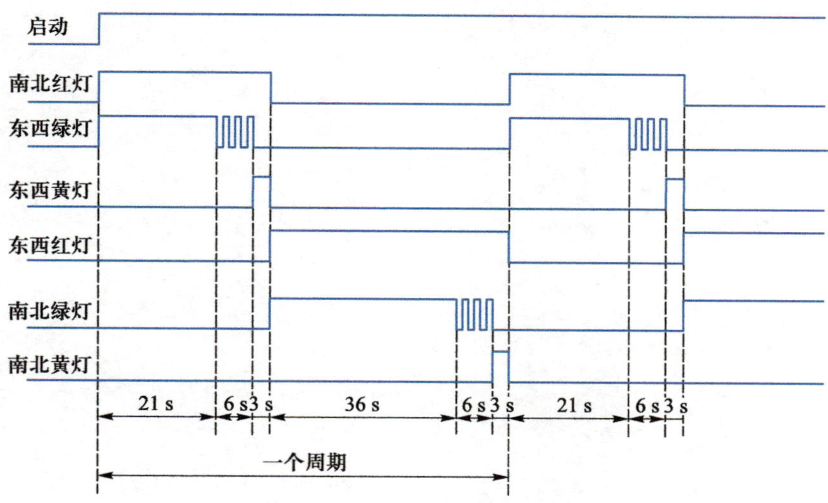

图 9.1　十字路口交通灯控制时序图

第 2 章　电子技术实验

实验十　单相整流与稳压电路

一、实验目的

课件：
单相整流与稳压电路

1. 观察半波、桥式整流电路的电压波形，验证输出直流电压与输入交流电压的关系。

2. 观察滤波电容的作用。

3. 学习使用 W7805 三端集成稳压器及 LM317 可调三端集成稳压器。

4. 培养借助仿真软件进行仿真验证的能力。

二、实验仪器与设备

视频：
单相整流与稳压电路

1. UTD2102 型示波器　　一台
2. GDM-8352 型数字万用表　　一台
3. TT-CX-2D 型现代电工电子创新设计实验箱　　一台

三、实验预习内容

1. 复习相关内容，复习示波器的使用方法。

2. 本次实验中，观察及测量整流、滤波输出电压时，示波器 Y 轴输入耦合方式应选________（DC、AC）挡，数字万用表应选________（直流、交流）挡，测量输入交流电压时，数字万用表应选________（直流、交流）挡。

3. 利用三端稳压器 W7805、整流桥、若干电阻和电容设计一个直流稳压电路，设计要求：交流输入电压为 10 V，直流输出电压为+5 V，画出电路图，并标出参数。

*4. 利用可调三端稳压器 LM317、整流桥、若干电阻和电容设计一个可调的直流稳压电路。设计要求：交流输入电压为 15 V，直流输出电压可调且小于 12 V，稳压器输出端和可调端之间所接电阻取 200 Ω。画出所设计的电路图，并标出参数。用电路仿真软件（Multisim）对所设计的电路进行调试，观察电压的连续变化。

四、实验原理

直流稳压电源是一种将交流电变成直流电的装置，主要由变压器、整流电路、滤波电路及稳压电路四部分组成。

整流电路利用半导体二极管的单向导电性，将交流电压转变为单相脉动的直流电压，再经滤波电路，滤掉整流电路输出电压中的大部分交流成分，从而得到比较平滑的直流电压。为提高直流电源的稳定度，在滤波电路之后需采用稳压电路。

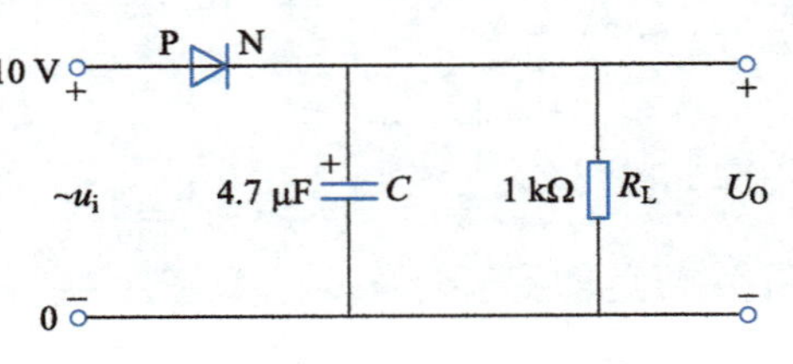

图 10.1　半波整流、滤波电路

图 10.1 所示为半波整流、滤波电路。图 10.2 所示为桥式整流、滤波电路。u_i 为实验箱内的变压器二次绕组输出的正弦交流电压，其有效值为 10 V。

视频：单相半波整流仿真演示

视频：单相桥式整流仿真演示

图 10.3 所示为集成三端稳压器 W7805。请读者自己设计一个直流稳压电路，要求直流输出电压为+5 V。所用元器件：集成三端稳压器 W7805、整流桥、47 μF 电容、4.7 μF 电容等。其中，W7805 的主要参数见表 10.1。

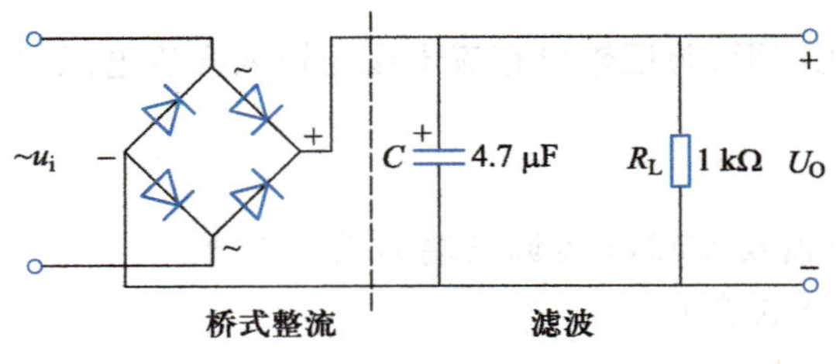

图 10.2　桥式整流、滤波电路

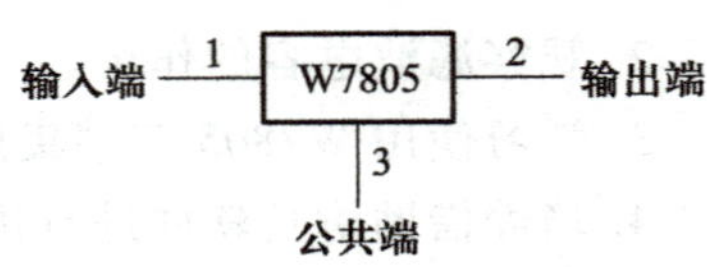

图 10.3　集成三端稳压器 W7805

表 10.1　W7805 的主要参数

输出电压/V	输入电压/V	最大输出电流/A	静态电流/mA	最大耗散功率/W
(5 ±0.25)	7.5～35	1.5	6	≥7.5

图 10.4 所示为可调集成三端稳压器 LM317。LM317 是应用最为广泛的电源集成电路之一，它不仅具有固定式三端稳压电路的最简单形式，又具备输出电压可调的特点。此外，还具有调压范围宽、稳压性能好、噪声低、纹波抑制比高等优点。LM317 是可调节三端正电压稳压器，其输出电压范围为 1.25～37 V。请读者自己设计一个可调的直流稳压电路，要求直流输出电压可调且小于 12 V。所用元器件：可调集成三端稳压器 LM317、整流桥、47 μF 电容、10 kΩ 可调电位器等。其中，LM317 的主要参数见表 10.2。

图 10.4　可调集成三端稳压器 LM317

表 10.2　LM317 的主要参数

输出电压/V	输入输出最小电压差/V	输入输出最大电压差/V	调整端电流大小/μA	最大输出电流/A	最小稳定输出电流/mA
1.25～37	3	40	50～100	1.5	<5

五、实验内容

1. 半波整流、滤波电路

（1）按图 10.1 连接半波整流电路，在不加滤波电容、只接 1 kΩ 负载电阻的条件下，用示波器同时观察整流电路输入电压 u_i 和输出电压 U_O 的波形，用数字万用表测量输入交流电压 U_i、输出直流电压 U_O 的数值，将结果填入表 10.3 中。

（2）接上滤波电容及 1 kΩ 负载电阻。按照表 10.3 所列条件，测量各数据，填入表中，观察、绘制输出电压波形，并在波形图上标出最大值和最小值。

表 10.3　半波整流、滤波电路交、直流电压关系及波形

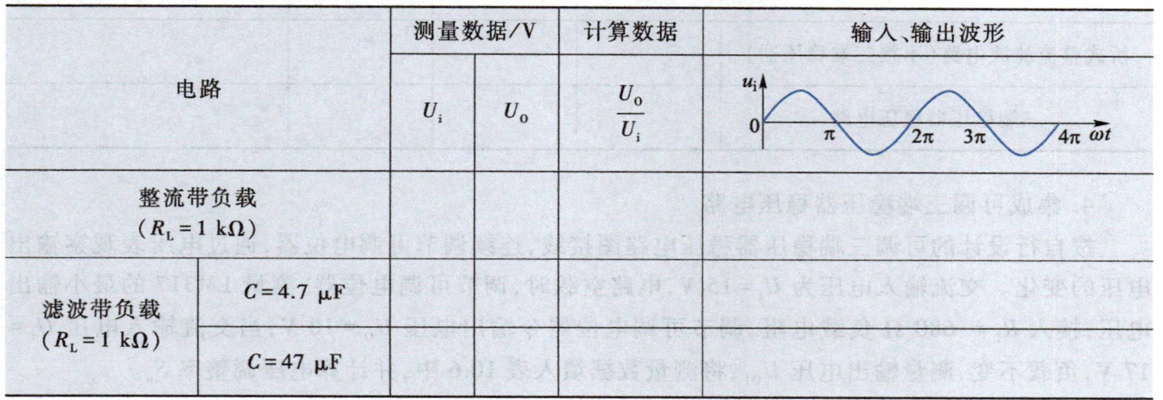

电路		测量数据/V		计算数据	输入、输出波形
		U_i	U_O	$\frac{U_O}{U_i}$	u_i 0 π 2π 3π 4π ωt
整流带负载 ($R_L=1\ k\Omega$)					
滤波带负载 ($R_L=1\ k\Omega$)	$C=4.7\ \mu F$				
	$C=47\ \mu F$				

2. 桥式整流、滤波电路

（1）按图 10.2 连接桥式整流电路，在不加滤波电容、只接 1 kΩ 负载电阻的条件下，用示波器观察整流输出电压 U_O 的波形，用数字万用表测量输入交流电压 U_i、输出直流电压 U_O 的数值，将结果填入表 10.4 中。

注意：桥式整流电路中，不能用示波器同时观察交流输入和直流输出波形。

（2）接上滤波电容及 1 kΩ 负载电阻，按照表 10.4 所列条件，测量各数据，将结果填入表 10.4 中。

表 10.4　桥式整流、滤波电路交、直流电压关系及波形

电路		测量数据/V		计算数据	输入、输出波形
		U_i	U_O	$\frac{U_O}{U_i}$	u_i 0 π 2π 3π 4π ωt
整流带负载 ($R_L=1\ k\Omega$)					
滤波带负载 ($R_L=1k\Omega$)	$C=4.7\ \mu F$				
	$C=47\ \mu F$				

(3) 在只接 47μF 滤波电容的条件下，改变负载电阻 R_L，分别测量在空载 $R_L \to \infty$、轻载 $R_L = 680\ \Omega$、重载 $R_L = 100\ \Omega$ 情况下的输出电压 $U_{L空}$、$U_{L轻}$、$U_{L重}$，结果填入表 10.5 中。

3. 集成三端稳压器稳压电路

按自行设计的三端稳压器稳压电路图接线，分别测量在空载 $R_L \to \infty$、轻载 $R_L = 680\ \Omega$、重载 $R_L = 100\ \Omega$情况下的输出电压 $U_{L空}$、$U_{L轻}$、$U_{L重}$，结果填入表 10.5 中。

表 10.5 集成三端稳压器的稳压作用

条件	测量数据/V			计算数据/V
	$U_{L空}$	$U_{L轻}$	$U_{L重}$	$(U_{L空}-U_{L重})/U_{L空}$
桥式整流滤波电路(不接三端稳压器)				
三端稳压器稳压电路				

*4. 集成可调三端稳压器稳压电路

按自行设计的可调三端稳压器稳压电路图接线，连续调节可调电位器，通过电压表观察输出电压的变化。交流输入电压为 $U_i = 15$ V，电路空载时，调节可调电位器，测量 LM317 的最小输出电压；接入 $R_L = 680\ \Omega$ 负载电阻，调节可调电位器令输出电压 $U_O = 10$ V；当交流输入电压 $U_i = 17$ V，负载不变，测量输出电压 U_{O1}，将测量数据填入表 10.6 中，并计算电压调整率 S_u。

表 10.6 集成可调三端稳压器的实验数据

$U_i = 15$ V			$U_i = 17$ V		计算
空载	$R_L = 680\ \Omega$		$R_L = 680\ \Omega$		$S_u = (U_{O1}-U_O)/U_O$
U_{Omin}	U_i	U_O	U_i	U_{O1}	
	15 V	10 V	17 V		

当输出电压分别为 7.5 V 和 13.8 V 时，测量可调端的电阻值，结果填入表 10.7 中；调节可调电位器使输出电压为 5 V，分别测量在空载 $R_L \to \infty$、轻载 $R_L = 680\ \Omega$、重载 $R_L = 100\ \Omega$ 情况下的输出电压 $U_{L空}$、$U_{L轻}$、$U_{L重}$，结果填入表 10.7 中。

表 10.7 集成可调三端稳压器的稳压作用

$U_O = 7.5$ V	$U_O = 13.8$ V	测量数据/V			计算数据/V
调整端电阻值	调整端电阻值	$U_{L空}$	$U_{L轻}$	$U_{L重}$	$(U_{L空}-U_{L重})/U_{L空}$

六、实验报告要求

1. 在表 10.3、表 10.4、表 10.5 中填入测量数据和计算数据，并描绘出输出电压波形。将整流电路实验结果与理论值做比较，并分析误差产生的原因。

2. 分析表 10.3 和表 10.4 中的数据及波形图，说明当负载 R_L 一定时，滤波电容 C 的大小与滤波效果的关系。

3. 分析表 10.5 中的数据，比较当负载 R_L 变化时，不接稳压电路及接入稳压电路时输出电压 U_O 的变化情况，说明稳压电路的作用及电容滤波电路的缺点。

4. 如果有电容滤波时，示波器上显示的输出电压波形是一条直线，分析是何原因。

5. 计算集成可调三端稳压器稳压电路输出电压分别为 7.5 V 和 13.8 V 时可调端的电阻值大小。

实验十一 单管交流电压放大电路

课件：
单管交流电压放大电路

一、实验目的

1. 学习电压放大电路静态工作点的调试方法。
2. 测量放大电路的电压放大倍数、输入电阻和输出电阻，了解负载电阻对放大倍数的影响。
3. 观察了解放大电路非线性失真的类型及消除方法。
4. 增强工程意识，提高分析问题的能力。

视频：
单管交流电压放大电路

二、实验仪器与设备

1. UTD2102 型示波器 一台
2. SFG-1023 型函数发生器 一台
3. GDM-8352 型数字万用表 一台
4. TT-CX-2D 型现代电工电子创新设计实验箱 一台

三、实验预习内容

1. 复习交流电压放大电路的静态工作点、放大倍数、非线性失真等内容。

2. 在图 11.1 中，已知晶体管 9013 的电流放大系数β值为 150，放大电路静态时集电极与发射极之间的电压 U_{CE} = 4 V，估算静态参数及不同负载时的电压放大倍数 A_u，将估算值填入表 11.1 中。

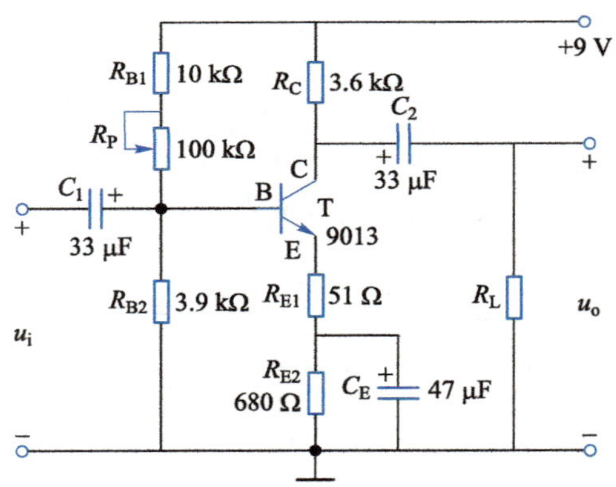

图 11.1 单管交流电压放大电路

表 11.1 放大电路理论估算值

静态参数			放大倍数 A_u		
V_C/V	V_E/V	V_B/V	$R_L=\infty$	R_L = 2 kΩ	R_L = 620 Ω

3. 本次实验中，观察及测量电路输出电压时，示波器耦合方式应选择____（DC、AC）挡；数字万用表应选________（直流、交流）挡；测量输入交流电压时，数字万用表应选________（直流、交流）挡。

4. 交流放大电路的输入电阻________（高、低），可以减小信号源的负担；交流放大电路的输出电阻________（高、低），可以提高放大电路带负载的能力。

5. 在输入信号大小不变的情况下，共发射极放大电路的电压放大倍数和负载电阻有关系，其中当电路________（有载、空载）时，电压放大倍数最大；随着负载电阻的阻值减小，电压放大倍数________（增大、减小）。

6. 共发射极放大电路的输入信号与输出信号的相位是相反的，用电路仿真软件（Multisim）搭建电路进行观察。

四、实验原理

1. 放大电路静态工作点的调试

单管交流电压放大电路如图 11.1 所示，电压放大电路的作用是不失真地放大电压信号。由于双极型晶体管是非线性器件，当晶体管工作在非线性区时，将产生波形失真，为此，必须给放大电路设置合适的静态工作点。静态工作点主要取决于基极偏置电流 I_B，本实验采用分压式偏置放大电路，调整工作点主要是调整偏置电阻 R_P 的数值，通过改变 100 kΩ 电位器的阻值，使放大电路获得合适而稳定的静态工作点。

2. 放大电路输入电阻和输出电阻的测量方法

(1) 输入电阻的测量

在信号源与放大电路输入端之间串联一个标准电阻 R_S 作为电流取样电阻，如图 11.2 所示，分别测出信号源电压 U_s 和放大电路的输入电压 U_i，根据输入电阻的定义，可得

$$r_i=\frac{U_i}{I_i}=R_S\cdot\frac{U_i}{U_s-U_i}$$

(2) 输出电阻的测量

图 11.3 所示是放大电路输出电阻测量电路，分别测出放大电路空载时的输出电压 $U_{o\infty}$ 和带负载时的输出电压 U_{oL}，则放大电路的输出电阻为

$$r_o=R_L\cdot\frac{U_{o\infty}-U_{oL}}{U_{oL}}$$

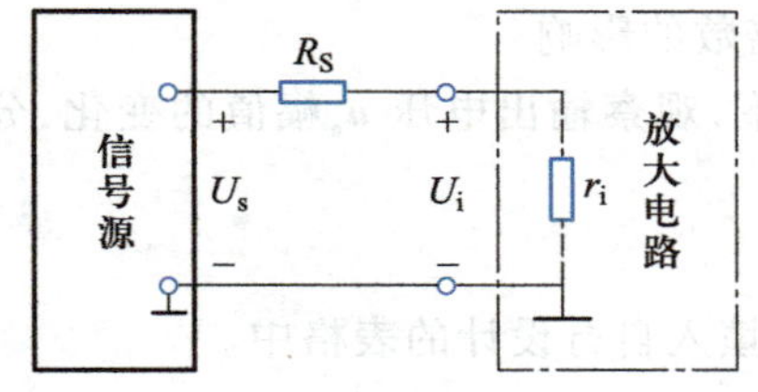

图 11.2　放大电路输入电阻的测量电路

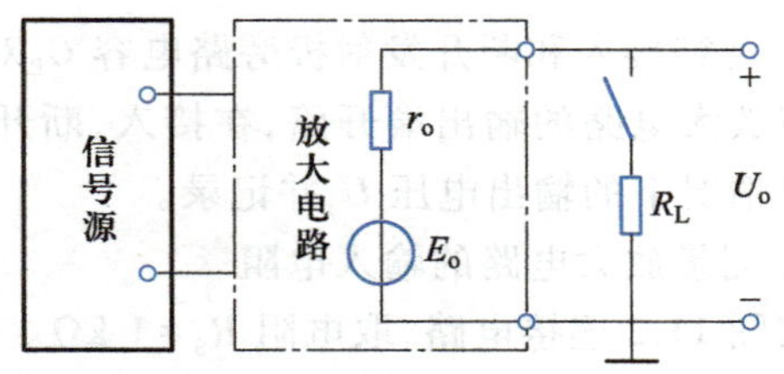

图 11.3　放大电路输出电阻的测量电路

五、实验内容

1. 调节、测量静态工作点

(1) 按图 11.1 的电路图，在实验箱上连接电路，注意电源及电容器的极性。

(2) 调节电位器 R_P，使晶体管的集电极与发射极之间的电压 $U_{CE}=4$ V。

(3) 用数字万用表直流电压挡测量晶体管各电极的电位 V_C、V_E和 V_B，记入表 11.2 中。

表 11.2 放大电路的静态工作点

测量值			计算值	
V_C/V	V_E/V	V_B/V	U_{CE}/V	I_C/mA

2. 观察放大电路输入信号与输出信号的相位关系

(1) 将函数发生器的输出端与放大电路的输入端相连。

(2) 调节函数发生器，输出频率 $f=1$ kHz、有效值 $U_i=30$ mV 的正弦波信号，作为放大电路的输入信号 u_i。

(3) 示波器的耦合方式选择 AC(交流)位置，放大电路的输入电压 u_i和输出电压 u_o分别加至示波器 CH1 和 CH2 的输入端，观察并绘出 u_i和 u_o的波形，比较其相位关系。

注意：在测量或观察波形时，为了防止短路与干扰，函数发生器、示波器的"⊥"端必须与实验线路的"⊥"端接在一起。

3. 测量放大电路的电压放大倍数

在输出电压 u_o波形不失真的条件下，使放大电路的负载分别为 $R_L=\infty$(开路)、$R_L=2$ kΩ 和 $R_L=680$ Ω，用数字万用表的交流挡测量输入电压 U_i和输出电压 U_o，记入表 11.3 中。

表 11.3 放大电路的电压放大倍数

条件	测量值			估算值
	U_i/V	U_o/V	$\lvert A_u\rvert=\dfrac{U_o}{U_i}$	$\lvert A_u\rvert=\dfrac{U_o}{U_i}$
$R_L=\infty$				
$R_L=2$ kΩ				
$R_L=680$ Ω				

4. 观察接入和断开发射极旁路电容 C_E对电压放大倍数的影响

将放大电路的输出端开路，在接入、断开 C_E的情况下，观察输出电压 u_o幅值的变化，分别测量两种情况下的输出电压 U_o并记录。

5. 测量放大电路的输入电阻

按图 11.2 连接电路，取电阻 $R_S=1$ kΩ。将测量结果填入自行设计的表格中。

6. 测量放大电路的输出电阻

按图 11.3 连接电路，取电阻 $R_L=2$ kΩ。将测量结果填入自行设计的表格中。

*7. 观察非线性失真现象

(1) 在静态工作点合适的情况下，观察不失真输出的 u_o波形，将输出波形 u_o及静态 U_{CE}的值(注意：测量 U_{CE}时应去掉输入信号 u_i)记入表 11.4 中。

(2) 逐渐增大输入信号，直到 u_o的正、负半周波形都出现失真。将输出波形 u_o及静态 U_{CE}的值(测量 U_{CE}时应去掉输入信号 u_i)记入表 11.4 中。

(3) 观察静态工作点不合适产生的非线性失真。

保持输入信号 U_i = 30 mV，改变 R_P的值，使工作点为偏高(U_{CE}小于 4 V)、偏低(U_{CE}大于4 V)，观察输出波形 u_o及静态工作点 U_{CE}的变化，将各种条件下的输出波形及静态 U_{CE}的值记入表 11.4 中。

视频：分压式偏置放大电路的饱和失真和截止失真仿真演示

表 11.4　静态工作点与失真的关系

条件	U_{CE}/V	输出电压 u_o的波形	失真类型
工作点合适输出波形不失真			
工作点合适输入信号幅度太大			
工作点偏低			
工作点偏高			

六、实验报告要求

1. 整理实验数据，画出波形图。
2. 分析负载电阻 R_L对放大电路电压放大倍数的影响。
3. 分析发射极电阻 R_E对放大电路电压放大倍数的影响，说明发射极旁路电容 C_E的作用。
4. 分析放大电路输出电阻对放大电路带负载能力的影响。
5. 分析产生非线性失真的原因，说明消除非线性失真的基本方法。
6. 拓展与思考：共发射极分压式偏置电路能否把温度的变化转换成电压输出？如何设计，谈谈设计思想。

实验十二 运算放大器的基本运算电路

课件：
运算放大器的基本运算电路

一、实验目的

1. 学习集成运算放大器的基本使用方法。
2. 学习集成运算放大器的基本运算电路的设计方法。
3. 加深对线性状态下运算放大器工作特点的理解。
4. 理解运算放大器用于波形变换的作用。

视频：
运算放大器的基本运算电路

二、实验仪器与设备

1. UTD2102 型示波器 一台
2. SFG-1023 型函数发生器 一台
3. GDM-8352 型数字万用表 一只
4. TT-CX-2D 型现代电工电子创新设计实验箱 一台

三、实验预习内容

1. 复习运算放大器的几种基本运算电路的工作原理及运算关系。
2. 熟悉 LM358 集成运算放大器的引脚功能及电源的接法。
3. 按下列各运算关系设计运算电路，并在电路图中标出各电阻的阻值，设反馈电阻 $R_F=20\ \mathrm{k\Omega}$，画出实验数据记录表格。用电路仿真软件（Multisim）搭建电路进行测量并与计算值做比较。

（1）$u_O=-(u_{I1}+0.5u_{I2})$

（2）$u_O=u_{I2}-u_{I1}$

四、实验原理

集成运算放大器是一种具有很高放大倍数的多级直接耦合放大器，它具有体积小、可靠性高、通用性强等优点，在控制与测量技术中都得到了广泛的应用。若要运算放大器在较大信号输入时也能工作在线性区，必须在电路中外接一些电阻、电容等元件引入深度负反馈，从而构成各种不同功能的运算电路，例如比例、加法、微分和积分等运算电路。为了减小因输入偏置电流引起的误差，要求在静态时同相输入端和反相输入端对“⊥”的电阻值相等。

本实验所用运算放大器为通用集成运算放大器 LM358，其主要参数见表 12.1。它为双列直插式封装，其引脚排列顺序和功能如图 12.1 所示，每片 LM358 内部有两个完全相同的运算放大器。

表 12.1 LM358 的主要参数

开环差模电压放大倍数	输入电阻	工作电压	最大输出电压
10^5	1 MΩ	±3～±15 V	$U_{CC}-1.5$ V

注：本实验中 LM358 的电源电压为±12 V，输出电压的最大值$+U_O\approx10.4$ V，$-U_O\approx-11$ V。

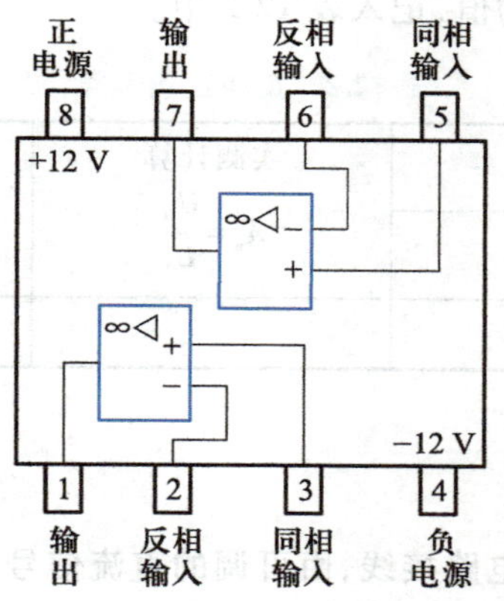

图 12.1 LM358 引脚排列顺序和功能图

本实验所用元件在实验箱上，实验时可根据需要选用元件，组成不同的运算电路。在实验箱的左下方有两路可调的直流信号源，分别调节该直流信号源，使其输出两个大小不同的 U_{I1}、U_{I2}。

五、实验内容

实验前看清运算放大器引脚的排列，运算放大器接+12 V 和−12 V 电源，正、负电源切忌接反。实验时，改接电路应断开电源，严禁带电换接元件。

1. 电压跟随器

(1) 按图 12.2 连接电路，输入电压 u_I 可由实验箱上−5～+5 V 可调的直流信号源提供，也可由函数发生器提供。

(2) 用数字万用表分别测量输入电压 u_I 和输出电压 u_O，也可用示波器同时观察输入电压 u_I 和输出电压 u_O，若满足 $u_O=u_I$，则说明所用运算放大器是好的。

视频：同相比例运算电路仿真演示

2. 反相比例运算电路

(1) 按图 12.3 连接电路，由可调的直流信号源提供输入电压 u_I（输入电压在 1.5～4 V 之间）。

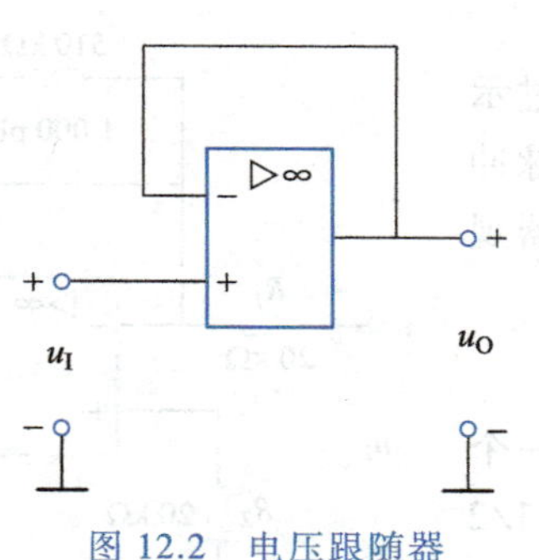

图 12.2 电压跟随器

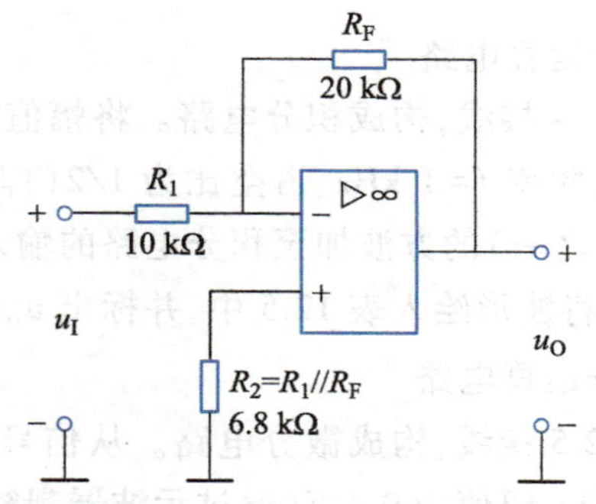

图 12.3 反相比例运算电路

(2) 接通电源，测量 u_I 和 u_O 的值，记入表 12.2 中。

表 12.2 反相比例运算

测量值/V		实测计算 $A_u=\frac{U_O}{U_I}$	理论计算 $A_u=-\frac{R_F}{R_1}$
U_I/V	U_O/V		

3. 验证自行设计的电路

(1) 反相加法运算电路。

按自行设计的反相加法运算电路接线，由可调的直流信号源提供两路不同的输入电压 U_{I1} 和 U_{I2}，U_{I1} 和 U_{I2} 在 1.5~4.0 V 之间调节。U_{I1} 和 U_{I2} 不相同，且两个输入信号电压值差值要大一些。测量 U_{I1}、U_{I2} 和 U_O 的值，记入表 12.3 中。

视频：反相加法运算电路仿真演示

表 12.3 反相加法运算

测量值/V			理论计算 $U_O=-(U_{I1}+0.5U_{I2})$
U_{I1}/V	U_{I2}/V	U_O/V	

(2) 减法运算电路。

按自行设计的减法运算电路接线，由可调的直流信号源提供两路不同的输入电压 U_{I1} 和 U_{I2}，U_{I1} 和 U_{I2} 在 1.5~4.0 V 之间调节。U_{I1} 和 U_{I2} 不相同，且两个输入信号电压值差值要大一些。测量 U_{I1}、U_{I2} 和 U_O 的值，记入表 12.4 中。

视频：减法运算电路仿真演示

表 12.4 减法运算

测量值/V			理论计算 $U_O=U_{I2}-U_{I1}$
U_{I1}/V	U_{I2}/V	U_O/V	

4. 积分运算电路

按图 12.4 接线，构成积分电路。将幅值为 0.4 V（通过示波器观测）、频率 f=1 kHz、占空比为 1/2（即脉冲宽度为脉冲周期的二分之一）的方波加至积分电路的输入端，用示波器观察 u_I 和 u_O，将波形绘入表 12.5 中，并标出 u_O 的幅值。

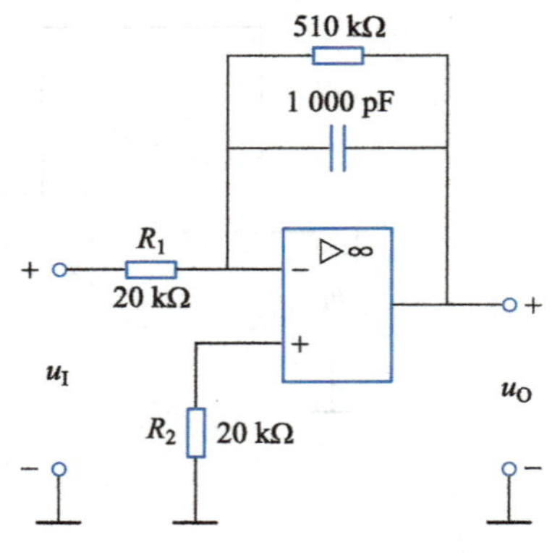

图 12.4 积分运算电路

*5. 微分运算电路

按图 12.5 接线，构成微分电路。从信号发生器输出一个频率 f=1 kHz、幅值为 0.4 V（通过示波器观察）、占空比为 1/2 的方波，加至微分电路的输入端，用示波器观察 u_I 和 u_O 波形，绘入表 12.6 中，并标出 u_O 的幅值。

表 12.5　积分电路波形

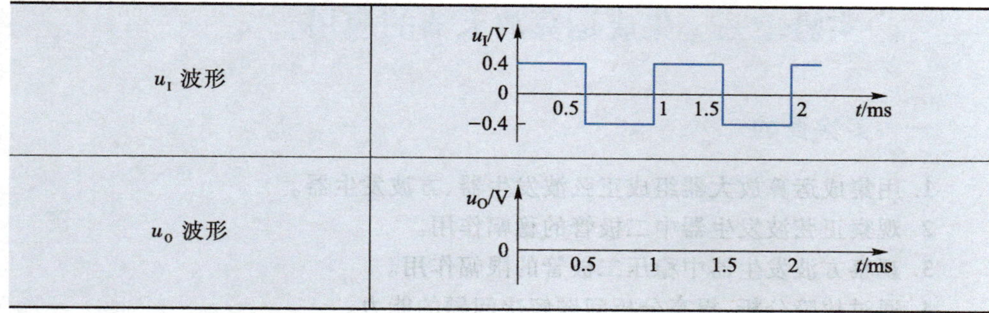

视频：积分运算电路仿真演示

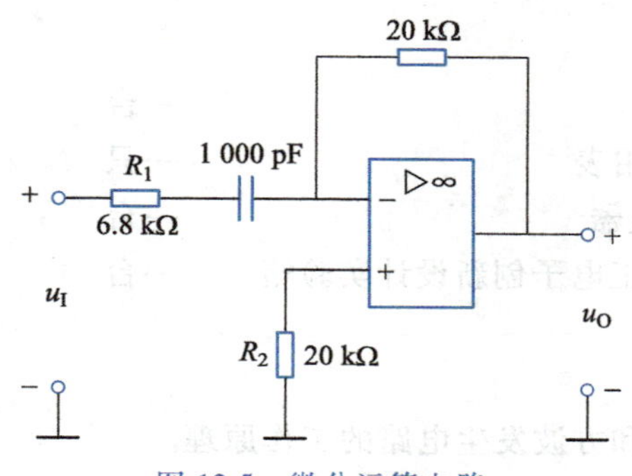

图 12.5　微分运算电路

表 12.6　微分电路波形

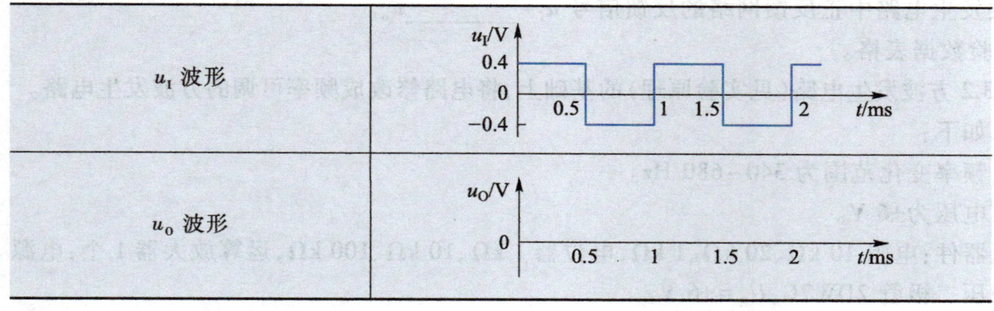

视频：微分运算电路仿真演示

六、实验报告要求

1. 画出实验电路并标明各元件的数值，整理实验数据，绘出观察到的波形。

2. 比较表中的测量结果与计算结果，分析产生偏差的原因。

3. 在本实验中，若反相比例运算电路的输入电压 $U_I = -7$ V，说明实测的输出电压 U_O 大约为多少伏。

4. 如要求 $u_O = 0.5u_I$，应如何设计电路？

实验十三 集成运算放大器的应用

课件：集成运算放大器的应用

一、实验目的

1. 用集成运算放大器组成正弦波发生器、方波发生器。
2. 观察正弦波发生器中二极管的稳幅作用。
3. 观察方波发生器中稳压二极管的限幅作用。
4. 通过故障分析，提高分析问题解决问题的能力。

二、实验仪器与设备

1. UTD2102 型示波器	一台
2. GDM-8352 型数字万用表	一只
3. SFG-1023 型函数发生器	一台
4. TT-CX-2D 型现代电工电子创新设计实验箱	一台

三、实验预习内容

1. 复习正弦波发生电路和方波发生电路的工作原理。
2. 复习用示波器测量信号频率和幅值的方法。
3. 根据电路所给参数计算正弦波发生电路和方波发生电路的振荡频率 $f_{理论}$。
4. 正弦波发生电路中正反馈网络的反馈信号 u_f = ________ u_o。
5. 自拟实验数据表格。
6. 在图 13.2 方波发生电路（见实验原理）的基础上，将电路修改成频率可调的方波发生电路。具体要求如下：

(1) 方波频率变化范围为 340~680 Hz。

(2) 输出电压为±6 V。

可选用元器件：电阻 10 kΩ、20 kΩ、1 kΩ，电位器 1 kΩ、10 kΩ、100 kΩ，运算放大器 1 个，电源电压±12 V，稳压二极管 2DW7C，U_Z = ±6 V。

*7. 设计一个报警电路，当 u_i>2 V 时，报警电路的铃响、灯亮（提示：用电压比较器）。

四、实验原理

1. 图 13.1 所示电路为 *RC* 正弦波振荡电路，它由 *RC* 串、并联选频网络，反馈网络，同相比例运算电路和稳幅电路四部分组成。调节 10 kΩ 电位器可满足自激振荡的幅值条件，使电路起振。二极管与 6.8 kΩ 电阻并联在电路中起稳幅作用。

电路的振荡频率

$$f_0=\frac{1}{2\pi RC}$$

起振的幅值条件：同相比例运算电路的电压放大倍数 $|A_u|>3$。

2. 图 13.2 所示电路是由滞回比较器和一个负反馈回路组成的方波发生电路，改变时间常数 RC，可调节振荡频率。双向稳压二极管在电路中起限幅作用，1 kΩ 电阻为稳压二极管的限流电阻。电路的振荡频率

视频：矩形波发生器仿真演示

$$f_0=\frac{1}{2RC\ln\left(1+2\frac{R_2}{R_1}\right)}$$

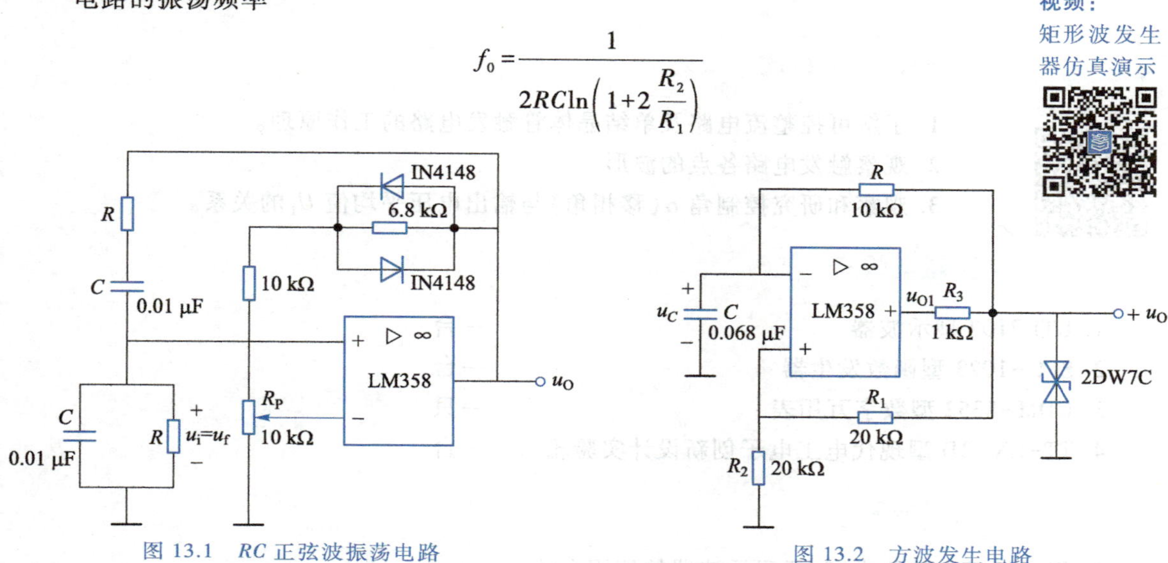

图 13.1　RC 正弦波振荡电路　　　图 13.2　方波发生电路

五、实验内容

注意：本次实验运算放大器的电源电压为±12 V。

1. 正弦波发生电路

(1) 取 $R=20$ kΩ，按图 13.1 连接正弦波发生电路。

(2) 调节电位器 R_P 的阻值，使电路起振，并输出一个最大不失真的正弦波形，测量正弦波形的频率 f 及有效值 U_o，记录波形，并标出幅值。

(3) 同时观察 u_o 与 u_f 的波形并记录，理解 u_o 与 u_f 的关系。

(4) 去掉二极管，用示波器观察电路的工作情况，了解二极管的稳幅作用。

2. 方波发生电路

(1) 按图 13.2 选择元器件，正确连接方波发生电路。

(2) 用示波器观察 u_o、u_C 的波形，画出波形图，并用示波器测量 u_o 的幅值及频率。

(3) 在图 13.2 方波发生电路的基础上，将电路修改成频率可调的方波发生电路。

*3. 验证自行设计的报警电路

六、实验报告要求

1. 整理实验数据，绘出数据表格及波形，比较理论值与测量值的大小。
2. 在正弦波发生电路中，改变电位器 R_P 的阻值，说明对电路的工作状态有何影响。
3. 在频率可调的方波发生电路中，改变电位器 R_P 的阻值，说明对振荡频率有何影响。
4. 思考并设计占空比可调的方波发生电路。
5. 简述实验过程中出现的问题及解决方法。

实验十四　单相半波可控整流电路

课件：
单相半波可控整流电路

一、实验目的

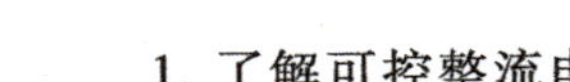
1. 了解可控整流电路及单结晶体管触发电路的工作原理。

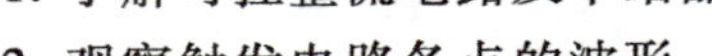
2. 观察触发电路各点的波形。

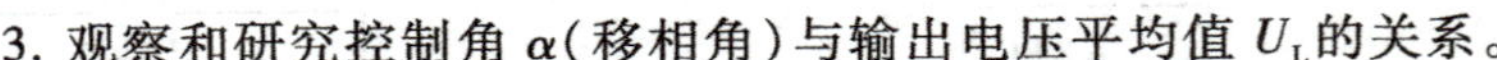
3. 观察和研究控制角 α（移相角）与输出电压平均值 U_L的关系。

二、实验仪器与设备

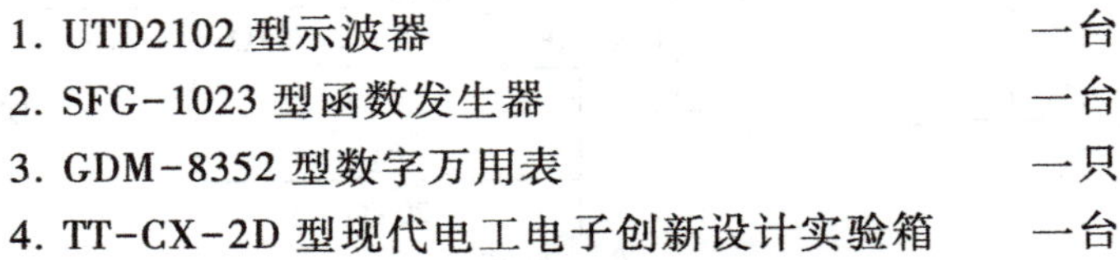

1. UTD2102 型示波器　　一台
2. SFG-1023 型函数发生器　　一台
3. GDM-8352 型数字万用表　　一只
4. TT-CX-2D 型现代电工电子创新设计实验箱　　一台

三、实验预习内容

1. 复习教材中相关内容，复习示波器的使用方法。
2. 熟悉实验电路，了解各元器件的作用，熟悉实验步骤。

四、实验原理

晶闸管是一种具有 3 个 PN 结的半导体器件，外部有 3 根引线——阳极 A、阴极 K、门极（或称控制极）G，结构示意图和电路符号如图 14.1 所示。

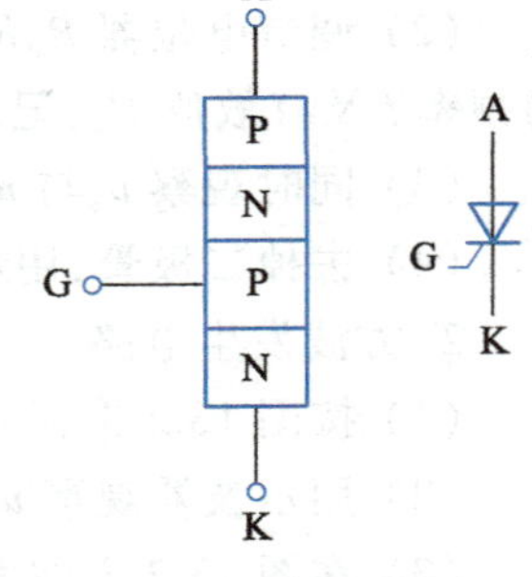

图 14.1　晶闸管的结构及表示符号

晶闸管是一种可控的单向导电器件，当在晶闸管的阳极和阴极之间施加正向电压，门极和阴极之间也施加正向触发电压时，晶闸管才可以导通。晶闸管导通后，门极即失去控制作用。要想使导通的晶闸管关断，必须使阳极电压减小到足够小。

由单结晶体管触发的单相半波可控整流电路如图 14.2 所示，其中输入电压有效值为 14 V。

在图 14.2 中，正弦交流电压经 D 整流，R_1、D_Z削波，给振荡电路提供与主电路同步的梯形电压。R_2、R_P、C、R_4和单结晶体管 T 等元器件构成振荡电路，产生触发脉冲。当电源电压经 R_2、R_P向电容充电，使电容电压达到峰点电压 U_P时，单结晶体管导通，电容 C 经 R_4放电，放电电流在 R_4上形成一脉冲电压，当电容电压下降到谷点电压 U_V时单结晶体管截止，完成一次振荡，电源电压再次向电容充电，重复上述过程，R_4上可以得到一系列尖脉冲输出电压。电阻 R_4上的系列脉冲电压用于触发晶闸管。改变电位器 R_P的数值可以调节输出脉冲电压的频率。主电路和触发电路接在同一电源上，在信号电压的正半周，可以得到触发脉冲，从而使晶闸管导通。R_P为定值时，每个正半周内出现第一个触发脉冲的时刻相同，输出电压 u_L 的平均值 U_L保持不变。改变电位器 R_P，可使出现第一个触发脉冲的时刻发生变化。当 R_P阻值增大时，电容器 C 的充电速度变慢，输出第一个触发脉冲的时间后移，控制角 α 变大，晶闸管导通角 θ 变小，输出电压 u_L 的平均值 U_L 也变小。由此可见，改变 R_P 可起到移相控制作用，实现调压的目的。

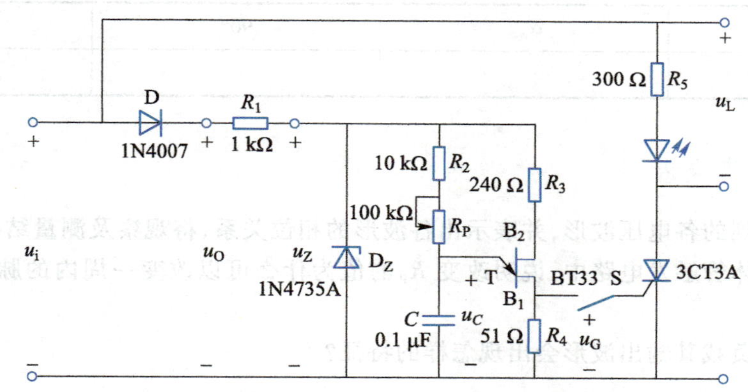

图 14.2　由单结晶体管触发的单相半波可控整流电路

五、实验内容

1. 按实验电路图 14.2 接线

2. 观察单结晶体管触发电路各点的波形

（1）用示波器分别观察 u_i、u_O、u_Z、u_C 及 u_G 的波形，并记录各点波形于图 14.3 中（记录波形时应注意各电压间的相位关系）。

（2）观察改变 R_P 对 u_C、u_G 波形的影响。调 R_P 为最大和最小，观察 u_C、u_G 的波形并记入图 14.4 中，测定移相范围。

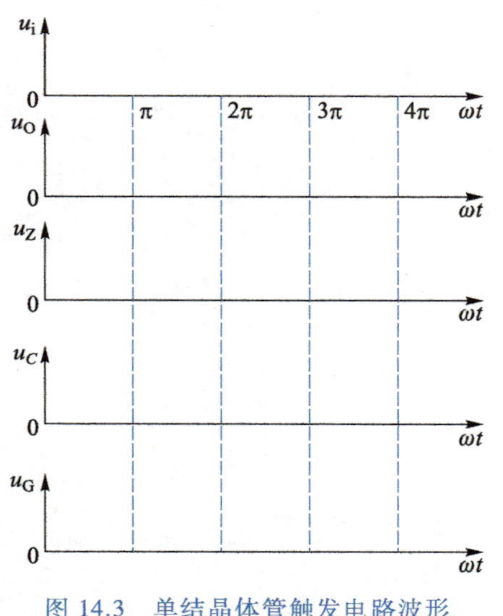

图 14.3　单结晶体管触发电路波形

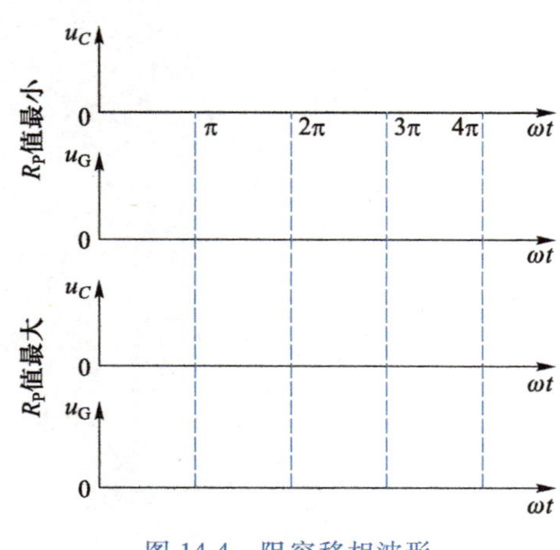

图 14.4　阻容移相波形

3. 观察可控整流电路的工作情况

调节电位器 R_P 阻值由最大变为最小，观察发光二极管亮度的变化，测量不同控制角 α 时的

U_L值，记入表 14.1 中。

表 14.1 不同控制角 α 时的 U_L 值

控制角 α	α_{min}	90°	α_{max}
U_L/V			

六、实验报告要求

1. 绘制观察到的各电压波形，并表示出各波形的相位关系，将观察及测量结果填入表中。

2. 在单结晶体管触发电路中，说明改变 R_P 的值为什么可以改变一周内的脉冲数目，实现脉冲移相。

3. 如为感性负载其输出波形会出现怎样的特征？

实验十五 组合逻辑电路及其应用

课件：
组合逻辑电路及其应用

一、实验目的

1. 掌握与非门、异或门的逻辑功能及其使用方法。
2. 了解数据选择器、译码器的原理和使用方法。
3. 学习组合逻辑电路的一般设计方法。
4. 通过实验，进一步熟悉集成电路的使用，并提高应用知识的能力。

二、实验仪器与设备

视频：
组合逻辑电路及其应用

1. TT-CX-2D 型现代电工电子创新设计实验箱	一台
2. 数字集成芯片 74LS00、74LS20、74LS86、74LS151、74LS138	若干
3. 发光二极管、电阻	若干

三、实验预习内容

1. 复习与非门、异或门、数据选择器、译码器的逻辑功能以及半加器及全加器的工作原理。
2. 复习组合逻辑电路的分析与设计方法。
3. 根据要求设计组合逻辑电路。

(1) 三人无弃权表决电路设计

设计要求如下：

① 每人用一个逻辑开关，赞同，开关置 **1**；不赞同，开关置 **0**；表决结果用电平指示灯显示，当多数赞成时，输出端为 **1**。

② 根据设计要求，列出逻辑状态表，写出逻辑表达式并化简。

③ 画出用与非门实现的逻辑电路。

(2) 数字锁电路设计

数字锁电路示意图如图 15.1 所示。设数字锁的密码为四位二进制代码（如 **1001**、**0101** 等，可自行设置），由密码输入端 A、B、C、D 输入。当控制信号 $E=\mathbf{1}$ 时，如果输入代码符合该锁的密码，锁被打开（开锁信号 $Z_1=\mathbf{1}$）；如果代码不符，发出报警信号（报警信号 $Z_2=\mathbf{1}$）。当控制信号 $E=\mathbf{0}$ 时，无论输入 A、B、C、D 为何值，均无信号输出（即 $Z_1=\mathbf{0}$，$Z_2=\mathbf{0}$）。要求使用最少的与非门实现。

实验时，开锁或报警信号可分别用电平指示灯发光与否来表示。

图 15.1 数字锁电路示意图

(3) 病房呼叫系统设计

医院病房都有呼叫按钮。当病人按下呼叫按钮时，值班室内与该病房相应的指示灯亮，电铃会发出呼叫。医院根据病人病情的不同，对各病房设置了优先顺序。

设有 A、B、C、D 四个病房，A 病房具有优先权，即当 A 病房按钮按下时，即使其他病房的按钮被按下，值班室中只有 A 病房的指示灯亮，其他各病房的呼叫无效；仅当 A 病房无呼叫时，若其他三个病房的按钮按下，值班室中与该病房对应的指示灯才亮，电铃响，发出呼叫。设计一个满足上述要求的逻辑电路。

(4) 数据选择器的应用

用 8 选 1 数据选择器 74LS151 设计一位二进制数的全减器。

要求：输入为被减数 A，减数为 B，低位来的借位数为 C，全减差为 D，向高位的借位数为 C_1。

(5) 译码器的应用

用 3/8 线译码器 74LS138 设计一位二进制数的全减器，要求同(4)。

4. 自拟实验所用的数据表格。

四、实验原理

1. 集成逻辑门电路有 TTL 和 CMOS 两大类，它是数字电路中应用十分广泛的基本器件之一。TTL 门电路对电源电压要求较严，一般为 5(1±10%) V，阈值电压约为 1.4 V。CMOS 集成电路电源电压工作范围宽，通常为 3~18 V，阈值电压 U_T 近似等于 $U_{DD}/2$(U_{DD}为电源电压)，所以提高电源电压是提高 CMOS 器件抗干扰能力的有效措施。CMOS 器件功耗小，易于实现大规模集成，所以近年来发展很迅速，但其工作速度比 TTL 电路低。

2. 所用逻辑门电路

(1) **与非门**

与非门的逻辑功能是：当输入全为 **1** 时，输出为 **0**；当输入端有一个或几个为 **0** 时，输出为 **1**。**与非门**的逻辑表达式为 $Y=\overline{A\cdot B}$。74LS00 与 74LS20 分别是 2 输入和 4 输入**与非门**器件，相应的引脚以及内部结构如图 15.2(a)和(b)所示。

(2) **异或门**

异或门的逻辑功能是：当两输入信号相同时，其输出为低电平；当两输入信号相异时，其输出为高电平。**异或门**逻辑表达式为

$$Y=A\oplus B$$

74LS86 与 CD4070 均为 2 输入**异或门**，其引脚以及内部结构如图 15.2(c)和(d)所示。

(3) 数据选择器

数据选择器的功能是从多个输入数据中选择一个作为输出。如果有四个输入端，就需要有两个选择端；如果有八个输入端，就需要三个选择端。

74LS151 是 8 选 1 数据选择器，如图 15.2(e)所示。选择控制端(地址端)为 C、B、A，按二进制译码，从 8 个输入数据 D_0~D_7 中，选择一个需要的数据送到输出端 Y，$\overline{G}$为使能端，低电平有效。使能端$\overline{G}=\mathbf{1}$ 时，不论 C、B、A 状态如何，均无输出($Y=\mathbf{0}$，$W=\mathbf{1}$)，数据选择器被禁止；使能端$\overline{G}=\mathbf{0}$ 时，数据选择器正常工作，根据地址码 C、B、A 的状态选择 D_0~D_7 中某一个通道的数据输送到输出端 Y。

(4) 译码器

如把输入的三位二进制代码译成对应的八个输出信号，称为 3/8 线译码器，最常用的是 74LS138，如图 15.2(f)所示。它有三个输入端 A、B、C，八个输出端$\overline{Y}_0$~$\overline{Y}_7$，输出低电平有效，一个

使能端 S_1 和两个控制端$\overline{S}_2$ 和$\overline{S}_3$，S_1 高电平有效，$S_1=\mathbf{1}$ 时，可以译码；$S_1=\mathbf{0}$ 时，禁止译码，输出全为 **1**。$\overline{S}_2$ 和$\overline{S}_3$ 低电平有效，若均为 **0**，可以译码；若其中有 **1** 或全 **1**，则禁止译码，输出也全为 **1**。

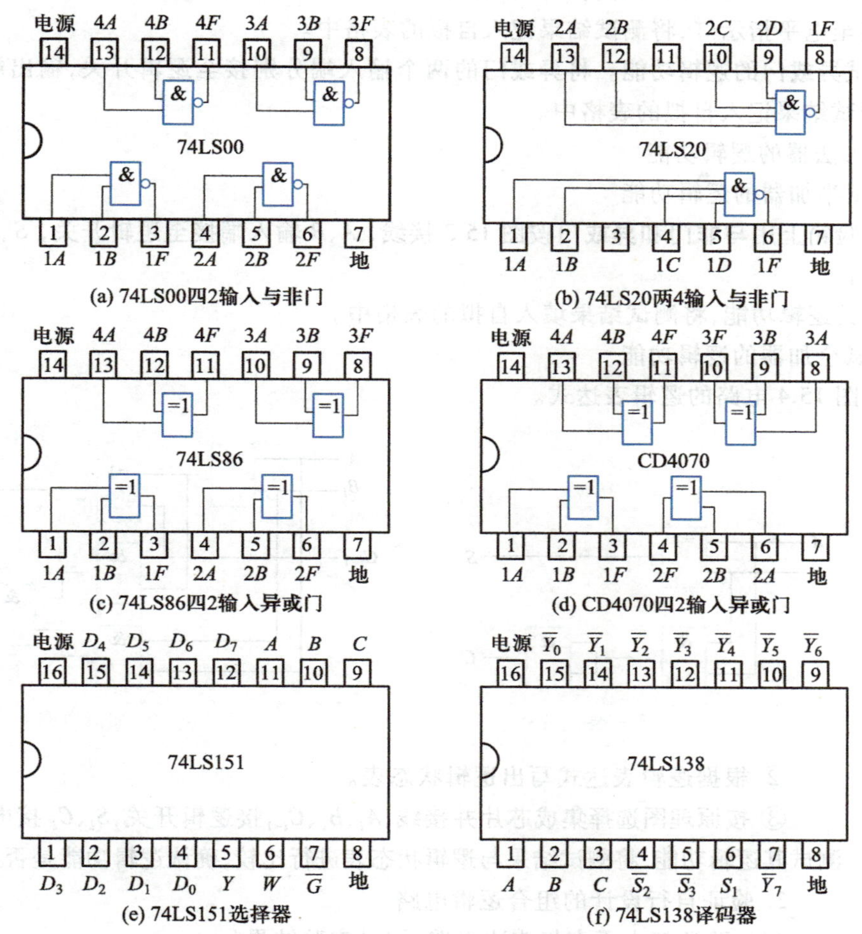

图 15.2　集成芯片引脚排列图

3. 加法器

两个一位二进制数相加，若不考虑来自低位的进位，称为半加。半加器的逻辑表达式为

$$S=A\overline{B}+\overline{A}B,\ C=AB$$

两个一位二进制数相加，若考虑来自低位的进位，称为全加。全加器的逻辑表达式为

$$S=A\oplus B\oplus C,\ C=AB+BC+CA$$

五、实验内容

注意事项：

(1) 数字实验箱上的芯片不得自行取下，如需更换，需请示实验指导教师，用专用工具更换。

(2) 实验前，应自行检验芯片及导线的好坏。

(3) 实验中,应在断电情况下连接或改接线路。

1. 测试门电路的逻辑功能

(1) 测试 74LS00 **与非**门的逻辑功能。将**与非**门的两个输入端分别接至实验箱上的逻辑开关,输出端接至电平指示灯,将测试结果记入自拟的表格中。

(2) 测试**异或**门的逻辑功能。将**异或**门的两个输入端分别接至逻辑开关,输出端接至电平指示灯,将测试结果记入自拟的表格中。

2. 测试加法器的逻辑功能

(1) 测试半加器的逻辑功能

① 在实验箱上用**与非**门和**异或**门按图 15.3 接线,A、B 输入端接至逻辑开关,S、C 输出端接至电平指示灯。

② 验证其逻辑功能,将测试结果填入自拟的表格中。

(2) 测试全加器的逻辑功能

① 写出图 15.4 电路的逻辑表达式。

视频:
半加器电路
仿真演示

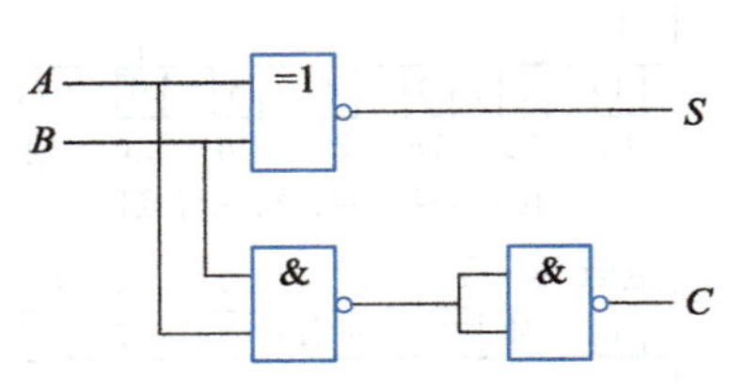

图 15.3　半加器电路

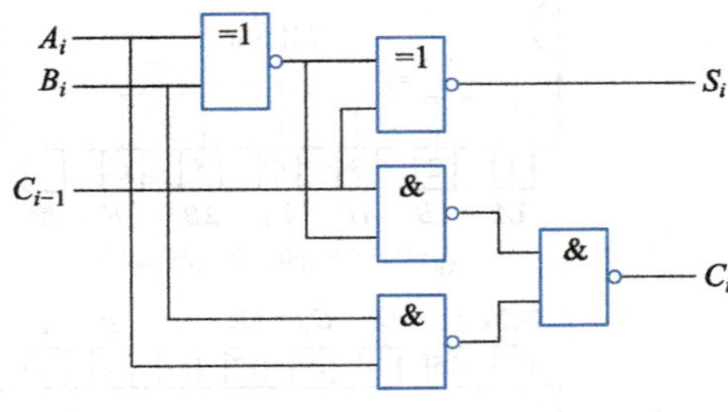

图 15.4　全加器电路

视频:
全加器电路
仿真演示

② 根据逻辑表达式写出逻辑状态表。

③ 按原理图选择集成芯片并接线,A_i、B_i、C_{i-1}接逻辑开关,S_i、C_i 接电平指示灯。测试其逻辑功能,将测试结果与逻辑状态表进行比较,确认逻辑功能是否正确。

3. 验证自行设计的组合逻辑电路

(1) 验证三人无弃权表决电路,记录实验结果。

(2) 验证数字锁电路,记录实验结果。

*(3) 验证病房呼叫系统,记录实验结果。

*(4) 数据选择器的应用。

*(5) 译码器的应用。

4. 自拟实验所用的数据表格

视频:
三人无弃权
表决器电路
仿真演示

六、实验报告要求

1. 整理各实验记录表格,验证其逻辑功能。

2. 画出能满足设计要求并已经实验验证的逻辑电路图,列出逻辑状态表,写出最简**与非**逻辑表达式。

3. 总结实验中发现的问题、故障及解决办法。

视频:
奇偶校验器
电路仿真
演示

实验十六　触发器及其应用

一、实验目的

课件：
触发器及其应用

1. 掌握集成 *JK* 触发器和 *D* 触发器的逻辑功能。
2. 学习用 *D* 触发器组成并行输入-并行输出寄存器。
3. 学习用 *JK* 触发器组成移位寄存器。

二、实验仪器与设备

1. TT-CX-2D 型现代电工电子创新设计实验箱　一台
2. 集成芯片：74LS04　一片；74LS74　两片；74LS112(74LS76)　两片

视频：
触发器及其应用

三、实验预习内容

1. 复习有关触发器、寄存器的内容，理解实验电路的工作原理。
2. 用 *JK* 触发器设计一个 4 位移位寄存器(左移或右移)，并画出电路图。
3. 拟出各实验内容所需的测试记录表格。

四、实验原理

1. 触发器

触发器是构成时序逻辑电路的基本单元。常见的集成触发器有 *JK* 触发器和 *D* 触发器。根据电路结构，触发器受时钟脉冲触发的方式有维持阻塞型和主从型。维持阻塞型又称边沿触发方式，触发状态的转换发生在时钟脉冲的上升沿或下降沿。主从型触发方式状态的转换分两个阶段，在 $CP=\mathbf{1}$ 期间完成数据存储，在 *CP* 从 **1** 变为 **0** 时(下降沿)状态转换。

本实验使用 74LS04 六反相器、74LS74 双 *D* 触发器(上升沿触发的 *D* 触发器)和 74LS112(或 74LS76)双 *JK* 触发器(下降沿触发的 *JK* 触发器)3 种型号的集成芯片，它们的引脚排列如图 16.1 所示。

2. 寄存器

寄存器是数字系统常用的逻辑部件，它用来存放数码或指令等。它由触发器和门电路组成。一个触发器只能存放 1 位二进制数，存放 n 位二进制数时，需要 n 个触发器。

寄存器按其功能分为数码寄存器和移位寄存器。

数码寄存器仅用于数码寄存。用两片 74LS74 双 *D* 触发器可组成 4 位并行输入-并行输出寄存器，如图 16.2 所示。

移位寄存器不仅能寄存数码，还具有移位的功能。用两片 74LS112 双 *JK* 触发器和一片 74LS04，可组成 4 位左移或右移寄存器。

实验箱内的单次脉冲源是一个基本 *RS* 触发器，其正、负脉冲输出端即基本 *RS* 触发器的两个输出端。其正脉冲输出端正常输出低电平 **0**，当按钮按下时，输出高电平 **1**(脉冲的上升沿)，按钮抬起时，恢复输出低电平 **0**(脉冲的下降沿)；负脉冲输出端状态与之相反。

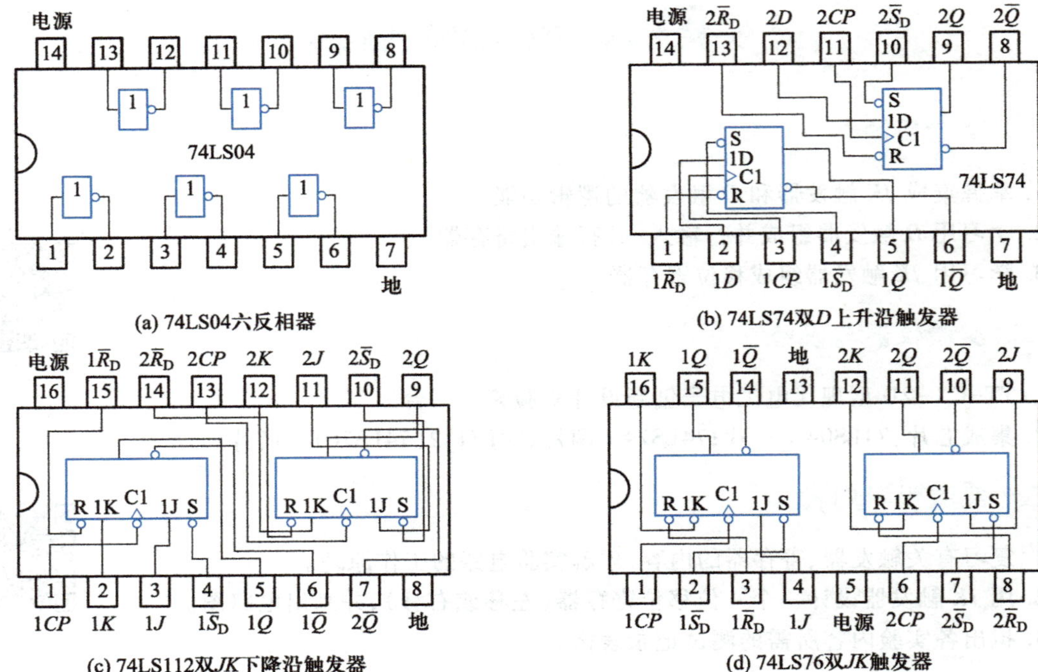

图 16.1 集成芯片引脚排列图

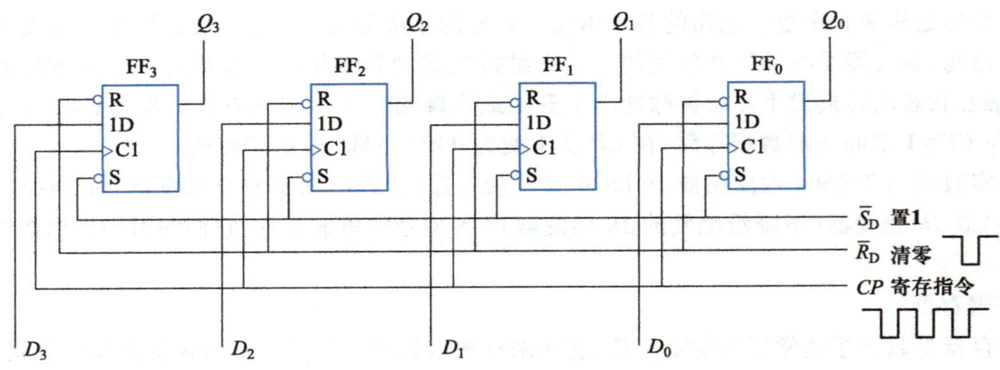

图 16.2 4 位并行输入-并行输出寄存器

五、实验内容

1. JK 触发器功能验证

(1) 任选 74LS112 芯片中的一个 JK 触发器，将 $\overline{R}_D$、$\overline{S}_D$、J、K 端分别接至逻辑开关，Q、$\overline{Q}$ 端接至逻辑电平指示灯，时钟脉冲输入端 CP 接至单次脉冲插孔（用负脉冲），并将芯片接入+5 V 电源。

(2) 观察触发器的直接置 **0** 功能。令 $\overline{R}_D = 0$、$\overline{S}_D = 1$，J、K 和 C 端的状态任意变化，观察 Q、$\overline{Q}$ 的状态。

(3) 观察触发器的直接置 **1** 功能。令 $\overline{S}_D = 0$、$\overline{R}_D = 1$，J、K 和 CP 端的状态任意变化，观察 Q、$\overline{Q}$ 的状态。

(4) 验证 JK 触发器的功能。令 $\overline{R}_D = 1$、$\overline{S}_D = 1$，改变 J、K 输入端的状态，在 CP 脉冲的作用下，观察 Q、$\overline{Q}$ 状态的变化，结果填入自拟表格中。注意观察触发器状态更新是否发生在 CP 脉冲的下降沿。

注意：触发器的 $\overline{R}_D$ 为直接置 **0** 端，$\overline{S}_D$ 为直接置 **1** 端，均为低电平 **0** 有效。正常工作时 $\overline{R}_D$、$\overline{S}_D$ 端接高电平 **1**。

2. D 触发器功能验证

(1) 任选 74LS74 芯片中的一个 D 触发器，将 $\overline{R}_D$、$\overline{S}_D$、D 端接至逻辑开关，Q、$\overline{Q}$ 端接至指示灯，CP 脉冲输入端接单次脉冲插孔（用正脉冲），并将芯片接入+5 V 电源。

(2) 观察触发器的直接置 **0** 功能。令 $\overline{R}_D = 0$、$\overline{S}_D = 1$，D 和 CP 端的状态任意变化，观察 Q、$\overline{Q}$ 的状态。

(3) 观察触发器的直接置 **1** 功能。令 $\overline{S}_D = 0$、$\overline{R}_D = 1$，D 和 CP 端的状态任意变化，观察 Q、$\overline{Q}$ 的状态。

(4) 验证 D 触发器的功能。令 $\overline{R}_D = 1$、$\overline{S}_D = 1$，改变 D 输入端的状态，在 CP 脉冲的作用下，观察 Q、$\overline{Q}$ 状态变化，结果填入自拟表格中。注意观察触发器状态更新是否发生在 CP 脉冲的上升沿。

3. 用 D 触发器组成一个 4 位并行输入-并行输出寄存器

按图 16.2 连接电路。将 $\overline{S}_D$、$\overline{R}_D$ 接至逻辑开关，各触发器的 Q 输出端接至指示灯，CP 端接单次脉冲插孔（用正脉冲），将芯片接入电源。检查无误后，通电检验寄存器的功能，弄清数码存储步骤。

4. 验证自行设计的 4 位移位寄存器

(1) 按自行设计的 4 位移位寄存器电路接线。

(2) 由寄存器数码输入端 D 依次输入数码 **1010**，检验移位寄存器的移位寄存功能。

(3) 根据实验情况在图 16.3 中绘出数码输入端 D 及各 Q 输出端的波形。

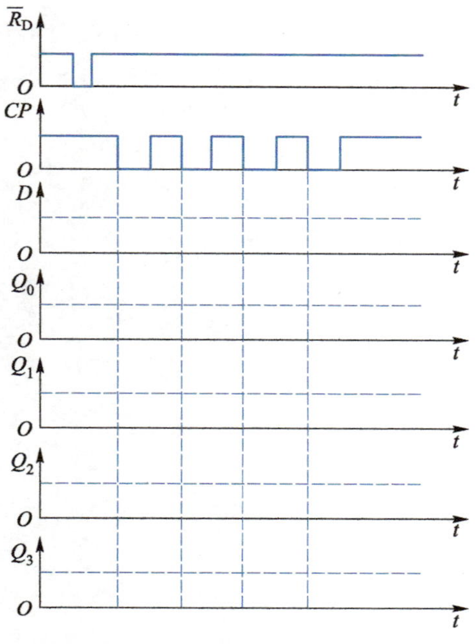

图 16.3 移位寄存器工作波形

六、实验报告要求

1. 整理、记录实验结果，画出设计的实验电路。

2. 回答以下问题：

(1) 当 $\overline{S}_D$、$\overline{R}_D$ 端为______(高、低)电平时，*JK* 触发器的输出状态由 *J*、*K* 及 *CP* 决定。若时钟脉冲 *CP* 接至单次正脉冲插孔，则在按钮______(按下、抬起)时，触发器的状态更新。

(2) 写出移位寄存器存入4位数码的第1位的存数步骤。

(3) 本实验设计的移位寄存器属于________(串行、并行)输入方式。

(4) 整理实验现象及实验所得的有关波形，对实验结果进行分析。

3. 总结使用集成触发器的体会。

实验十七　计数译码显示电路

一、实验目的

课件：计数译码显示电路

1. 学习用触发器构成计数器的方法。
2. 掌握中规模集成计数器的使用和功能测试方法。
3. 学习用集成电路计数器构成 N 进制计数器。
4. 了解计数译码显示电路的组成原理，利用数字电路实验箱内的译码驱动显示电路及集成计数器构成计数译码显示电路。

二、实验仪器与设备

视频：计数译码显示电路

1. TT-CX-2D 型现代电工电子创新设计实验箱　一台
2. 集成芯片：74LS74　两片；74LS390　一片；74LS20　一片；74LS192　两片

三、实验预习内容

1. 复习 D 触发器、集成计数器的逻辑功能，理解实验电路的工作原理。
2. 拟出实验内容所需的表格。
3. 根据所提供的 74LS390 芯片，运用反馈复位法，设计一个按个人班级序号加 10 的计数器（如 15 号的同学设计二十五进制的计数器，以此类推），画出电路图。
4. 画出用集成 D 触发器构成的 4 位二进制异步减法计数器的电路图。

四、实验原理

实验中所用 74LS390、74LS192、74LS74 集成芯片的引脚排列图如图 17.1 所示。

1. 用 D 触发器构成二进制异步计数器

计数器是一种能够实现计数功能的时序部件，它不仅可用来记录脉冲数，还常用来完成数字系统的定时、分频和执行数字运算以及其他特定的逻辑功能。计数器种类很多，按计数脉冲引入方式分，有异步计数器和同步计数器；根据计数进制的不同，分为二进制计数器、十进制计数器和任意进制计数器；根据计数功能可分为加法计数器、减法计数器和可逆计数器等。

利用两片 74LS74 双 D 触发器构成的 4 位二进制异步加法计数器如图 17.2 所示。

2. 中规模十进制计数器

（1）74LS390 集成双二–五–十进制异步计数器。

每片 74LS390 芯片中含有两个独立的 BCD 码十进制计数器。每个计数器中包含一个二进制计数器和一个五进制计数器，既可单独用于二进制计数、五进制计数，也可连接成十进制计数器，其引脚排列如图 17.1(a)所示。

用一片 74LS390 可构成一个一百进制计数器，若加上少量的门电路则可构成一百以内的任意进制计数器，应用灵活方便。

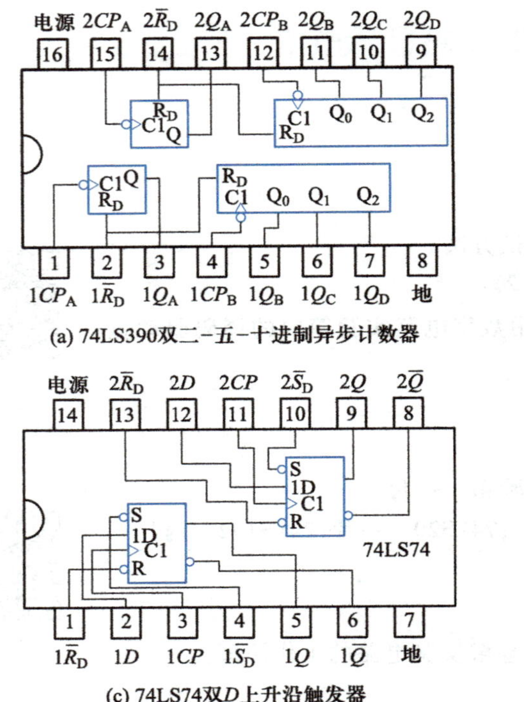

(a) 74LS390双二-五-十进制异步计数器

(c) 74LS74双D上升沿触发器

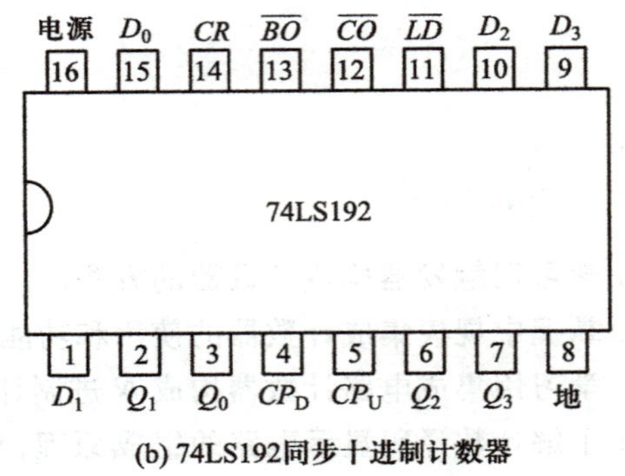

(b) 74LS192同步十进制计数器

图 17.1 集成芯片引脚排列图

视频：4位异步加法计数器仿真演示

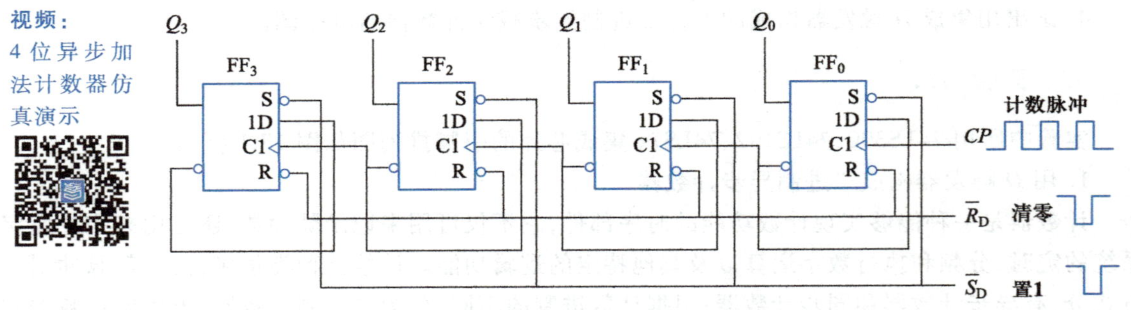

图 17.2 4位二进制异步加法计数器

（2）74LS192集成同步十进制可逆计数器。

74LS192芯片具有双时钟输入、清零、置数、加计数和减计数等功能，其引脚排列如图17.1(b)所示。图中$\overline{LD}$为置数端，CR为清零端，CP_D为减计数脉冲输入端，CP_U为加计数脉冲输入端，$\overline{CO}$为进位输出端，$\overline{BO}$为借位输出端，D_3、D_2、D_1、D_0为计数器置数输入端，Q_3、Q_2、Q_1、Q_0为数据输出端。

74LS192同步十进制可逆计数器的功能见表17.1。

表 17.1　74LS192 同步十进制可逆计数器功能表

输入端								输出端			
CR	$\overline{LD}$	CP_U	CP_D	D_3	D_2	D_1	D_0	Q_3	Q_2	Q_1	Q_0
1	×	×	×	×	×	×	×	0	0	0	0
0	0	×	×	d	c	b	a	d	c	b	a
0	1	↑	1	×	×	×	×	加计数			
0	1	1	↑	×	×	×	×	减计数			

同步计数器往往设有进位（或借位）输出端，故可选用其进位（或借位）输出信号驱动下一级计数器。图 17.3 所示是由 74LS192 利用进位输出 $\overline{CO}$ 控制高一位的 CP_U 端构成的加计数级联图。

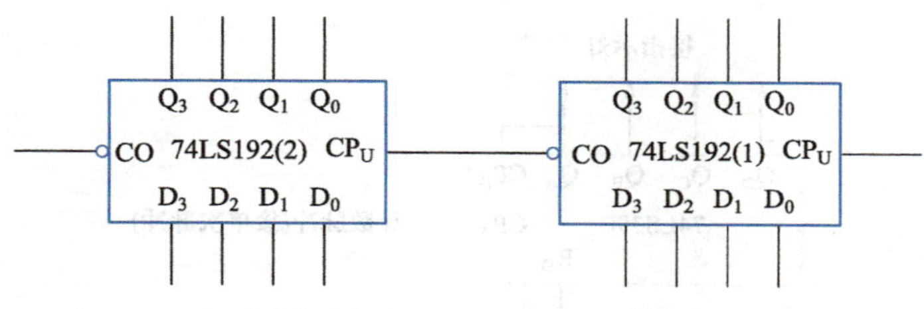

图 17.3　74LS192 加计数级联图

3. 译码器

译码器在数字系统中有广泛的用途，不仅用于代码的转换、终端的数字显示，还用于数据分配、存储器寻址和组合控制信号等，不同的功能可选用不同种类的译码器。

数字电路实验箱上已安装有译码驱动电路和七段 LED 数码管，译码驱动显示电路原理框图如图 17.4 所示。外部计数器的输出端 Q_D、Q_C、Q_B、Q_A 分别接至连接插孔的 D、C、B、A，计数器输出的 BCD 码经 CD4511 译成对应的字段信号，驱动 LED 数码管显示出数字。

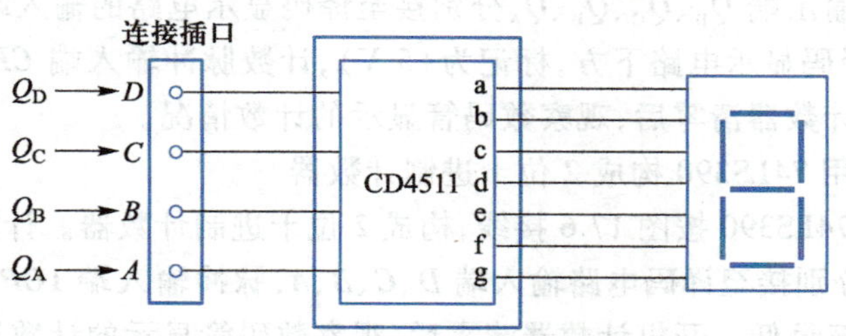

图 17.4　译码驱动显示电路

五、实验内容

1. 用 D 触发器组成一个 4 位二进制异步加法计数器

（1）将 74LS74 接入+5 V 电源，按图 17.2 接线。将 $\overline{R}_D$、$\overline{S}_D$ 端接至逻辑开关，计数脉冲输入端 CP 接至单次脉冲插孔，计数器输出端 Q_3、Q_2、Q_1、Q_0 依次接至电平指示灯。

（2）检查无误后接通电源。

（3）令 $\overline{S}_D = \mathbf{1}$，给 $\overline{R}_D$ 端一个清零负脉冲，使计数器清零。

（4）按动单次脉冲按钮，依次输入 16 个计数脉冲，观察电平指示灯的显示情况，即计数器输出 Q_3、Q_2、Q_1、Q_0 的计数状态。若显示结果不符合二进制加法计数规律，表明电路有故障，应仔细检查予以排除。

*2. 构成减法计数器

将图 17.2 电路中的低位触发器的 Q 端与高一位的脉冲输入端相连接，构成减法计数器，按上述步骤进行实验，观察并记录 Q_3、Q_2、Q_1、Q_0 的计数状态。

3. 用 74LS390 构成 8421 码十进制计数器

（1）将 74LS390 接入+5 V 电源，按图 17.5 接线，即将计数脉冲输入端 CP_A 接至单次脉冲插孔，CP_B 与 Q_A 连接，R_D 接至逻辑开关，Q_D、Q_C、Q_B、Q_A 接至电平指示灯。

视频：十进制计数译码显示电路仿真演示

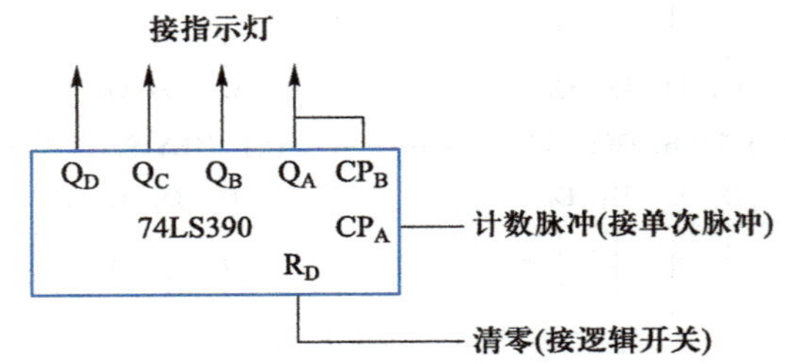

图 17.5　十进制计数器电路

（2）检查无误后接通电源。

（3）给 R_D 端一个清零正脉冲，使计数器清零。

注意：74LS390 为高电平清零，正常计数时，R_D 必须为低电平。

（4）按动单次脉冲按钮，依次输入 10 个计数脉冲，观察电平指示灯的显示情况，记入自拟的表格中，检查电平指示灯的显示是否符合 8421 码十进制计数规律。

（5）将计数器的输出端 Q_D、Q_C、Q_B、Q_A 分别接至译码显示电路的输入端 D、C、B、A，打开译码显示电路的电源（在译码显示电路下方，标记为+5 V），计数脉冲输入端 CP_A 接至连续脉冲，脉冲频率调至最低。开机计数器清零后，观察数码管显示的计数情况。

视频：2 位十进制计数译码显示电路仿真演示

4. 用 74LS390 构成 2 位十进制计数器

将 74LS390 按图 17.6 接线，构成 2 位十进制计数器。计数器各输出端 Q_D、Q_C、Q_B、Q_A 分别接至译码电路输入端 D、C、B、A，脉冲输入端 $1CP_A$ 接至连续脉冲，脉冲频率调至最低。开机计数器清零后，观察数码管显示的计数进位情况。

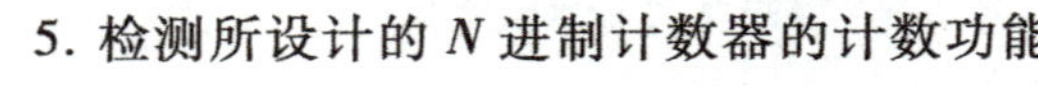

5. 检测所设计的 N 进制计数器的计数功能

*6. 测试 74LS192 同步十进制可逆计数器的逻辑功能

计数脉冲由单次脉冲源提供，置数端 $\overline{LD}$、清零端 CR 和数据输入端 D_3、D_2、D_1、D_0 分别接至逻辑开关，Q_3、Q_2、Q_1、Q_0 接至译码电路的输入端 D、C、B、A，$\overline{CO}$ 和 $\overline{BO}$ 接指示灯，按表 17.1 所列逐项测试 74LS192 芯片的功能。

（1）清零：令 $CR = \mathbf{1}$，CP_U 和 CP_D 为任意状态，计数器清零，即 $Q_3Q_2Q_1Q_0 = \mathbf{0000}$，译码显示为

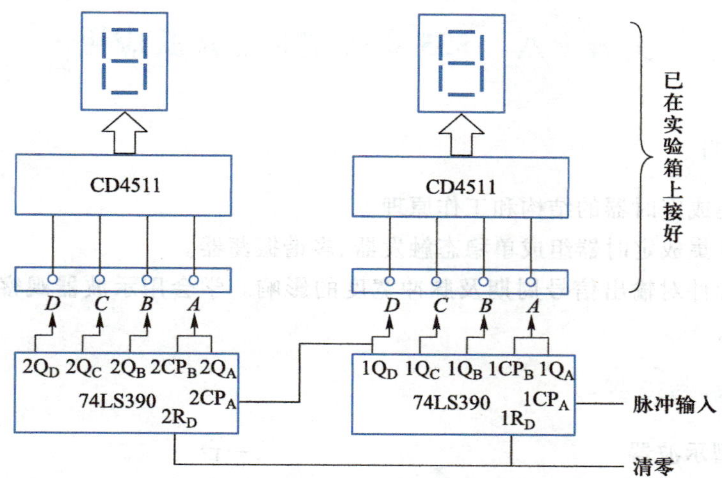

图 17.6　两位十进制计数译码显示电路

0,此后置 $CR=\mathbf{0}$,清零功能完成。

(2) 置数:令 $CR=\mathbf{0}$,CP_U和 CP_D为任意状态,在数据输入端 D_3、D_2、D_1、D_0置入一组二进制数。使$\overline{LD}=\mathbf{0}$,观察计数译码显示输出是否与输入相同,此后置$\overline{LD}=\mathbf{1}$,预置功能完成。

(3) 加法计数:令 $CR=\mathbf{0}$,$\overline{LD}$和 CP_D均为 $\mathbf{1}$,CP_U接单次脉冲源。使计数器清零后,连续输入 10 个单次脉冲,观察数码管显示的计数及进位情况。

(4) 减法计数:令 $CR=\mathbf{0}$,$\overline{LD}$和 CP_U均为 $\mathbf{1}$,CP_D接单次脉冲源。使计数器清零后,连续输入 10 个单次脉冲,观察数码管显示的计数及借位情况。

*(5) 如图 17.3 所示,用两片 74LS192 组成 2 位十进制加法计数器,开机清零后,观察数码管显示的计数情况。

六、实验报告要求

1. 画出设计的 N 进制计数器电路。

2. 回答以下问题:

(1) 实验表明,74LS74 双 D 触发器在脉冲的______(上升沿、下降沿、高电平维持期间、低电平维持期间)翻转。

(2) 实验表明,74LS390 双十进制计数器在计数脉冲的______(上升沿、下降沿)计数进位。

(3) 当用 74LS390 组成十进制计数器时,是属于______(同步、异步)计数器。

3. 实验中有无出现不正常情况? 如有,试说明产生的原因及解决办法。

实验十八 555 集成定时器及其应用

一、实验目的

1. 了解 555 集成定时器的结构和工作原理。

2. 学会用 555 集成定时器组成单稳态触发器、多谐振荡器。

3. 了解定时元件对输出信号周期及脉冲宽度的影响。学会用示波器观察振荡器的振荡波形,测定振荡频率。

二、实验仪器与设备

1. UTD2102 型示波器	一台
2. SFG-1023 型函数发生器	一台
3. TT-CX-2D 型现代电工电子创新设计实验箱	一台
4. GDM-8352 型数字万用表	一只

三、实验预习内容

1. 复习 555 集成定时器、多谐振荡器和单稳态触发器的工作原理和常见的应用电路。

2. 熟悉单稳态触发器脉冲宽度的计算方法。

3. 理解实验原理,熟悉实验步骤。

四、实验原理

1. 555 定时器

555 定时器是一种多用途的数字与模拟混合的中规模集成电路,利用它能方便地构成多谐振荡器、单稳态触发器和施密特触发器等。由于使用灵活、方便,因此,555 定时器在定时、控制、报警等方面都得到广泛应用。

555 定时器内部框图与引脚排列如图 18.1 所示。定时器内部由比较器、分压电路、*RS* 触发器及放电晶体管等组成。分压电路由 3 个 5 kΩ 的电阻构成,A_1、A_2为电压比较器,A_1的参考电压为 $2/3U_{CC}$,A_2的参考电压为 $1/3U_{CC}$。A_1和 A_2的输出端控制 *RS* 触发器状态和放电管开关状态。当 6 端输入电压高于 $2/3U_{CC}$时,触发器复位,3 脚输出为低电平,放电管 T 导通;当 2 端输入电压低于 $1/3U_{CC}$时,触发器置位,3 脚输出高电平,放电管截止。

4 为复位端,当 4 端接入低电平时,3 端输出低电平 **0**;4 端接高电平时正常工作。

5 为电压控制端,在此端外加一参考电压即可改变比较器的参考电压。不用时,经0.01 μF的电容接地,以防止干扰的引入。

555 定时器的电源电压范围较宽,可在 5~18 V 范围内使用,电路的输出有缓冲器,因此有较强的带负载能力。双极型定时器的灌电流和拉电流都在 200 mA 左右,可直接驱动 TTL 或 CMOS 电路。

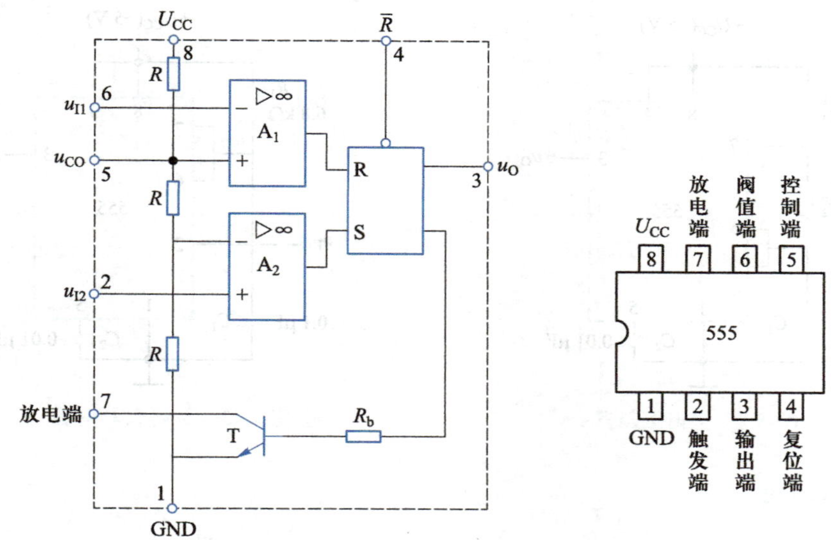

图 18.1　555定时器内部框图与引脚排列图

2. 多谐振荡器

多谐振荡器电路如图18.2所示，多谐振荡器没有稳态，仅存在两个暂稳态，亦不需外加触发信号，即可产生振荡。R_1、R_2和 C_1 为外接元件。接通电源 U_{CC}后，它经电阻 R_1、R_2对电容 C_1 充电，当电容电压 u_C上升至略高于 $2/3U_{CC}$时，将触发器置 **0**，u_O为低电平电压，此时 $\overline{Q}$ 为 **1**，使放电管 T 导通，电容 C_1 经 R_2、T 放电，u_C下降。当 u_C下降至略低于 $1/3U_{CC}$时，将触发器置 **1**，u_O变为高电平电压，$\overline{Q}$ 变为 **0**，使放电管 T 截止，电容 C_1 停止放电。U_{CC}又经电阻 R_1和 R_2 对电容 C_1 充电，如此重复以上过程，输出电压 u_O为连续的矩形波。输出电压 u_O的振荡参数为

振荡周期　$T=0.7(R_1+2R_2)C_1$

振荡频率　$f=\dfrac{1}{T}=\dfrac{1.43}{(R_1+2R_2)C_1}$

改变 R_1、R_2和 C_1 的值，即可改变矩形波的频率和脉冲宽度。

3. 单稳态触发器

单稳态触发器电路如图18.3所示。R_1、C_1 为外接元件。在触发脉冲未接入时，电路处于稳态，*RS* 触发器置 **0**，输出 u_O为低电平电压，使放电管 T 导通，u_C为低电平电压。当由 2 端输入幅值低于 $1/3U_{CC}$的触发负脉冲 u_I时，触发器置 **1**，输出 u_O为高电平电压，使放电管 T 截止。电源经电阻 R_1 对电容 C_1 充电，电路进入暂稳态，当 u_{C_1}上升到略高于 $2/3U_{CC}$时，触发器置 **0**，输出 u_O为低电平电压，此时放电管 T 又重新导通，C_1 很快放电，暂稳态结束，恢复稳态，单稳态触发器输出一个矩形脉冲。改变 R_1、C_1 即可改变输出脉冲的宽度，即改变定时或延时时间。

输出矩形脉冲的宽度（暂稳态持续时间）$t_P=1.1R_1C_1$

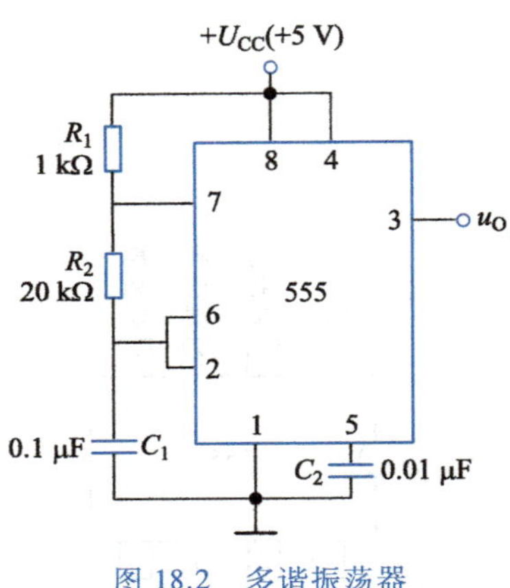

图 18.2 多谐振荡器

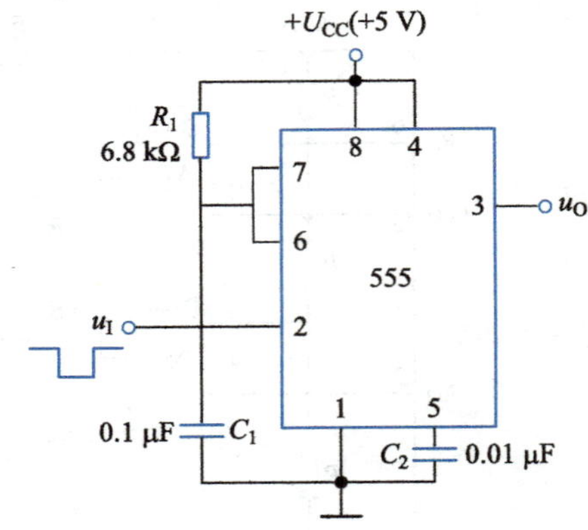

图 18.3 单稳态触发器

五、实验内容

1. 用 555 集成定时器构成多谐振荡器

(1) 按图 18.2 接线,检查无误后接通电源。

(2) 用示波器同时观察 u_{C_1} 和 u_O 波形,绘入表 18.1 中。

(3) 用示波器测量输出波形的振荡周期 T 和脉冲宽度 t_{P1}、t_{P2},记入表 18.1 中。

(4) 改变电阻 R_2 的阻值($R_2=10\ k\Omega$),观察 u_{C_1} 和 u_O 波形的变化。

表 18.1 555 集成定时器构成多谐振荡器波形

参数	$R_1=1\ k\Omega, R_2=100\ k\Omega, C_1=0.1\ \mu F$	
u_O 波形	u_O / O / t/ms	
u_{C_1} 波形	u_{C_1} / O / t/ms	
振荡周期	$T_{测}=$	$T_{计}=$
脉冲宽度	$t_{P1_{测}}=$	$t_{P1_{计}}=$
	$t_{P2_{测}}=$	$t_{P2_{计}}=$

2. 用 555 集成定时器构成单稳态触发器

(1) 按图 18.3 接线,取 $R_1=6.8\ k\Omega$, $C_1=0.1\ \mu F$。

(2) 调节函数发生器,使其输出为频率 $f=500$ Hz、幅值 $U_m=2$ V、占空比 75%的正方波。

(3) 用函数发生器输出的正方波作为单稳态触发器的触发脉冲 u_I，u_I由 2 端输入。

(4) 用示波器同时观察 u_I和 u_{C_1}的波形，记入表 18.2 中。

(5) 用示波器同时观察 u_{C_1}和 u_O的波形，并测量 u_O的幅值及单稳态延时时间（延时时间等于 u_O高电平电压维持时间），记入表 18.2 中。

(6) 取 $R=10\ \text{k}\Omega$，观察延时时间的变化，并测量延时时间。

表 18.2　555 集成定时器构成单稳态触发器波形

参数	$R_1=6.8\ \text{k}\Omega, C_1=0.1\ \mu\text{F}$
u_I 波形	u_I ，O，t/ms
u_{C_1} 波形	u_{C_1} ，O，t/ms
u_O 波形	u_O ，O，t/ms
延迟时间	$t_{P测}=$　　$t_{P计}=$
	$R_1=10\ \text{k}\Omega, C_1=0.1\ \mu\text{F}$
延迟时间	

*3. 构成占空比可调的多谐振荡器

根据图 18.2 电路，做适当变动之后组成一个占空比可调的多谐振荡器。

4. 利用 555 集成定时器构成防盗报警电路

图 18.4 所示是一个防盗报警电路，被接成一个多谐振荡器。a、b 两端被一导线接通，即引脚 4 端经一导线接地，处于强制复位状态，故电路不能振荡，扬声器不发声。当导线被碰断后，即 555 定时器的 4 端对地引线被碰断时，多谐振荡器开始振荡，LED 发光报警。

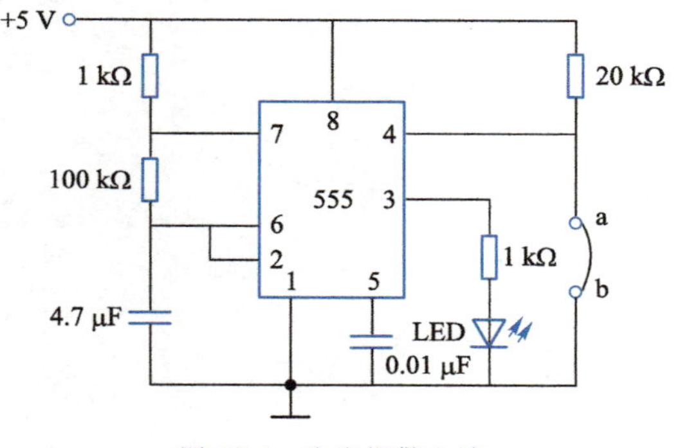

图 18.4　防盗报警电路

按图 18.4 接线，测试其功能。

*5. 利用 555 集成定时器构成模拟声响电路

图 18.5 所示是由两个多谐振荡器组成的模

拟声响电路。按图接线,接通电源,试听音响效果。调节外接阻容元件,再试听音响效果。分析电路的工作原理。

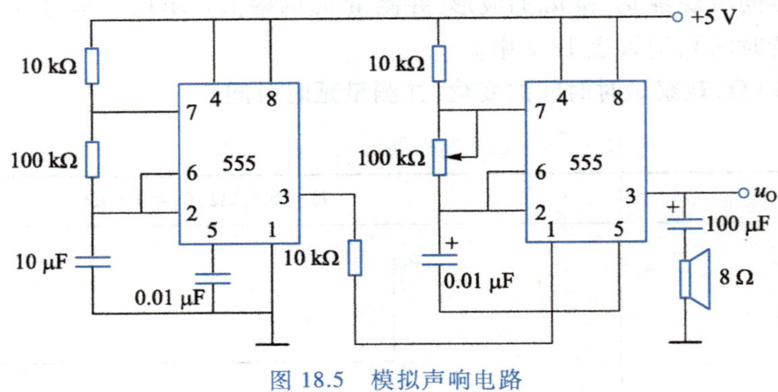

图 18.5 模拟声响电路

六、实验报告要求

1. 整理实验数据和结果。
2. 按各实验内容绘制表格,填入测量数据和计算数据,并画出观察到的波形。

第 3 章 综合性实验

实验十九 数 字 钟

一、实验目的

1. 了解数字钟的基本原理,学习较复杂数字电路的设计方法。

2. 学习调试较复杂数字电路的方法。

二、实验仪器与设备

1. TT-CX-2D 型现代电工电子创新设计实验箱　一台

2. 集成芯片 74LS390、CD4511、74LS00、74LS20、74LS192、74LS74、NE555 等;电阻器、电容器若干

三、实验预习内容

查阅资料,设计具有下列功能的数字钟,并画出电路图。

1. 正常的时、分、秒计数及显示。

2. 手动校准时、分计数。要求按下校时、校分按钮(或开关)时,时计数器或分计数器以每秒加 1 的速度循环计数。

3. 定点报时,实现闹钟功能。在某特定的时刻(例如 10 时)发出信号或驱动音响电路“闹时”,且信号能持续一定的时间(例如持续 1 s 或 10 s 等)。电路可用 D 触发器和**与非**门等实现。

4. 整点报时功能。每到整点即发出报时信号,且报时信号能持续一定的时间(选做)。

5. 整点报时,是几点钟就响几下(选做)。

四、实验原理

数字钟的原理框图如图 19.1 所示,它由三部分组成。

1. 秒脉冲发生器

这部分电路是数字钟的核心部分,它的精度和稳定度决定了数字钟的质量,通常用晶体振荡器作为振荡源,经过整形、分频后获得周期为 1 s 的秒脉冲信号。在精度要求不高时可由逻辑门电路或 555 定时器构成脉冲发生器,本实验采用 555 定时器构成多谐振荡器产生周期为 1 s 的秒脉冲信号。

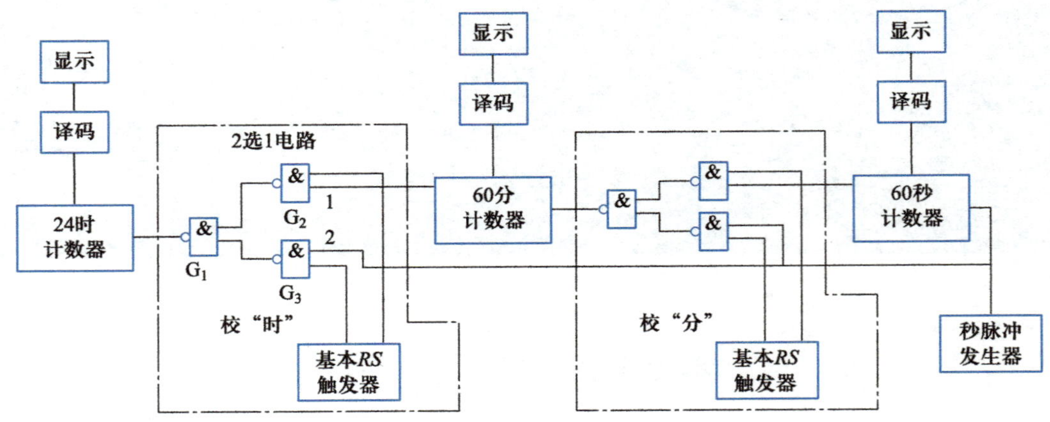

图 19.1 数字钟的原理框图

2. 时、分、秒计数和译码显示电路

这部分电路包括两个六十进制计数器和一个二十四进制计数器以及相应的译码显示电路。秒脉冲信号经过第一个计数器进行 60 分频后，得到分脉冲，分脉冲再经过 60 分频后，得到小时脉冲。时、分、秒各级计数器经译码显示后，便可读出时间。

3. 时间校准电路

这部分电路包括校“时”电路和校“分”电路，两个电路完全相同。每个电路均由一个基本 *RS* 触发器和由 3 个**与非**门构成的 2 选 1 电路组成，当按下实验箱上的校准按钮时，秒脉冲信号可直接进入时计数器或分计数器，以实现快速校准时间的功能。

五、实验内容

1. 调试时、分、秒计数及显示电路

(1) 连接秒脉冲发生器，调试电路使之正常工作。

(2) 连接时计数译码显示电路，用秒脉冲信号作为计数脉冲，调试电路使之正常工作。

(3) 按步骤(2)的方法，分别对分计数译码显示电路、秒计数译码显示电路进行调试。

(4) 将调试好的时、分、秒计数器连接在一起，调试电路使时、分、秒计数及显示电路正常工作。

2. 调试时间校准电路

(1) 连接校时电路，将 2 选 1 电路的输出接至电平指示灯，**与非**门 G_2的输入端 1 接高电平，**与非**门 G_3的输入端 2 接秒脉冲信号。

(2) 按下实验箱上的校时按钮，电平指示灯应闪亮；不按校时按钮，电平指示灯一直亮，则说明校时电路工作正常。

(3) 将调试好的校时电路与时、分计数器电路相连，调试电路使校时电路正常工作。

(4) 按步骤(1)～(3)的方法，调试电路使校分电路正常工作。

3. 连接定点报时电路，调试电路使之正常工作

4. 连接整点报时电路，调试电路使之正常工作

5. 注意事项

(1) 连接线路前,先检查所用芯片的功能是否正常、连接导线是否完好。

(2) 连接线路时,需核对集成芯片的型号和引脚排列。布线要有规律、尽量整齐,保证接触良好。

(3) 由于接线复杂,因此调试时要分步进行,一部分电路调试通过后再接另一部分电路,以便查找故障。最好不要将线路全部接完后再调试。

(4) 经验证的实验电路,需经教师确认后再拆除线路。

六、实验报告要求

1. 写明设计题目与设计要求。
2. 画出总电路原理框图。
3. 画出经实验验证、能正常工作的数字钟总体电路的电路图。
4. 叙述电路图中时间校准、定点报时和整点报时等单元电路的工作原理。
5. 总结在实验中出现的异常现象及解决方法,简述收获体会。
6. 列出所用元器件清单。
7. 对所设计的电路提出改进意见。
8. 描述数字钟的其他实现方法。

实验二十 篮球比赛 24 s 计时器

课件：
篮球比赛
24 s 计时器

视频：
篮球比赛
24 s 计时器

一、实验目的

1. 熟悉集成芯片 74LS192 功能，设计和测试篮球比赛 24 s 进攻计时电路。
2. 熟悉各种集成芯片的综合使用。
3. 进一步掌握数字电路的设计和调试方法。

二、实验仪器与设备

1. TT-CX-2D 型现代电工电子创新设计实验箱 一台

2. 集成芯片 74LS192、74LS00、74LS04、74LS20、74LS74、NE555 等；电阻器、电容器 若干

三、实验预习内容

查阅资料，设计篮球比赛中的 24 s 进攻时间计时电路，设计要求如下。
1. 电路具有时间显示功能。
2. 计时器从 24 开始递减计时，每隔 1 s，计时器减 1。
3. 用开关分别控制计时器的直接清零、启动计时开始、计时过程中暂停/连续计时。
4. 当计时器递减计时到 0 时，计时器自动停止工作，显示器显示 00，同时鸣笛 2 s。

四、实验原理

篮球比赛 24 s 计时器原理框图如图 20.1 所示，电路各部分的作用如下。

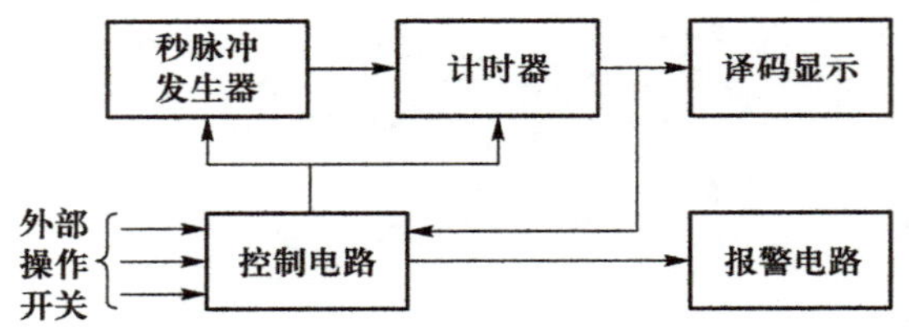

图 20.1 篮球比赛 24 s 计时器原理框图

1. 秒脉冲发生器：产生周期为 1 s 的脉冲信号，作为计时器的计数脉冲。本实验可用 555 定时器构成多谐振荡器产生脉冲信号。

2. 计时器及译码显示电路：实现 24 s 递减计时及显示功能。计时器的初始状态为 24，可利用 74LS192 的置数功能实现，计时器每秒钟减 1，24 s 到计时器回 0。

3. 外部操作开关及控制电路：用 3 个开关分别控制计时器清零、启动计时开始、在进攻过程中暂停/连续计时。24 s 时间到，自动控制计时器停止工作，同时启动报警电路工作。可用逻辑门、D 触发器等构成控制电路。

4. 报警电路:24 s 计时结束时鸣笛 2 s。可用逻辑门、D 触发器、蜂鸣器、555 定时器或计数器等构成定时电路。

五、实验内容

1. 连接、调试秒脉冲发生器。
2. 连接、调试一百进制递减计时器及显示电路。
3. 预置计时器初始状态为 24,观察递减计时过程。
4. 连接、调试控制电路。
5. 连接、调试报警定时电路。
6. 注意事项:

(1) 连接线路前,先检查所用芯片的功能是否正常、连接导线是否完好。

(2) 连接线路时,需核对集成芯片的型号和引脚排列。布线要有规律、尽量整齐,保证接触良好。

(3) 由于接线复杂,因此调试时要分步进行,一部分电路调试通过后再接另一部分电路,以便查找故障。最好不要将线路全部接完后再调试。

(4) 经验证的实验电路,需经教师确认后再拆除线路。

六、实验报告要求

1. 写明设计题目与设计要求。
2. 画出总电路原理框图,写出电路的使用说明书。
3. 画出经实验验证、能正常工作的篮球比赛 24 s 计时器电路图。
4. 叙述各控制单元电路和鸣笛 2 s 电路的工作原理。
5. 总结在实验中出现的异常现象及解决方法,简述收获体会。
6. 列出所用元器件清单。
7. 对所设计的电路提出改进意见。
8. 24 s 计数器还可以怎样实现?

实验二十一 温度控制电路

一、实验目的

1. 熟悉运算放大器在控制电路中的几种典型用法。
2. 认识控制电路的几个重要组成环节。
3. 了解简单控制电路的控制原理。

二、实验仪器与设备

1. TT-CX-2D 型现代电工电子创新设计实验箱 一台
2. GDM-8352 型数字万用表 一只
3. LM324、CD4013、加热装置、温度传感器、晶体管 9014、稳压二极管、继电器 HRS2-S-DC12 V、电位器、电阻器等

三、实验预习内容

1. 复习电压比较器、触发器的工作原理。
2. 分析图 21.1 温度控制电路的工作原理。

四、实验原理

本实验用运算放大器、加热装置、温度传感器、触发器、驱动电路等组成一个实用的温度控制电路,如图 21.1 所示,整个电路可分为温度检测、放大、比较、执行几个环节。温度传感器 R 的阻值随温度变化而变化,温度升高时,其阻值增大。运算放大器 A_1 组成同相放大器,将温度传感器转换输出的微弱电信号加以放大,以利于识别。运算放大器 A_2、A_3 组成电平比较器,把 A_1 输出的电平信号与电路使用者设定的温度界限电平做比较,以确定后续执行机构是否动作。A_2 组成上限比较器,调整 R_{P1} 可设定温度上限值;A_3 组成下限比较器,调整 R_{P2} 可设定温度下限值。触发器在这里用作状态记忆元件。晶体管 T 与继电器 KA、加热装置组成执行机构。当触发器 Q 端为高电平时,晶体管 T 导通,继电器 KA 触点闭合,加热装置通电,开始加热。继电器 KA 线圈并联续流二极管 D,可防止晶体管 T 截止时在继电器 KA 线圈两端引起瞬态过电压对晶体管 T 造成危害。

五、实验内容

1. 按图 21.1 连接电路。

2. 接通电源,先测量室温下的 A_1 输出电压 U_{O1},以 U_{O1} 为参考,调整 R_{P1}、R_{P2} 确定上、下限比较电平 U_{P1}、U_{P2}。

3. 接通加热装置电源,使加热装置通电,进入加热过程。加热过程中注意观察温度计读数,调整 R_{P1}、R_{P2},控制温度在预定范围 50 ℃~60 ℃之内。

由于升温、降温需要时间,故调试时应耐心、细致,反复观察几个回合,使温度控制性能达到

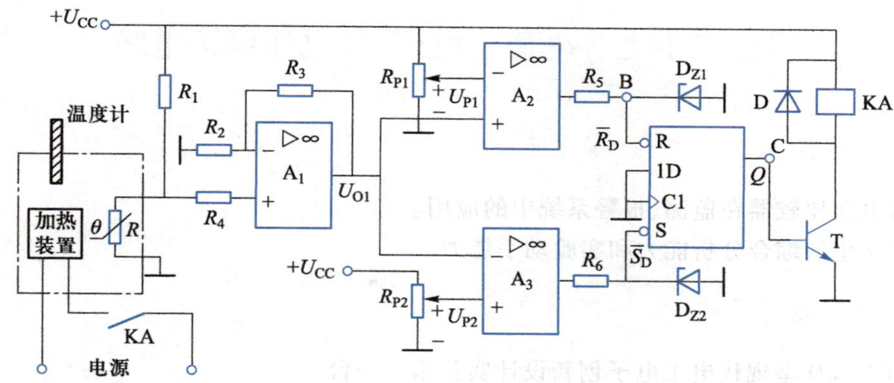

图 21.1　温度控制电路

要求。

4. 将温度控制电路中的下限比较器、触发器去掉，将上限比较器输出端 B 直接接驱动电路输入端 C，这时电路变成了单点温度控制电路（恒温控制器），预定控制温度为 55 ℃。调整温度设定电位器，使电路满足上述要求。

六、实验报告要求

1. 画出图 21.1 电路的原理框图。
2. 简述图 21.1 电路温度控制原理并以一个加热升温过程为例，说明电路工作原理。
3. 总结在实验中出现的问题及解决方法，简述收获体会。
4. 温度控制电路可以用数字电路实现吗？

实验二十二 电源过电压、欠电压保护电路

一、实验目的

1. 学习电压比较器在监测、报警系统中的应用。
2. 培养学生的综合分析能力和实验动手能力。

二、实验仪器与设备

1. TT-CX-2D 型现代电工电子创新设计实验箱 一台
2. LM324、电位器 103、晶体管 9014、继电器 HRS2-S-DC12V、发光二极管、二极管、电容器、电阻器 若干

三、实验预习内容

1. 复习电压比较器的工作原理。
2. 分析电路的工作原理。

四、实验原理

对某些设备来说，当电源电压超过一定值或低于一定值时，设备将不能正常工作，因此可设计一个电源过电压、欠电压保护电路，当电源电压不在正常工作范围内时，报警并断开电源，以保护设备不被破坏，电路的原理框图如图 22.1 所示。

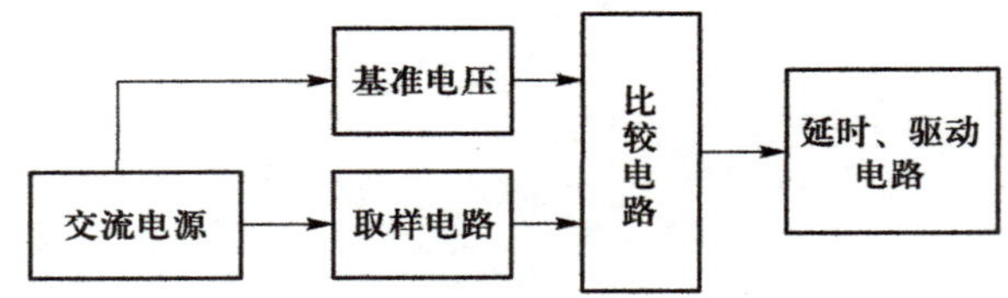

图 22.1 电源过电压、欠电压保护电路原理框图

从实验安全及方便调试的角度考虑，在图 22.2 所示的电源过电压、欠电压保护电路中，用 12 V 直流电源和电位器构成的分压电路模拟电网电压的变化，基准电压和运算放大器的工作电源也直接利用实验箱内的 9 V 直流电源。保护电路具有以下功能：

1. 当电源电压在正常电压 8~11 V 之间时，继电器动作，接通设备电源，同时“正常”指示灯 LED_2（绿灯）亮。

2. 当电源电压超过 11 V 或低于 8 V 时，继电器不动作，断开设备电源，同时“报警”指示灯 LED_1（红灯）亮。

3. 当电源电压由欠电压或过电压状态恢复到正常电压时，经一定延时后，继电器才动作。

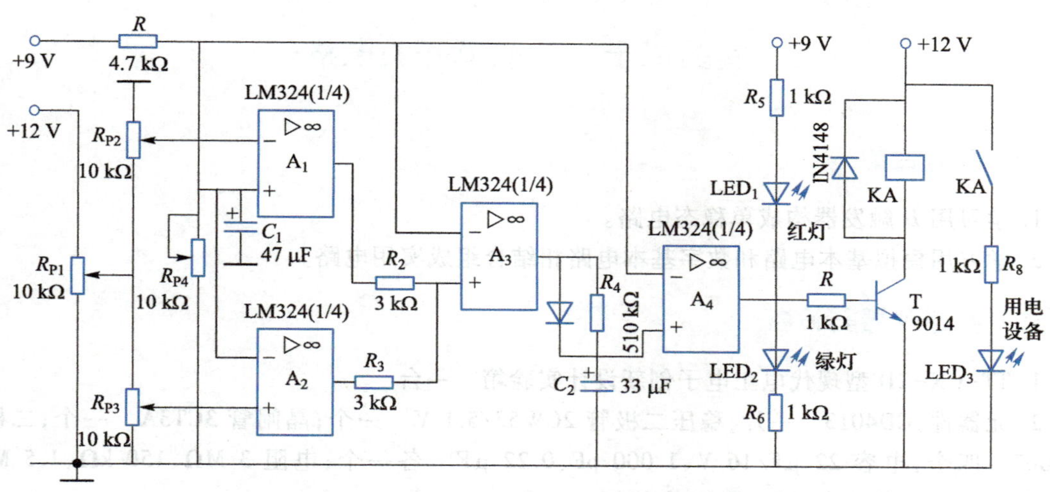

图 22.2　电源过电压、欠电压保护电路图

五、实验内容

1. 按图 22.2 连接电路，运算放大器的工作电源为 9 V。
2. 调节 R_{P4}，使各比较器的基准电压 $U_{REF}=6$ V。
3. 调节 R_{P1}，使电源电压为 11 V，然后调节 R_{P2} 使比较器 A_1 的反相输入端电压 U_- 略小于 U_{REF}，例如使 $U_-=5.9$ V。
4. 调节 R_{P1}，使电源电压为 8 V，然后调节 R_{P3} 使比较器 A_2 的同相输入端电压 U_+ 略高于 U_{REF}，例如使 $U_+=6.1$ V。
5. 调节 R_{P1}，使电源电压在 8～11 V 之间变化，观察电路的工作情况。
6. 调节 R_{P1}，使电源电压大于 11 V，观察电路的保护功能。
7. 调节 R_{P1}，使电源电压恢复到小于 11 V，观察电路延时恢复启动的功能。
8. 继续调节 R_{P1}，使电源电压小于 8 V，观察电路的保护功能。
9. 调节 R_{P1}，使电源电压恢复到大于 8 V，再观察电路延时恢复启动的功能。

六、实验报告要求

1. 叙述电源电压欠电压、过电压时保护电路的工作原理。
2. 叙述电源电压从欠电压或过电压状态恢复到正常电压时电路的工作原理。
3. 总结在实验中出现的问题及解决方法，简述收获体会。

实验二十三 触摸开关电路

一、实验目的

1. 学习用 D 触发器构成单稳态电路。
2. 学习用模拟基本电路和数字基本电路相结合组成实用电路。

二、实验仪器与设备

1. TT-CX-2D 型现代电工电子创新设计实验箱 一台
2. 元器件：CD4013 一片；稳压二极管 2CW53/5.1 V 一个；晶闸管 3CT3A 一个；二极管 1N4007 四个；电容 22 μF/16 V、1 000 pF、0.22 μF 各一个；电阻 3 MΩ、150 kΩ、1.5 MΩ、330 kΩ、30 kΩ 各一个；25~60 W 白炽灯 一个

三、实验预习内容

1. 理解电路的工作原理，熟悉实验步骤。
2. 对图 23.2 电路（见实验内容）进行仿真，仿真时触摸头 M 用开关代替，计数触发器 FF_2 的输出端 13 脚接发光二极管。

四、实验原理

本实验用单稳态电路、计数触发器、晶闸管、桥式整流电路、稳压二极管稳压电路、RC 延时电路等组成一个实用的触摸开关电路，电路如图 23.1 所示。

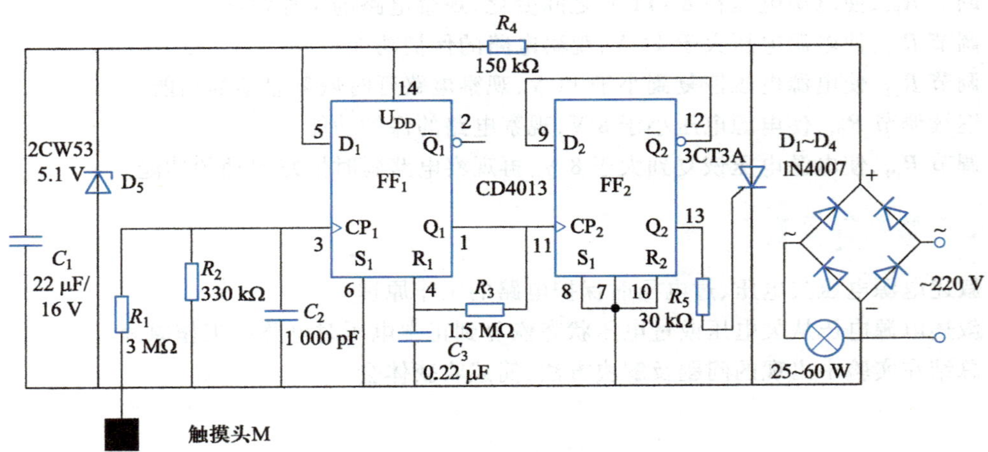

图 23.1 触摸开关电路图

电路的工作原理：市电经二极管 $D_1 \sim D_4$ 整流后，经 R_4 降压，D_5、C_1 稳压滤波后得到5.1 V直流电压供集成芯片 CD4013 使用。CD4013 内含 FF_1、FF_2 两个 D 触发器，FF_1 接成单稳态电路，用来

对触摸信号进行脉冲展宽整形，保证每次触摸动作都可靠。FF_2 接成计数触发器，用来驱动晶闸管。当人手摸一下触摸头 M，人体泄漏的交流电在电阻 R_2 上产生电压降，其正半周信号进入 3 脚 CP_1 端，使单稳态电路翻转进入暂稳态。FF_1 输出端 Q_1 即 1 脚跳变为高电平，此高电平经 R_3 向 C_3 充电，使 4 脚电位上升，当 4 脚电位上升到复位电平时，单稳态电路复位，1 脚恢复低电平。所以每触摸一次 M，1 脚就输出一个固定宽度的正脉冲。此正脉冲将直接加到 11 脚 CP_2 端，使双稳态电路翻转一次，其输出端 Q_2 即 13 脚电平就改变一次。当 13 脚为高电平时，经 R_5 触发晶闸管导通，白炽灯中有电流流过，灯亮。当 13 脚输出低电平时，晶闸管门极无触发脉冲，当交流电过零时关断，灯灭。由此可见，每触摸一次 M，就能实现电灯开或关。电路对外仅两根引出线，可直接代替普通电源开关，安装与使用都十分方便。

五、实验内容

1. 按图 23.2 连接单稳态电路和计数触发器。

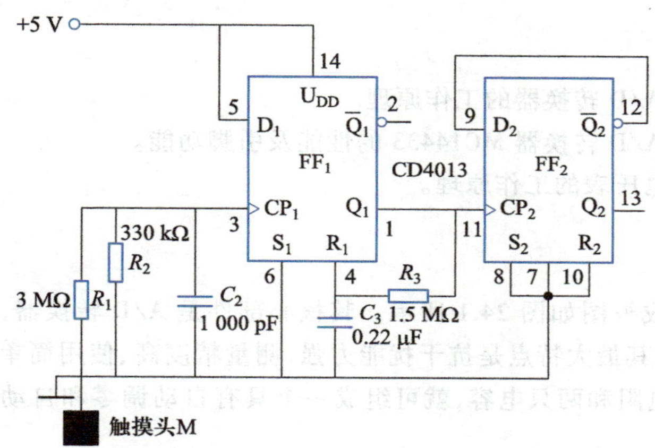

图 23.2　单稳态电路和计数触发器

2. 将计数触发器 FF_2 的输出端 13 脚接发光二极管。

3. 接通 5 V 电源。用手触摸一次金属片 M，发光二极管亮；再触摸一次金属片 M，发光二极管灭，说明电路工作正常。

4. 将 5 V 电源去掉，再按图 23.1 连接好其余的电路。

5. 接通 220 V 交流电源。用手触摸一次触摸头 M，灯亮；再触摸一次触摸头 M，灯灭，说明电路工作正常。

六、实验报告要求

1. 画出电路的原理框图。

2. 给出对上述电路的改进意见。

3. 总结在实验中出现的问题及解决方法，简述收获体会。

实验二十四 简易数字电压表

一、实验目的

1. 掌握双积分型 A/D 转换器的工作原理，了解 3 位半数字电压表的基本原理。

2. 熟悉 3 位半双积分型 A/D 转换器 MC14433 的性能及引脚功能，以及用 MC14433 构成直流数字电压表的方法。

二、实验仪器与设备

1. TT-CX-2D 型现代电工电子创新设计实验箱 一台
2. 集成芯片 MC14433、MC1403、CD4511、MC1413；电阻器、电容器 若干

三、实验预习内容

1. 复习双积分型 A/D 转换器的工作原理。
2. 熟悉双积分型 A/D 转换器 MC14433 的性能及引脚功能。
3. 熟悉简易数字电压表的工作原理。

四、实验原理

数字电压表的组成框图如图 24.1 所示。其核心部件是 A/D 转换器，本实验选用双积分型 A/D 转换器 MC14433，其最大特点是抗干扰能力强、测量精度高、使用简单，缺点是转换速度低。使用时仅需外接两只电阻和两只电容，就可组成一个具有自动调零和自动极性转换功能的 A/D 转换系统。

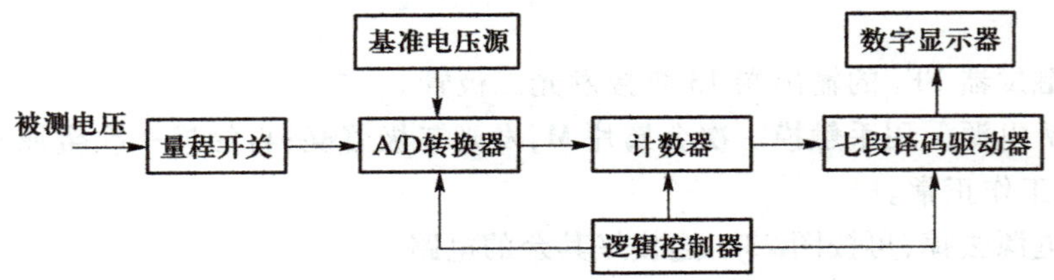

图 24.1 数字电压表的组成框图

图 24.2 所示是应用 MC14433 设计的简易数字电压表电路，主要技术指标和功能如下。

(1) 直流电压测量范围：-2～+2 V。

(2) 3 位半数字显示，显示范围：-1.999～+1.999 V。

(3) 正、负电压极性显示，小数点显示，超量程显示。

被测直流电压经 A/D 转换器 MC14433 转换为 BCD 码数字信号，以动态扫描形式输出，即 BCD 码输出端 $Q_3\ Q_2\ Q_1\ Q_0$的输出信号按照时间先后顺序输出，而输出的数据属于哪一位则由 DS_3、DS_2、DS_1、DS_0位选通信号来选通。输出数字信号经七段译码器 CD4511 译码后，驱动 4 只七

段数码管的各段阳极。位选通信号 DS_3、DS_2、DS_1、DS_0通过位选通开关 MC1413 反相后分别控制着千位、百位、十位和个位上的 4 只七段数码管的公共阴极，使 A/D 转换器按时间顺序输出的数据以扫描形式在 4 只七段数码管上依次显示出来。由于选通重复频率较高，从高位到低位以每位约 300 μs 的速率循环显示，一个 4 位数的显示周期是 1.2 ms，所以人眼看到 4 位数码管是同时显示的。

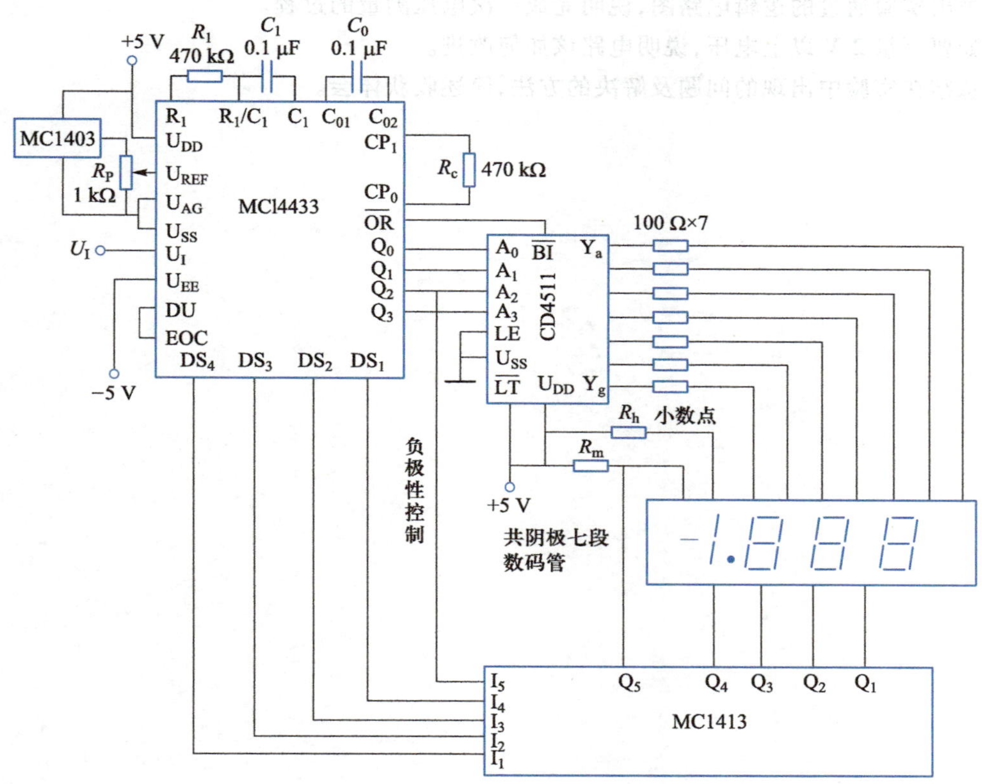

图 24.2　简易数字电压表电路

MC14433 的基准电压有两种：200 mV 和 2 V。本实验取基准电压为 2 V，由 MC1413 提供。当基准电压为 2 V 时，电压表满量程显示 1.999 V。

千位上的数码管只显示 1 或不显示。当输入负电压时，“-”极性用千位的 g 笔段来显示。

五、实验内容

1. 按图 24.2 连接电路，并仔细检查接线是否正确。

2. 检查自动调零功能。接通±5 V 电源，将输入端 U_I与 U_{AG}短路，显示器应显示 0000。

3. 调整基准电压。调节 1 kΩ 电位器，使基准电压 U_{REF} = 2 V。

4. 接入用标准电压表（或万用表）测量过的被测电压 U_I，观察显示器显示出来的数值，如果显示器的显示值与标准电压表的测量值相差较多，则应调整基准电源，使显示值与标准电压表的误差个位数在 5 以内。

5. 改变输入电压极性,检查"-"是否显示。

6. 检查超量程溢出功能。调节输入电压≥+2.000 V、输入电压≤-2.000 V,观察 LED 显示情况。

六、实验报告要求

1. 画出实验通过的逻辑电路图,说明完成一次电压测量的过程。
2. 如要测量 2 V 以上电压,说明电路该如何改进。
3. 总结在实验中出现的问题及解决的方法,简述收获体会。

实验二十五　步进电动机驱动控制系统设计

一、实验目的

1. 了解数字电路在步进电动机驱动控制系统中的应用。
2. 练习组装、调试复杂电路的能力。

二、实验仪器与设备

1. TT-CX-2D 型现代电工电子创新设计实验箱　一台
2. 元器件 CC4013、CC4011、NE555、TWH8751、IRF640、LM7812、CW338、IN4007 步进电动机 36BF003 等

三、实验预习内容

1. 复习步进电动机的工作原理。
2. 设计步进电动机驱动控制系统。

要求具有以下功能：

(1) 能实现步进电动机的正转、反转、手动(点动)和自动控制。

(2) 步距角为 1.5°或 3°。

3. 设计提示。

(1) 时钟脉冲电路由 NE555 构成。

(2) 环形分配器由触发器 CD4013 和门电路构成，3 个触发器的输出状态分别对应步进电动机 U、V、W 三相绕组的通电状态，电路要具备自启动功能。

(3) 功率放大电路用 IRF640 实现，电路如图 25.1 所示。

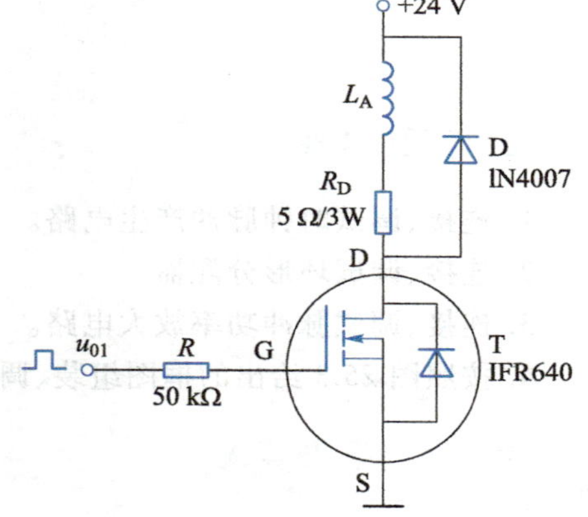

图 25.1　单电压功率放大电路

四、实验原理

步进电动机是十分重要的自动化执行元件，它和数字系统结合就可以把脉冲数转换成角位移，从而实现生产过程的自动化。常用的三相磁阻式步进电动机有 U、V、W 三相绕组，常用的通电方式有三相单三拍、三相双三拍和三相六拍，如图25.2所示。三拍方式通电时，步距角为 3°；六拍方式通电时，步距角为 1.5°，步距角就是通电一次转子转动的角度。控制三相绕组通电的次序，就能控制电动机的正转或反转；控制通电信号的频率，就能控制电动机的转速。

步进电动机驱动控制系统框图如图 25.3 所示。其工作原理是：时钟脉冲产生电路给环形分配器提供输入脉冲，环形分配器将输入时钟脉冲信号转换成 U、V、W 三相绕组所需的顺序控制信号，控制顺序如图 25.2 所示。控制信号经各自的功率放大电路放大后，加到电动机的三相绕

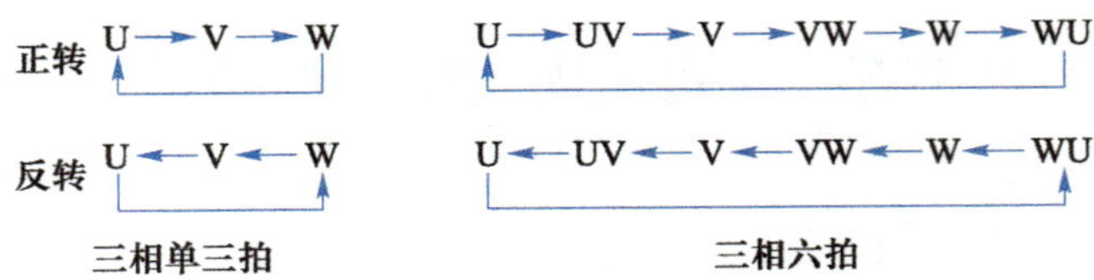

图 25.2 步进电动机常用通电方式

组上，驱动电动机转动。每输入一个时钟脉冲，步进电动机就前进一步。

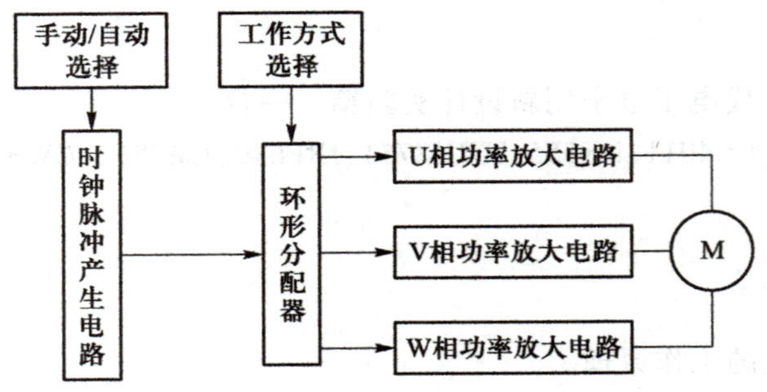

图 25.3 步进电动机驱动控制系统框图

五、实验内容

1. 连接、调试时钟脉冲产生电路。
2. 连接、调试环形分配器。
3. 连接、调试脉冲功率放大电路。
4. 按照图 25.3 给出的框图组装、调试步进电动机驱动控制系统。

六、实验报告要求

1. 写明设计题目与设计要求。
2. 画出总电路原理框图。
3. 画出实验通过的电路图。
4. 叙述步进电动机转动 3°或 1.5°的过程。
5. 在功率放大电路中，说明二极管的作用是什么以及不接入二极管会产生什么后果。
6. 列出所用元器件清单。

实验二十六　彩灯控制电路设计

一、实验目的

1. 熟悉通用移位寄存器 74LS194、同步二进制计数器 74LS163 的功能。
2. 学习组合逻辑电路和时序逻辑电路的综合应用。

二、实验仪器与设备

1. TT-CX-2D 型现代电工电子创新设计实验箱　一台
2. 集成芯片 74LS194、74LS161、74LS04、74LS86、NE555；发光二极管；电阻、电容等

三、实验预习要求

1. 熟悉移位寄存器 74LS194、同步二进制计数器 74LS161 的功能。
2. 设计彩灯控制电路。

具体要求如下：

(1) 彩灯控制电路能控制 4 路彩灯（实验中用发光二极管代替）。

(2) 彩灯花型为 2 种：第 1 种，4 路彩灯自右向左依次点亮，间隔时间为 1 s，全亮后再自左向右依次熄灭；第 2 种，4 路彩灯自左向右依次点亮，间隔时间为 1 s，全亮后再自右向左依次熄灭。

(3) 两种花型之间自动循环。

3. 设计提示。

(1) 时钟脉冲电路用 NE555 构成。

(2) 分频器可用 4 位二进制计数器 74LS161 或 74LS163 构成。

(3) 用移位寄存器构成扭环形计数器。

(4) 用分频器的输出产生控制信号。

4. 对设计出的电路进行仿真。

四、实验原理

彩灯控制电路可用各种不同的元器件和不同的电路实现，本实验用移位寄存器、二进制计数器及少量门电路构成彩灯控制电路，电路的原理框图如图 26.1 所示。

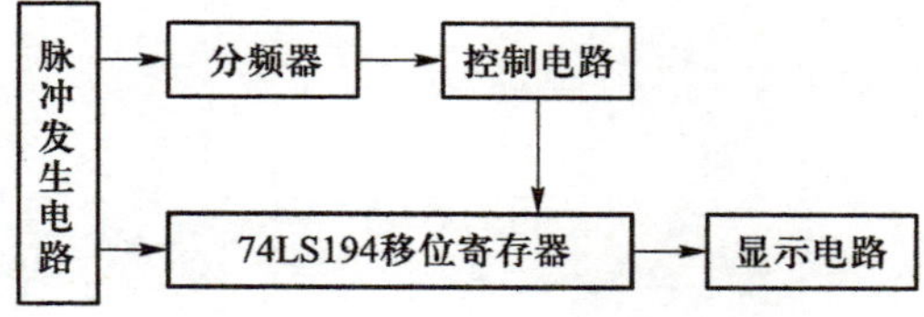

图 26.1　彩灯控制电路原理框图

脉冲发生电路向分频器和移位寄存器提供脉冲信号。分频器可用 4 位二进制计数器

74LS161 或 74LS163 构成，从 Q_3、Q_2、Q_1、Q_0端可分别输出四种不同周期的脉冲信号。控制电路为有两个输出端的组合逻辑电路，其输出信号控制移位寄存器 74LS194 的工作方式控制端 S_1、S_0 的状态，使移位寄存器左移或右移，最终实现对彩灯花型循环的控制。

五、实验内容

1. 连接、调试脉冲发生电路。
2. 测试分频器的逻辑功能。
3. 测试移位寄存器的逻辑功能。
4. 连接、调试控制电路。
5. 进行整体电路组装调试，观察彩灯工作情况，并记录结果。

六、实验报告要求

1. 写明设计题目与设计要求。
2. 画出总电路原理框图。
3. 画出经实验验证、能正常工作的彩灯控制电路的电路图。
4. 画出彩灯的工作状态转换图。
5. 总结在实验中出现的异常现象及解决方法，简述收获体会。
6. 列出所用元器件清单。
7. 对所设计的电路提出改进意见。
8. 拓展设计：采用其他设计方案重新设计彩灯控制电路，例如：基于单片机 MCU 控制实现方案，并和本次实验的方案对比各自的优缺点，感兴趣的同学可深入学习。

实验二十七　抢答电路的设计

一、实验目的

1. 熟悉优先编码电路、锁存电路和计数电路的功能。
2. 掌握常用集成芯片的综合使用方法。
3. 进一步掌握数字电路的设计和调试方法。

二、实验仪器与设备

1. TT-CX-2D 型现代电工电子创新设计实验箱　一台
2. 集成芯片 74LS192、74LS00、74LS04、74LS20、74LS74、NE555 等，电阻器、电容器　若干

三、实验预习内容

查阅资料，设计一种可供 8 人同时使用的抢答电路，要求如下：

1. 抢答器设置 8 个抢答按钮，用 S_0~S_7 表示。
2. 设置一个由主持人控制的系统清除和抢答控制开关 S。
3. 抢答器具有锁存与显示功能。即选手按动按钮，优先抢答选手的编号被锁存和显示。
4. 抢答器具有任意设置抢答定时时间的功能，且抢答开始后，定时器显示所剩时间，同时伴有声响，时间为 0.5 s 左右 。
5. 参赛选手在设定的时间内进行抢答，抢答有效，定时器停止工作，显示器上显示选手的编号和抢答的时间，并保持到主持人将系统清除为止。
6. 如果定时时间已到，无人抢答，该次抢答无效，系统报警并禁止抢答，定时显示器上显示 00。

四、实验原理

抢答电路的原理框图如图 27.1 所示。

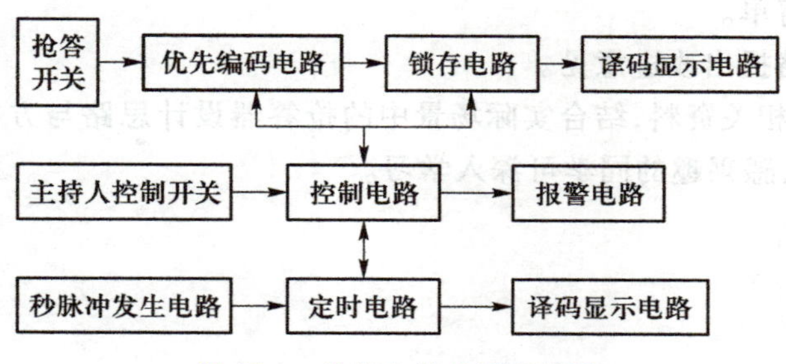

图 27.1　抢答电路的原理框图

电路各部分的作用如下。

1. 秒脉冲发生电路：产生周期为 1 s 的脉冲信号，作为计时器的计数脉冲。本实验可用 555

定时器构成多谐振荡器产生脉冲信号。

2. 优先编码电路及译码显示电路：实现抢答人的优先编码并进行锁存显示。

3. 主持人控制开关电路及控制电路：主持人控制电路用来实现抢答电路的开始、复位和设置抢答时间等功能。

4. 报警电路：实现有人抢答报警和超时无人抢答报警功能。可用逻辑门、D 触发器、蜂鸣器、555 定时器或计数器等构成。

五、实验内容

1. 连接、调试秒脉冲发生电路。
2. 连接、调试计时器及显示电路。
3. 预置计时器的计时值，观察递减计时过程。
4. 连接、调试控制电路。
5. 连接、调试报警定时电路。
6. 注意事项：

(1) 连接线路前，先检查所用芯片的功能是否正常、连接导线是否完好。

(2) 连接线路时，需核对集成芯片的型号和外引线排列。布线要有规律、尽量整齐，保证接触良好。

(3) 由于接线复杂，因此调试时要分步进行，一部分电路调试通过后再接另一部分电路，以便查找故障。最好不要将线路全部接完后再调试。

(4) 经验证的实验电路，经教师确认后再拆除线路。

六、实验总结报告

1. 写明设计题目与设计要求。
2. 画出总电路原理框图，写出电路的使用说明书。
3. 画出经实验验证、能正常工作的抢答电路图。
4. 叙述各控制单元电路和各模块电路的工作原理。
5. 总结在实验中出现的异常现象及解决方法，有何收获体会。
6. 列出所用元件清单。
7. 对所设计的电路提出改进意见。
8. 拓展设计：收集相关资料，结合实际场景中的抢答器设计思路与方案，改进本次实验的相关环节，完善使用功能，感兴趣的同学可深入学习。

实验二十八　电机转速测量系统设计

一、实验目的

1. 熟悉用4只七段数码管显示出相应的电动机转速。
2. 学会用光电转换电路监测电动机转速，可用红外对管或其他的发光管及接收管。
3. 学会用锁相环集成电路（CC4046）构成60倍频电路。
4. 要求电机转速的测量范围为600 r/min到6 000 r/min，测量的相对误差小于等于1%。

二、实验仪器与设备

1. TT-CX-2D型现代电工电子创新设计实验箱　　一台
2. 集成芯片CC4046一片、74LS74两片、74LS390一片、74LS20一片、74LS192两片
3. UTD2102型示波器　　一台
4. GDM-8352型数字万用表　　一只

三、实验预习内容

1. 锁相环基本原理

锁相环（PLL）是一个能够跟踪输入信号相位的闭环自动控制系统，锁相环输出信号 $u_O(t)$ 的相位通过锁相环被“锁定”在输入信号 $u_I(t)$ 的相位上，也可以说 $u_O(t)$ 与 $u_I(t)$ 的频率完全相同，它们的相位差保持恒定。锁相环原理框图如图28.1所示。

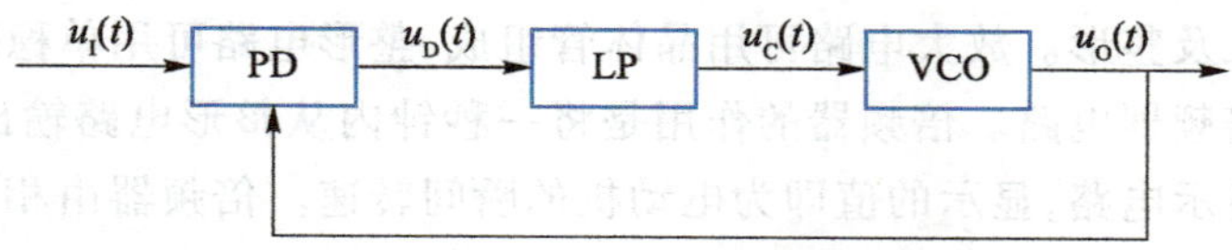

图28.1　锁相环原理框图

鉴相器（PD）是一个相位比较器，它输出的电压 $u_D(t)$ 是 $u_I(t)$ 和 $u_O(t)$ 相位差的函数。

低通滤波器（LP）主要作用是滤除鉴相器输出电压中的高频分量。将低频分量 $u_C(t)$ 送入压控振荡器（VCO），压控振荡器的输出电压 $u_O(t)$ 的频率随 $u_C(t)$ 的变化而改变。如果 $u_C(t)=0$，压控振荡器的输出电压 $u_O(t)$ 的振荡频率 ω 就不再改变，这时 $u_I(t)$ 和 $u_O(t)$ 的频率相同，相位差固定不变。如果 $u_I(t)$ 和 $u_O(t)$ 的频率不一样，鉴相器输出一个低频电压，经过低通滤波器控制压控振荡器输出的振荡频率，使其频率作相应改变，最后使 $u_I(t)$ 和 $u_O(t)$ 的频率达到相等。

从以上分析可以看出鉴相器起测量的作用，压控振荡器为被控制的对象，使 $u_I(t)$ 和 $u_O(t)$ 的相位差恒定。当频率相等时，压控振荡器的输出频率就不再改变，这时 $u_O(t)$ 与 $u_I(t)$ 就被锁相环锁定。

2. 单片数字集成锁相环电路CC4046

本实验所用的CC4046是一种CMOS低频多功能单片数字集成锁相环电路，最高频为

1 MHz,动态功耗约为 1.6 mW,电源电压范围为 3~18 V,VCO 振荡频率为 0.5~1.5 MHz,VCO 线性度为 0.3%~1%。CC4046 作为压控振荡器时,VCO 的电压范围与该芯片所用的电源电压 U_{CC} 有关,U_{CC}=5 V 时,VCO 电压范围为(2.5±0.3) V;U_{CC}=10 V 时,VCO 电压范围为(5±2.5) V;U_{CC}=15 V 时,VCO 电压范围为(7±5) V。

四、实验原理

图 28.2 为电机转速测量系统框图,下面介绍各部分原理。

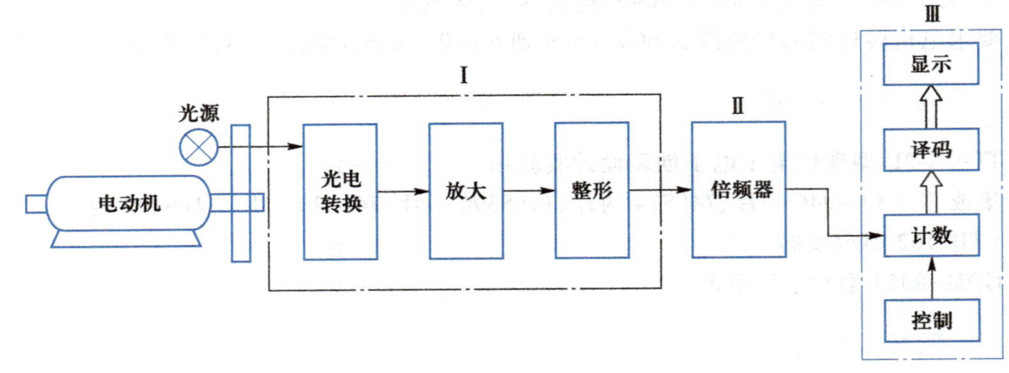

图 28.2 电动机转速测量系统框图

(1) 图 28.2 中方框Ⅰ为光电转换、放大及整形电路。电动机轴上固定一个圆盘,圆盘上有一小孔,电动机每转一周,光线通过小孔一次,光电转换电路受光后便产生一个脉冲信号,测量脉冲的数目,便可得到电动机每秒钟的转速。由于这个脉冲信号是不规则的方波且信号幅度小,所以要进行信号的放大及整形。放大电路可用晶体管组成,整形电路可用单稳态触发器构成。

(2) 方框Ⅱ为倍频器电路。倍频器的作用是将一秒钟内从整形电路输出的脉冲数乘以 60,再送入计数、译码、显示电路,显示的值即为电动机的瞬间转速。倍频器由相关集成芯片 CC4046 及一个 60 分频器组成。具体实现方案可查阅相关文献资料。

(3) 方框Ⅲ包含计数、译码、显示及控制电路,它们的工作原理可参阅本书的相关实验章节。

五、实验内容

1. 注意事项

(1) 必须在断开电源的情况下连接、改接和拆除电路。

(2) 开始实验之前,一定要认真检查线路,并经指导教师复查后方可启动。

(3) 发生触电事故时,要迅速脱离带电体,其他同学要及时断开电源。

2. 画出总电路原理框图。

3. 调试你所设计的放大、整形电路,并与装好的光电转换电路相接。使用示波器观察部分电路的输出是否正常。

4. 调试倍频器。将实验室提供的标准频率方波接入 60 倍频器的输入端,用示波器测试 $f_0 = f×60$的关系是否正常,并观察 CC4046 的输出波形是否为规则的方波,如波形不规则,就要在

CC4046 输出的后面加一个整形电路，再把信号送入计数器。

5. 将图 28.2 中的Ⅰ、Ⅲ部分连接，在数码显示器上应显示出 60 倍频的脉冲数，若接在倍频器输入端的脉冲频率为 10 Hz 或 100 Hz，在显示器上应显示的数值为 600 Hz 或 6 000 Hz。

6. 将电动机接入电源，调节电动机转速，可从数码显示器上观测电动机的转速变化，测量并记录电动机电枢电压与电动机转速的对应关系。

六、实验报告要求

1. 画出各部分电路图及各部分的输出波形图。
2. 画出电动机电枢两端的直流电压与电动机转速的关系曲线。
3. 分析误差。
4. 总结在调试中出现的问题及解决方法。
5. 拓展设计：本设计采用的是光电传感器测量转速，请同学们检索相关资料，例如电动自行车上的码表的实际技术方案，基于霍尔传感器设计电动机转速测量系统。另外，液晶显示越来越普及，在设计中可考虑采用液晶显示屏（LCD）显示方案。

第4章 仿真实验

实验二十九 基本电路仿真实验

一、实验目的

1. 熟悉 Multisim 仿真软件的使用。
2. 掌握 Multisim 直流扫描分析方法，并通过 Multisim 仿真验证基尔霍夫定律和叠加定理。
3. 通过 Multisim 仿真，观察 *RC* 电路的瞬态过程及微分、积分电路的工作波形。
4. 通过 Multisim 仿真，观察 *RLC* 电路的频率特性，理解电路的谐振状态。

视频：
基本电路仿真实验

二、实验仪器与设备

1. 个人计算机　　　　一台
2. Multisim 仿真软件　　一套

三、实验内容

1. 创建实验电路

（1）选取元件和仪器，创建验证基尔霍夫定律和叠加定理的电路，如图 29.1 所示，测量各支

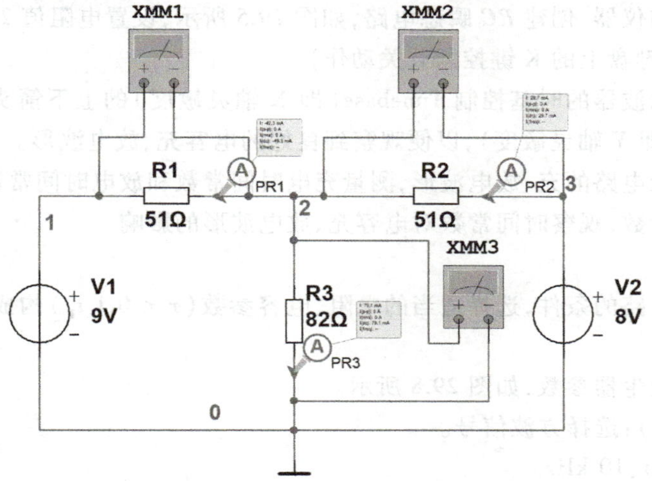

图 29.1　验证基尔霍夫定律和叠加定理的电路

路电流和各电阻上的电压，并按照表1.2格式记录。

(2) 电压源V2单独工作，得到如图29.2所示电路，测量各支路电流和各电阻上的电压并记录。

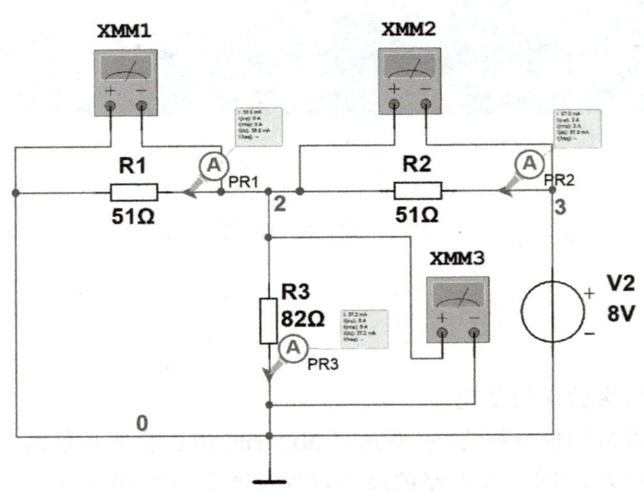

图29.2 叠加定理分电路1(V2单独工作)

(3) 同理，电压源V1单独工作的电路中，测量各支路电流和各电阻上的电压并记录。

(4) 根据叠加定理，将各电源单独作用的电压、电流测量值叠加，并记录。

(5) 本部分实验数据的测量也可以通过直流工作点分析完成，该方法不需要在电路中连接测量仪器仪表。具体地，在“Simulate”栏内选定“Analyses and Simulation”，再选择“DC Operating Point”，在输出选项卡中，选择分析变量I(R1)、I(R2)、I(R3)、V(1)、V(2)、V(3)，如图29.3所示。直流工作点分析结果如图29.4所示。

2. *RC*瞬态电路

(1) 选取元件和仪器，创建*RC*瞬态电路，如图29.5所示，设置电阻值2 kΩ，电容值100 μF，开关键值为K(即用键盘上的K键控制开关动作)。

(2) 适当调整示波器的时基控制Timebase(即X轴灵敏度)的上下箭头，以及Channel A或Channel B的Scale(即Y轴灵敏度)，以便观察到良好的电容充、放电波形。

(3) 观察并记录电路的充、放电波形，测量充电时间常数和放电时间常数，如图29.6所示。

(4) 改变电路参数，观察时间常数对电容充、放电波形的影响。

3. 微分电路

(1) 按照微分电路的条件，选择适当的电阻、电容参数($\tau < 0.1\, t_p$)构成如图29.7所示微分电路。

(2) 设置函数发生器参数，如图29.8所示。

Waveforms(波形)：选择方波信号。

Frequency(频率)：10 kHz。

Analyses and Simulation
Active Analysis:
Interactive Simulation
DC Operating Point
AC Sweep
Transient
DC Sweep
Single Frequency AC
Parameter Sweep
Noise
Monte Carlo
Fourier
Temperature Sweep
Distortion
Sensitivity
Worst Case
Noise Figure
Pole Zero
Transfer Function
Trace Width
Batched
User-Defined
DC Operating Point
Output
Analysis options
Summary
Variables in circuit:
All variables
I(PR1)
I(PR2)
I(PR3)
I(V1)
I(V2)
P(R1)
P(R2)
P(R3)
P(V1)
P(V2)
Selected variables for analysis:
All variables
I(R1)
I(R2)
I(R3)
V(1)
V(2)
V(3)
Add
Remove
Edit expression...
Add expression...
Filter unselected variables...
Filter selected variables...
More options
Add device/model parameter...
Delete selected variable
Show all device parameters at end of simulation in the audit trail
Select variables to save
Run
Save
Cancel
Help

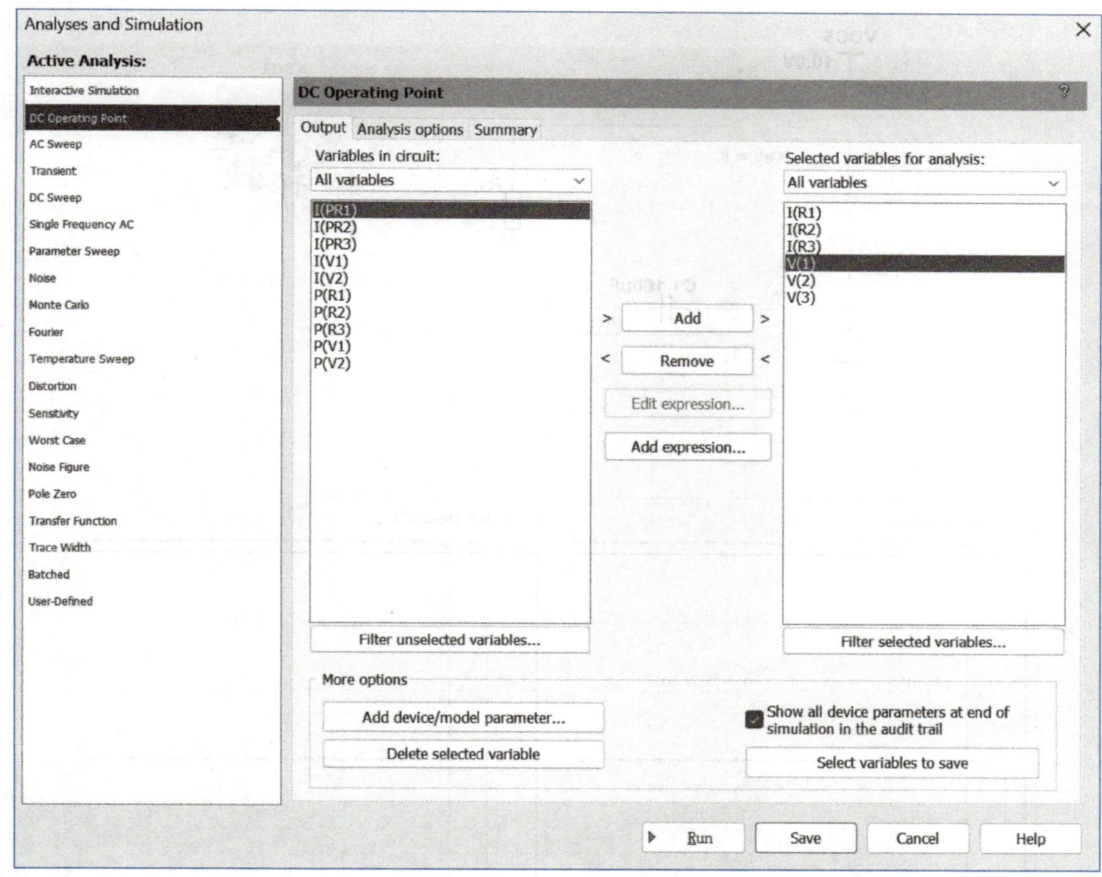

图 29.3　直流工作点分析设置窗口

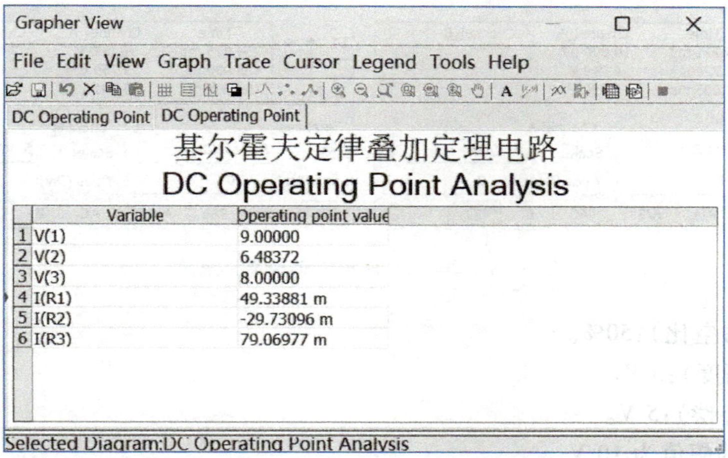

Grapher View
File Edit View Graph Trace Cursor Legend Tools Help
DC Operating Point
DC Operating Point
基尔霍夫定律叠加定理电路
DC Operating Point Analysis
Variable
Operating point value
1 V(1) 9.00000
2 V(2) 6.48372
3 V(3) 8.00000
4 I(R1) 49.33881 m
5 I(R2) -29.73096 m
6 I(R3) 79.06977 m
Selected Diagram:DC Operating Point Analysis

图 29.4　直流工作点分析结果

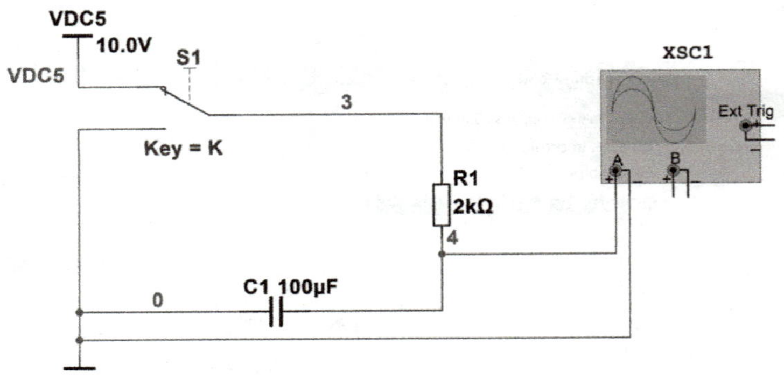

图 29.5 *RC* 瞬态电路

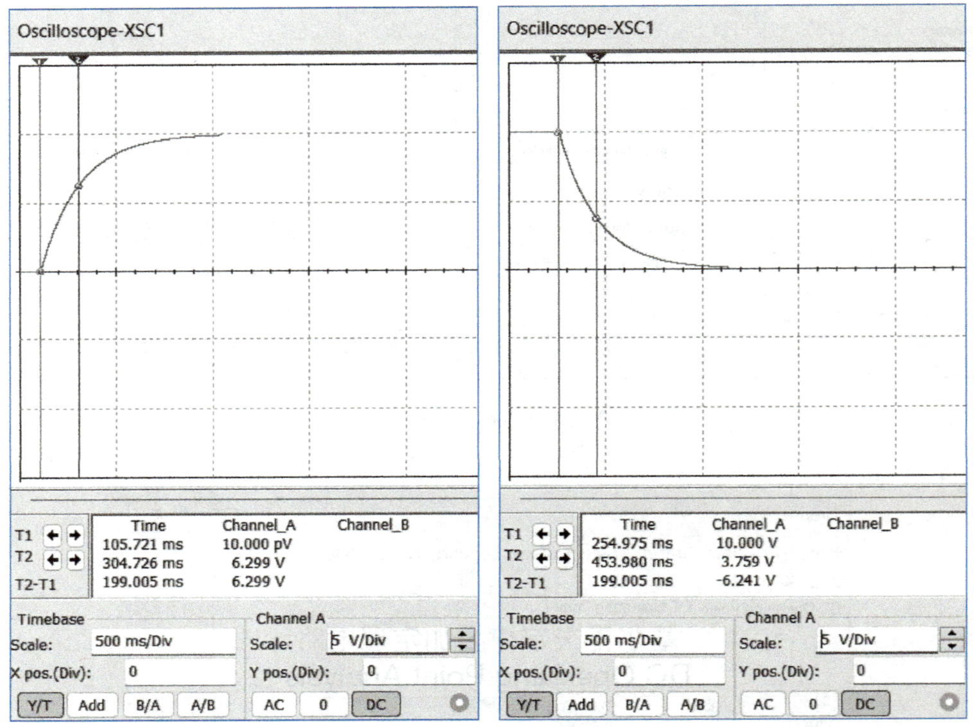

图 29.6 电容充、放电时间常数的测量

Duty cycle(占空比):50%。

Amplitude(幅度):5 V。

Offset(直流补偿):5 V。

输出正方波的幅值为 10 V。

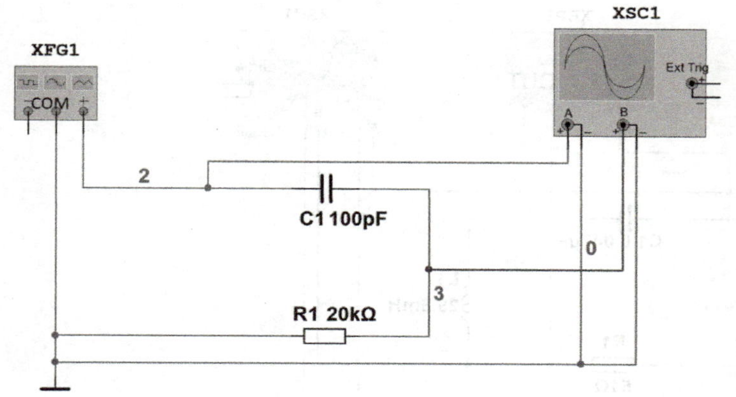

图 29.7 微分电路

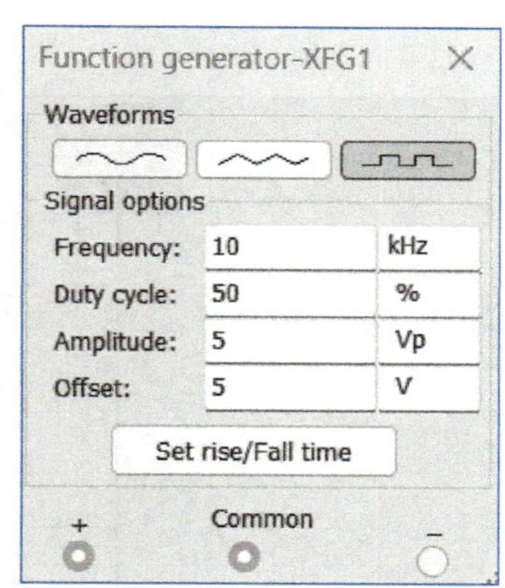

图 29.8 函数发生器的参数设置

(3) 设置示波器参数。

Timebase Scale(时基):先设定为 0.2 ms/DIV,实验中可按需调节。

输入方式:DC。

Channel A 和 Channel B 的 Scale:5 V/DIV(即 A、B 两个通道的 Y 轴灵敏度保持一致,调节范围以在屏幕上显示的波形幅度适中为准)。

X、Y position:0。

(4) 观察并记录微分电路的输入、输出电压波形,标出输出脉冲的周期和幅值。

4. 积分电路

(1) 创建积分电路,并按照积分电路的条件,选择适当的电阻、电容参数($\tau > t_p$)构成如图 29.9 所示积分电路。

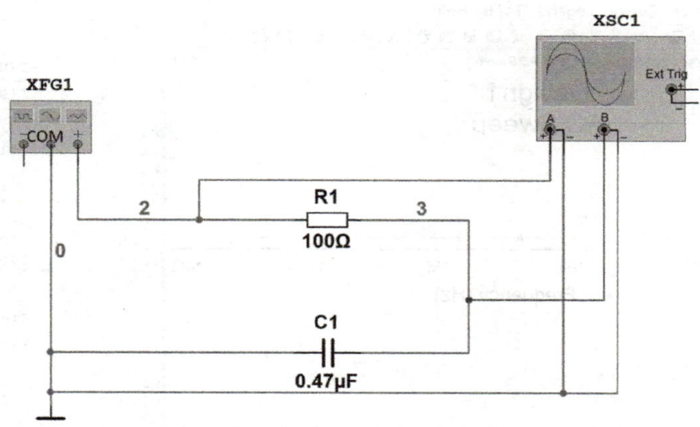

图 29.9 积分电路

(2) 函数发生器参数的选择和微分电路一致。观察并记录积分电路的输入、输出电压波形,标出输出波形的最大值和最小值。

5. 单相交流 *RLC* 串联电路

(1) 创建 *RLC* 串联电路,如图 29.10 所示。

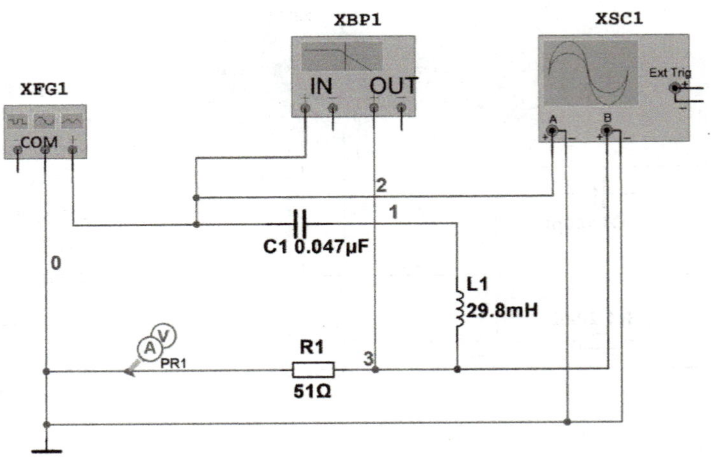

图 29.10　*RLC* 串联电路

（2）在输出回路放置探针。

（3）在“Simulate”栏内选中“Analyses and Simulation”，弹出“Active Analysis”，选择“AC Sweep”交流扫描分析，“Start frequency(FSTART)”设定为 1 Hz，“Stop frequency(FSTOP)”设定为 10 GHz，“Sweep type”选择“Decade”，“Number of points per decade”选择 10，“Vertical scale”选择“Linear”，得到如图 29.11 所示的频率响应特性曲线。借助游标，可测量曲线中特定点的特性。比如，图中游标 1 可测量该 *RLC* 串联电路的谐振频率点特性，对应频率为 4.015 5 kHz，输出、输入电压之比为 41.871 5×10^{-3}。

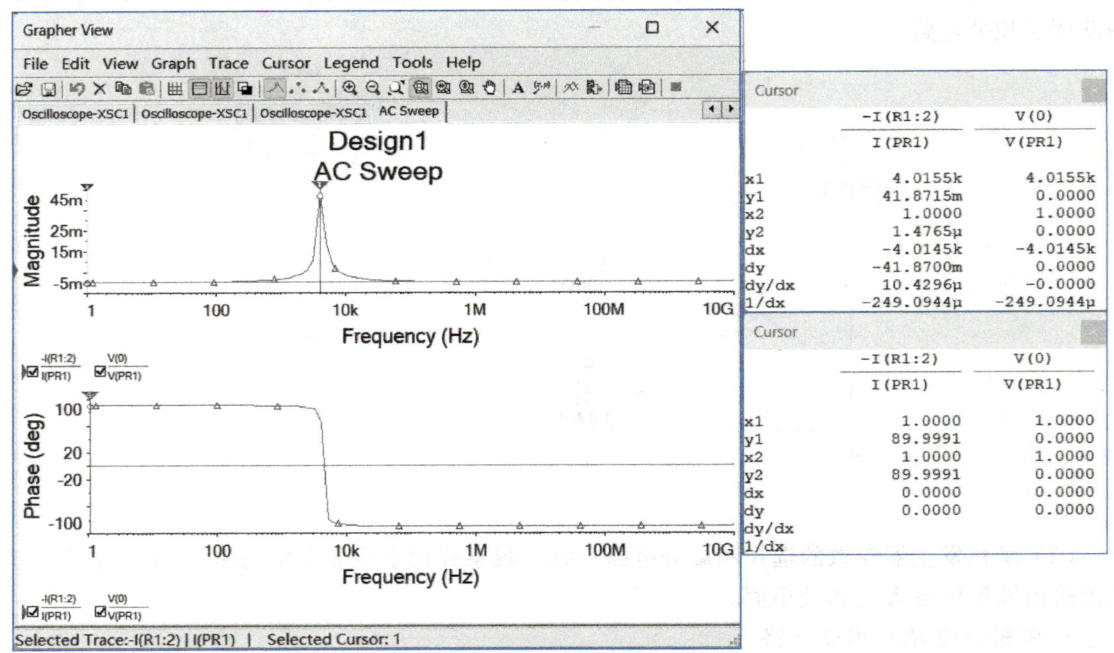

图 29.11　*RLC* 串联电路频率响应特性曲线

（4）放大谐振曲线，在曲线上测量下限截止频率 f_L 和上限截止频率 f_H（最高值 0.707 倍位置），计算该谐振电路的通频带，如图 29.12 所示。

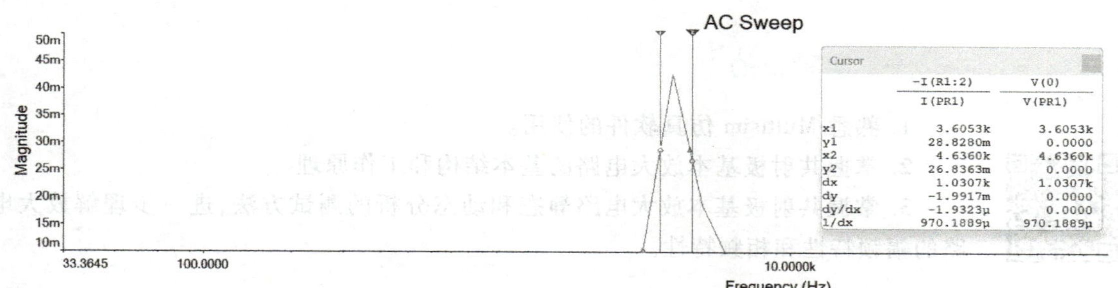

图 29.12　*RLC* 串联电路通频带的测量

（5）改变电阻 R1 = 100 Ω，观察幅频特性的变化，读出谐振频率 f_0、下限截止频率 f_L 和上限截止频率 f_H，计算通频带。

（6）调节函数发生器的输出频率，通过示波器观察 $f = f_0$、$f < f_0$ 和 $f > f_0$ 时电路的电压、电流波形并记录，比较 3 种情况下电压与电流的相位关系。

四、实验总结报告

1. 画出实验电路，绘出实验数据表、波形图和频率响应特性曲线图，并在波形图和曲线图中标出关键参数。

2. 根据实验结果分析电阻 R1 对谐振电路 Q 值、选择性及通频带的影响。

实验三十 交流放大电路仿真实验

视频：
交流放大电路仿真实验

一、实验目的

1. 熟悉 Multisim 仿真软件的使用。
2. 掌握共射极基本放大电路的基本结构和工作原理。
3. 掌握共射极基本放大电路静态和动态分析的测试方法，进一步理解放大电路的幅频特性和相频特性。

二、实验仪器与设备

1. 个人计算机 一台
2. Multisim 仿真软件 一套

三、实验内容

1. 创建实验电路

（1）选取元件和仪器，创建共射极基本放大电路如图 30.1 所示。

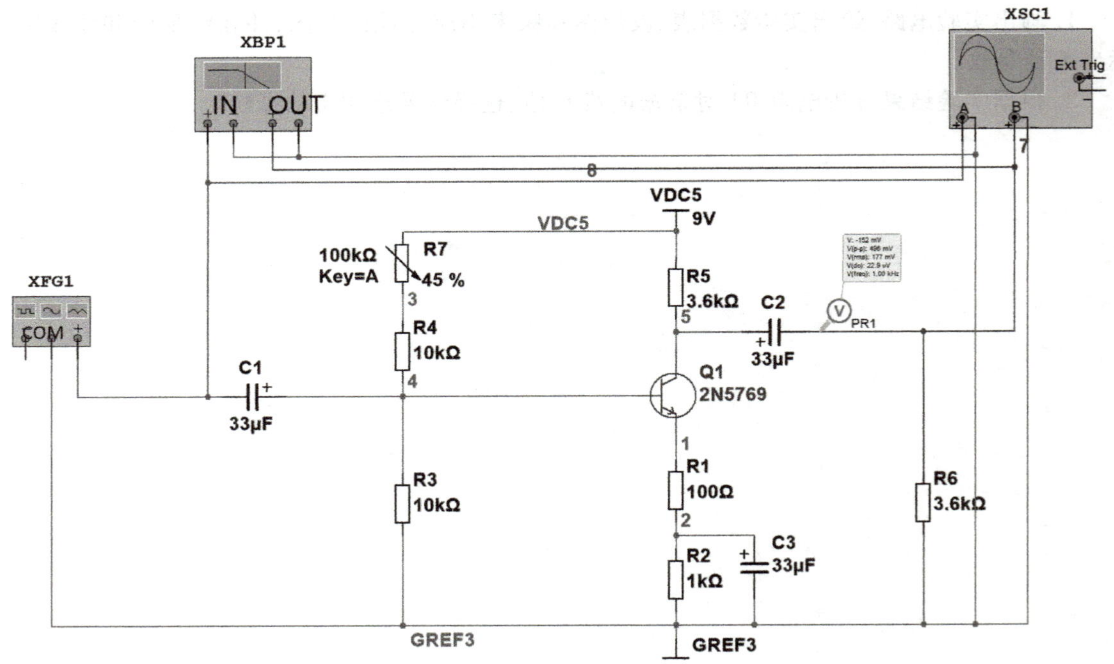

图 30.1 共射极基本放大电路

（2）在“Options”栏内选定“Sheet properties”，在“Net names”栏内选择“Show all”，在电路图上显示放大电路各节点的序号。

2. 放大电路的静态分析

(1) 按下“Run”按钮，适当调节电位器的电阻值，使晶体管 Q1 发射结正偏，集电结反偏，工作在放大区。然后，在“Simulate”栏内选定“Analyses and Simulation”，再选择“DC Operating Point”，“Variables in circuit”选中“Circuit voltage”，添加晶体管的基极、发射极和集电极（图 30.1 中分别为节点 4、1、5），点击“Run”按钮，即可获得各节点的电位，据此判断晶体管是否工作在放大区，如图 30.2 所示。

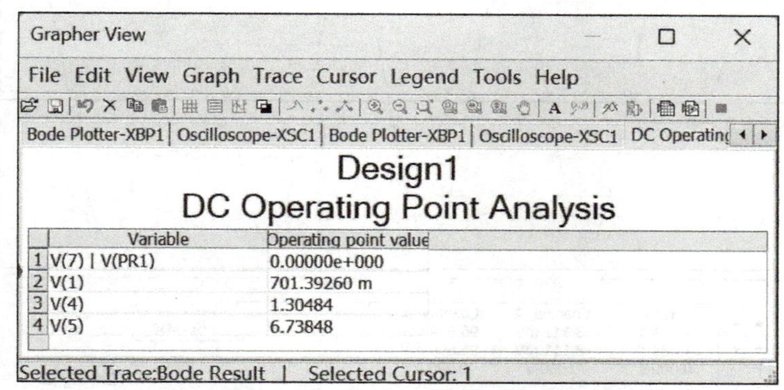

	Variable	Operating point value
1	V(7) | V(PR1)	0.00000e+000
2	V(1)	701.39260 m
3	V(4)	1.30484
4	V(5)	6.73848

图 30.2　共射极基本放大电路直流工作点分析结果

(2) 用万用表测量静态时的基极电流、发射极电流和集电极电流并记录。

3. 放大电路的动态分析

(1) 电压放大倍数的测量

① 放大器输入端由函数发生器输入频率为 1 kHz、幅值为 10 mV 的正弦电压信号。

② 观察放大电路输入信号与输出信号的相位关系。执行菜单命令“Simulate”，点击“Analyses and Simulation”，选择“Interactive Simulation”，然后单击最下面一行的“Run”，双击示波器图标，弹出示波器面板，调节时间轴和 Y 轴到合适数值以便清晰显示图像。用示波器观察输入、输出电压波形时，可用不同颜色的导线区别输入和输出信号。

③ 在图 30.1 中通过双踪示波器记录输入、输出电压波形，如图 30.3 所示。

同时，在电路的输入和输出端接入电压探针，记录输入和输出波形的测量数据（测量幅值、峰峰值均可），如图 30.4 所示。

以输入、输出波形的电压有效值为例，可计算该电路的电压放大倍数为

$$A_u=-\frac{177}{14.1}\approx-12.55$$

要求分别测量放大电路在空载、负载为 3.6 kΩ 和负载为 680 Ω 时的输出电压，自行设计测量数据表格记录数据，并计算电路的电压放大倍数。

(2) 输入电阻的测量

在图 30.1 的输入端串接一个 10 kΩ 的电阻 R8 作为信号源的内阻，得到如图 30.5 所示的输入电阻测量电路，记录输入信号电压和电流的测量数据，计算输入电阻 r_i。

(3) 输出电阻的测量

在图 30.1 中断开负载电阻 R6，将输入短路，通过电压和电流探针测量输出端的电压和电流，

计算输出电阻 r_o，如图 30.6 所示。

(4) 频率特性的测量

① 放大电路接入 3.6 kΩ 的负载。

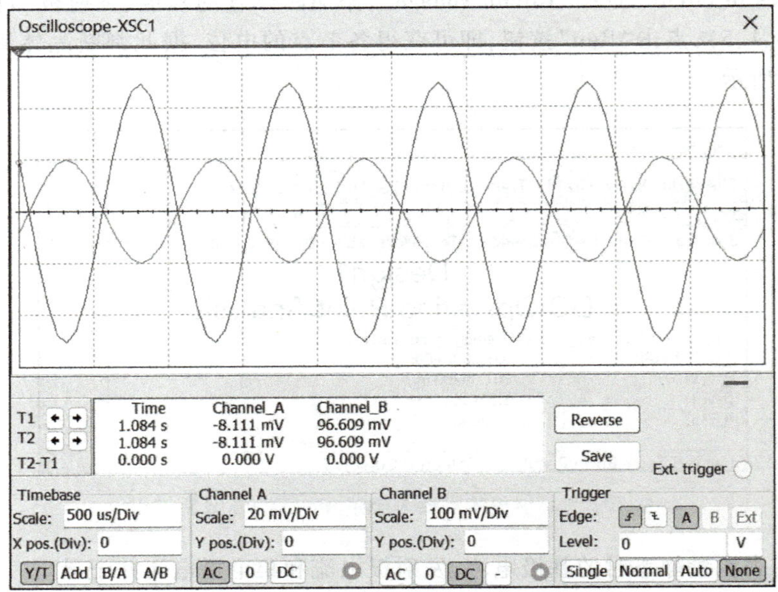

图 30.3 共射极基本放大电路输入、输出电压波形

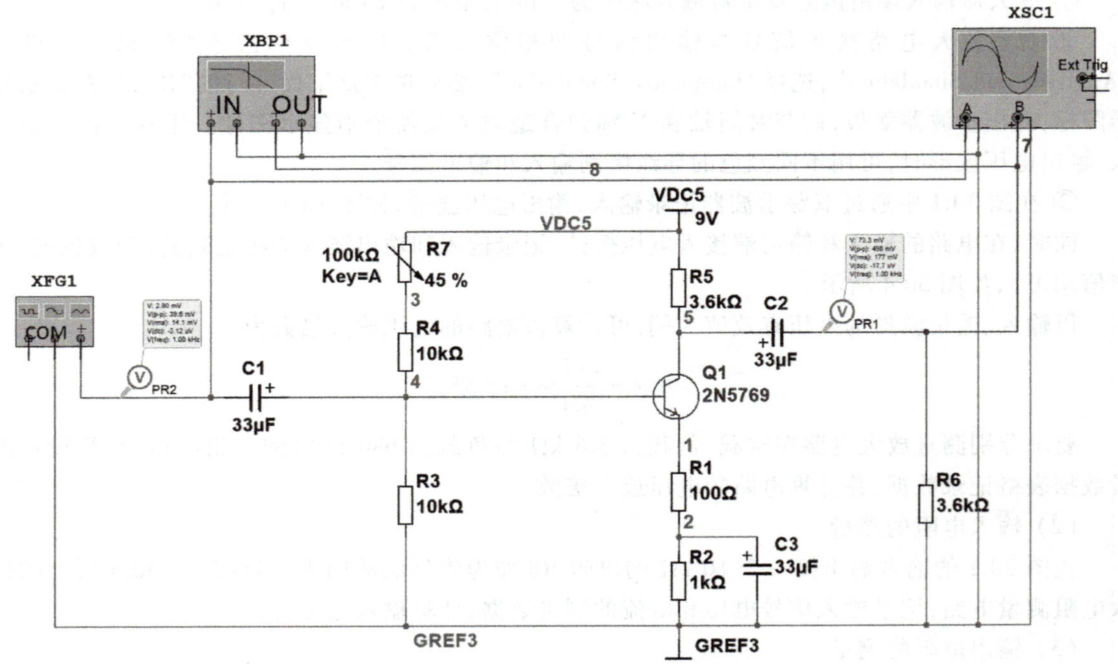

图 30.4 共射极基本放大电路输入、输出电压测量电路

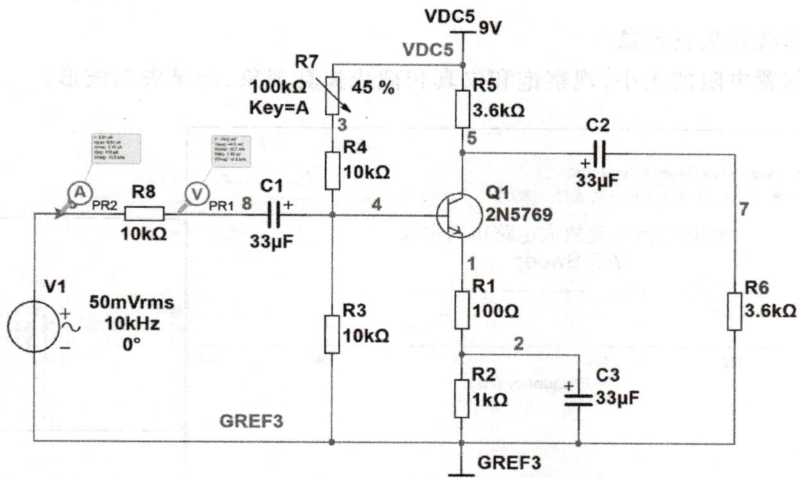

图 30.5 共射极基本放大电路输入电阻测量电路

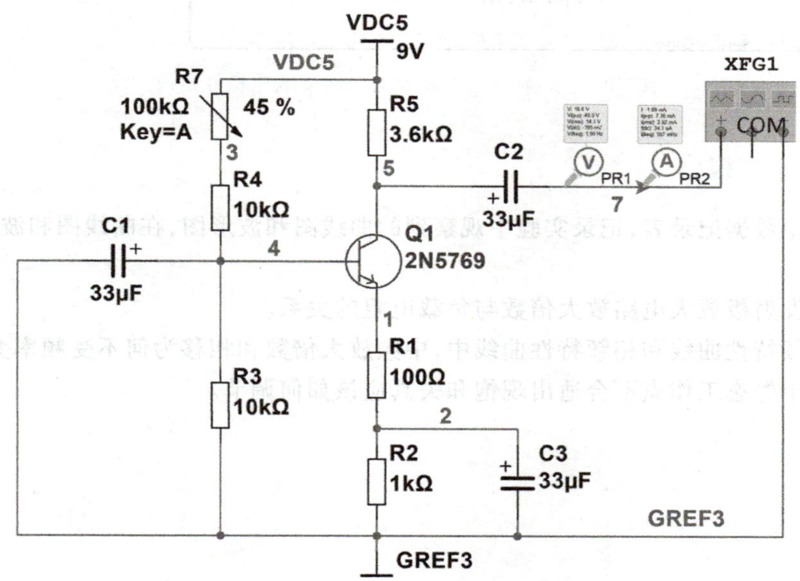

图 30.6 共射极基本放大电路输出电阻测量电路

② 在“Simulate”栏内选中“Analyses and Simulation”，弹出“Active Analysis”，选择“AC Sweep”交流扫描分析，“Start frequency(FSTART)”设定为 1 Hz，“Stop frequency(FSTOP)”设定为 10 GHz，“Sweep type”选择“Decade”，“Number of points per decade”选择 10，“Vertical scale”选择“Linear”，得到如图 30.7 所示的频率响应特性曲线。首先鼠标左键点击幅频特性曲线，曲线的左侧出现一个小三角，表示曲线已选中，然后在“Grapher View”窗口菜单中点击“Cursor”选择“Show Cursor”，在“Grapher View”显示屏中会出现 2 个游标，同时弹出“Cursor”窗口，“Cursor”窗口显示游标所处位置的参数，借助游标读取该放大电路的上、下限截止频率并记录，同时计算电路的通

频带。

(5) 观察非线性失真现象

改变基极偏置电阻的大小,观察饱和失真和截止失真现象,记录失真波形。

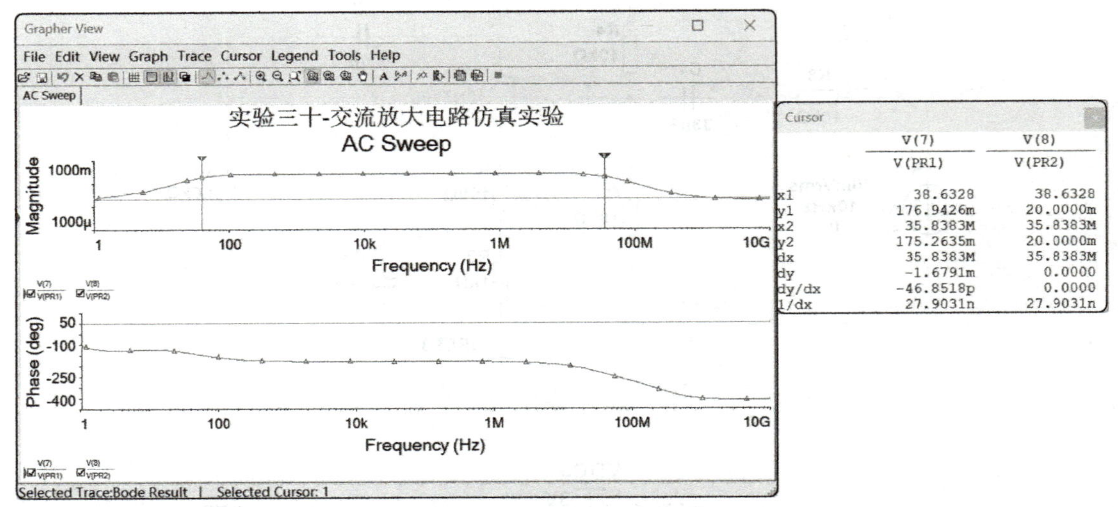

图 30.7 共射极基本放大电路频率响应特性曲线

四、实验总结报告

1. 设计实验数据记录表,记录实验中观察到的曲线图和波形图,在曲线图和波形图上标出关键参数。

2. 分析共发射极放大电路放大倍数与负载电阻的关系。

3. 分析幅频特性曲线和相频特性曲线中,中频放大倍数和相移为何不受频率变化的影响。

4. 思考由于静态工作点不合适出现饱和失真应该如何调节。

实验三十一　集成运算放大器应用仿真实验

一、实验目的

1. 根据设计要求,应用 Multisim 仿真软件设计运算放大器线性和非线性应用电路。
2. 学习利用 Multisim 仿真软件分析集成运算放大器线性应用电路与非线性应用电路。
3. 进一步熟悉 Multisim 仿真软件的常用分析方法。

二、实验仪器与设备

1. 个人计算机　　　　一台
2. Multisim 仿真软件　　一套

三、实验内容

1. 电压比较器电路

(1) 选取元件,创建电压比较器电路,如图 31.1 所示。

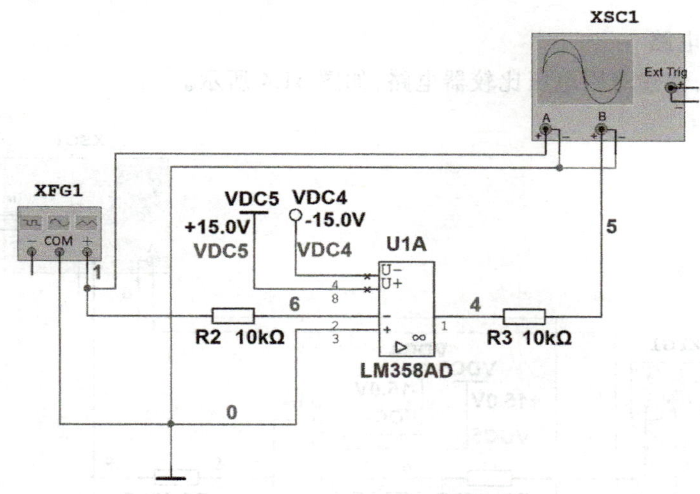

图 31.1　电压比较器电路

(2) 波形发生器选择输出“三角波”,频率“Frequency”为 1 kHz,占空比“Duty cycle”为 50%,幅度“Amplitude”为 10 V,如图 31.2 所示。

(3) 点击“Run”按钮,双击示波器,观察输入、输出信号波形,如图 31.3 所示。

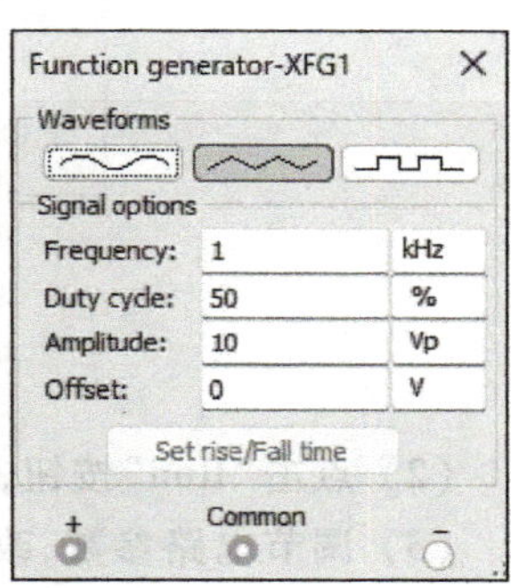

图 31.2　输入信号的设置

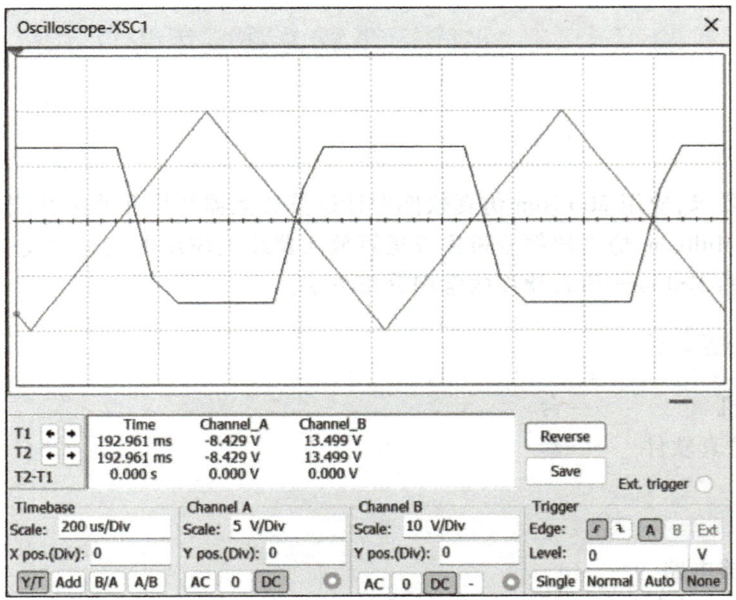

图 31.3 电压比较器电路输入、输出信号波形

2. 滞回比较器电路

(1) 选取元件,创建滞回电压比较器电路,如图 31.4 所示。

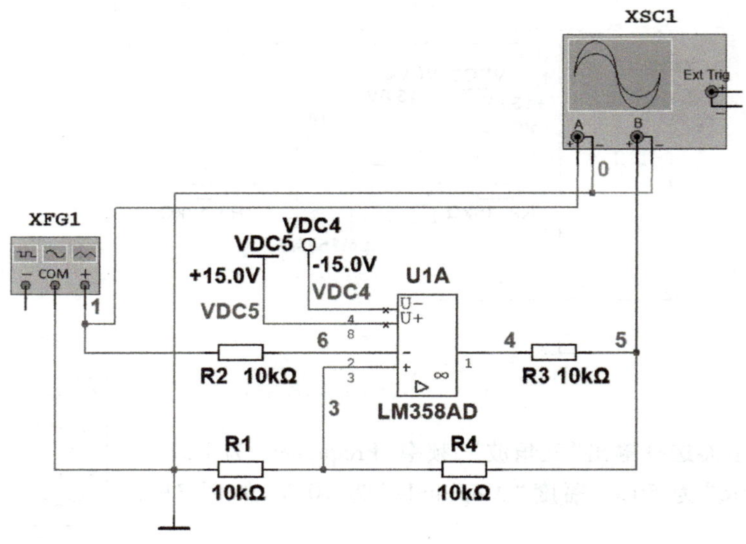

图 31.4 滞回电压比较器电路

(2) 点击“Run”按钮,双击示波器,观察输入、输出信号波形,如图 31.5 所示。

(3) 调节电路参数,改变滞回电压比较器上、下门限电平,观察输入、输出信号波形,设计数据记录表格。

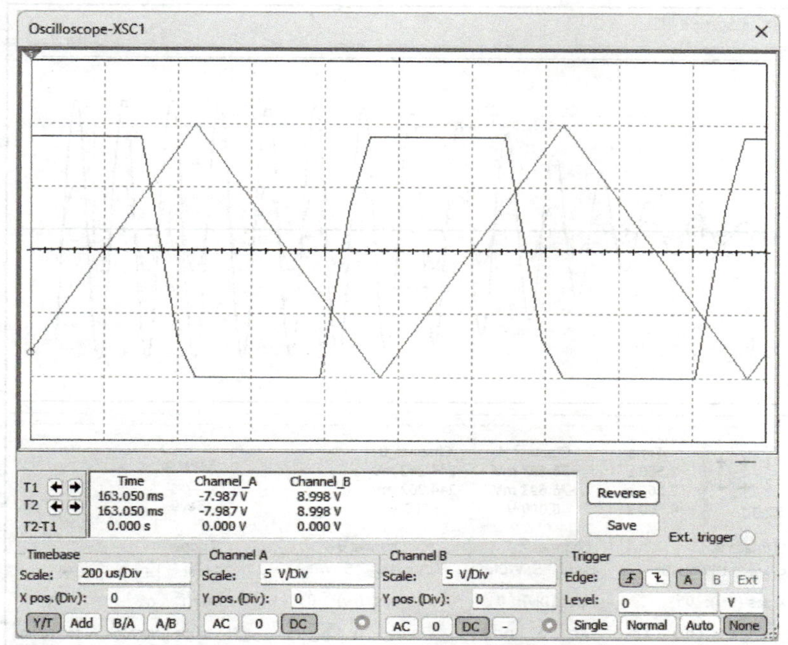

图 31.5　滞回比较器输入、输出信号波形

3. 正弦波振荡电路

(1) 选取元件,创建正弦波振荡电路,如图 31.6 所示。

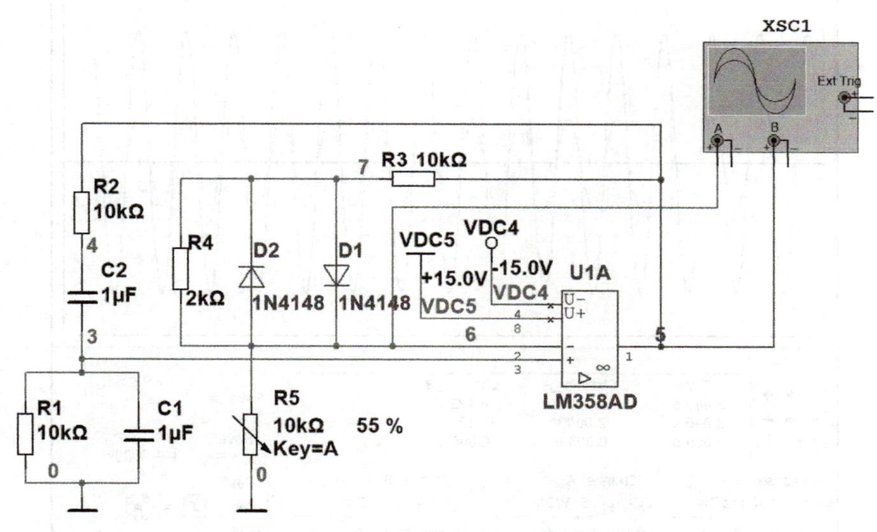

图 31.6　正弦波振荡电路

(2) 点击“Run”按钮,双击示波器,观察振荡电路的起振过程,如图 31.7 所示。

(3) 待振荡输出波形稳定后暂停仿真,观察振荡电路产生的稳定振荡波形,如图 31.8 所示。

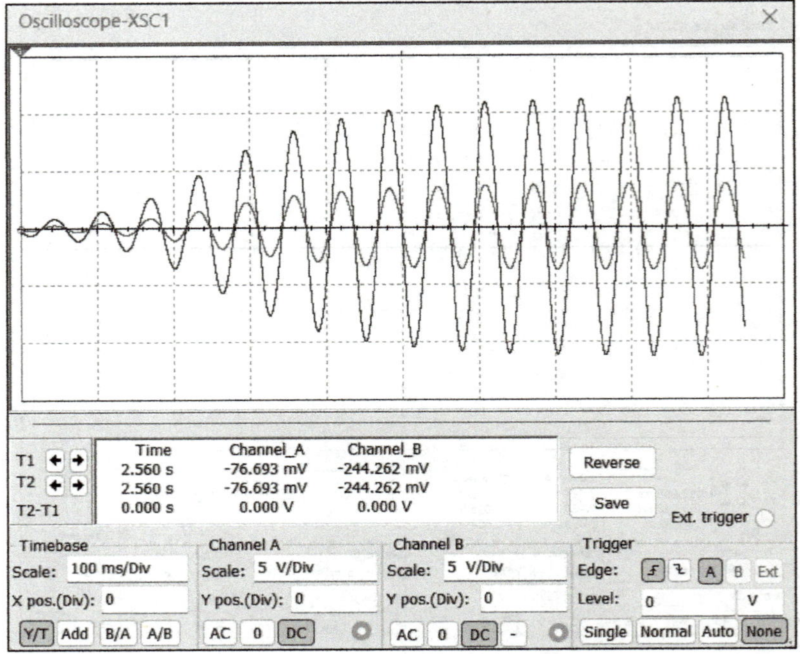

图 31.7 正弦波振荡电路的起振过程

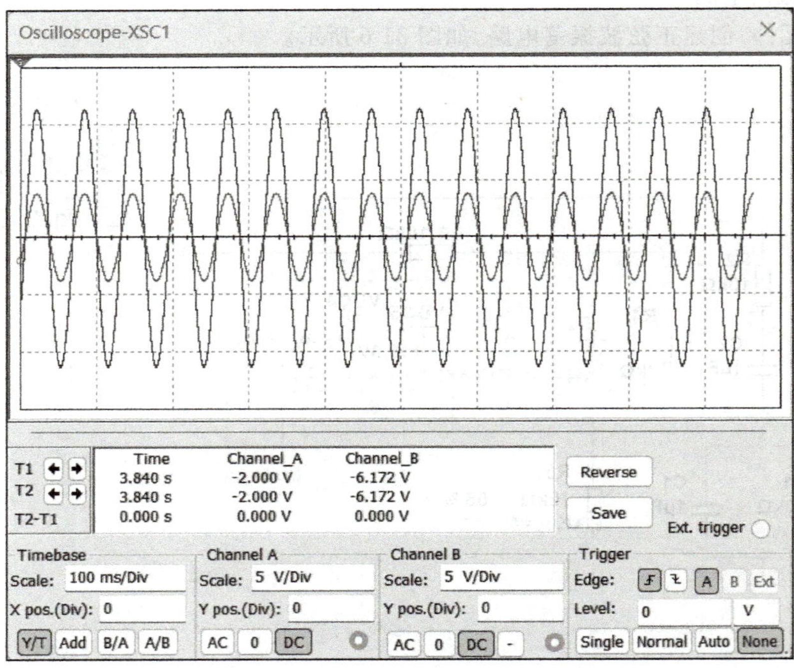

图 31.8 正弦波振荡电路的稳定振荡波形

四、实验总结报告

1. 画出实验电路，绘出实验数据表、实验中观察到的曲线和波形图，在曲线和波形图上应标注关键参数。

2. 对实验结果开展分析。

实验三十二 数字电路及其应用仿真实验

一、实验目的

1. 熟悉 Multisim 仿真软件的使用。

2. 掌握典型的组合逻辑电路和时序逻辑电路。

3. 应用 Multisim 仿真软件对数字电路进行仿真研究，掌握 Multisim 仿真软件中子电路的创建方法。

二、实验仪器与设备

1. 个人计算机　　一台

2. Multisim 仿真软件　　一套

三、实验内容

1. 编码器、译码器仿真实验

(1) 8/3 线优先编码器。

① 选取元器件，创建 8/3 线优先编码器电路，如图 32.1 所示。

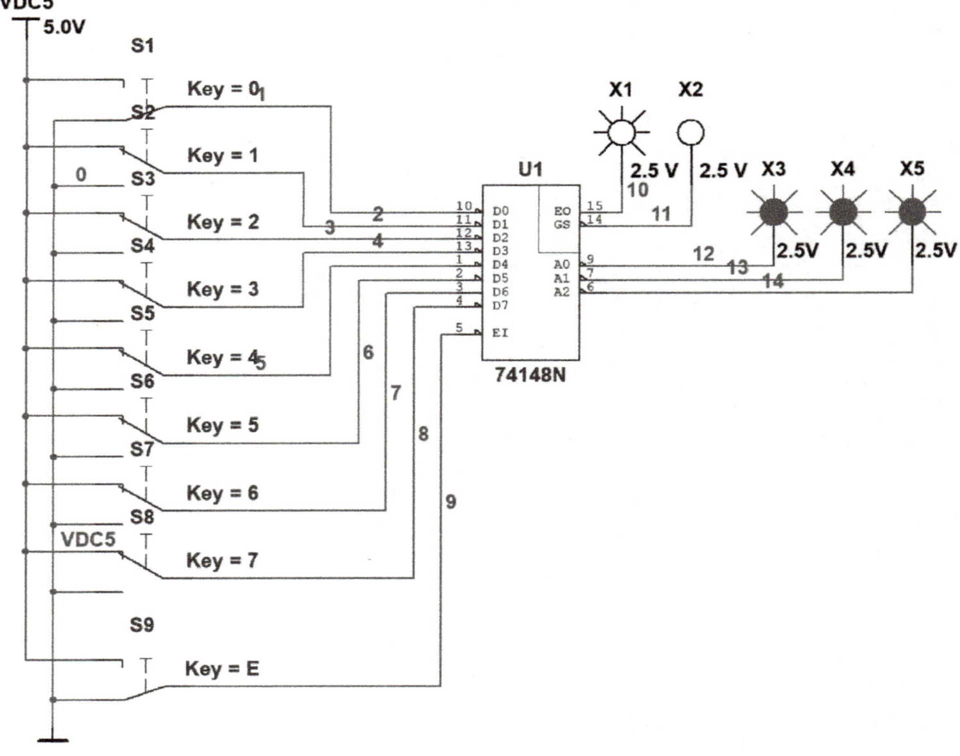

图 32.1 8/3 线优先编码器电路

② 切换 9 个单刀双掷开关 S1～S9 控制 D0～D7 和 EI 进行仿真实验。当 EI 为低电平 **0** 时，拨动输入开关，将各输入端依次输入低电平 **0**，观察输出端显示灯的变化情况如表 32.1 所示。输入端中的 **1** 表示接高电平，**0** 表示接低电平，"×"表示任意。输出端中的 **1** 表示指示灯亮，**0** 表示指示灯灭。该编码器输入低电平有效。

③ 同时输入几个低电平信号，观察各信号的优先级别。8/3 线优先编码器编码表如表 32.1 所示。

表 32.1　8/3 线优先编码器编码表（输入低电平有效）

输入端									输出端				
EI	D7	D6	D5	D4	D3	D2	D1	D0	A0	A1	A3	GS	EO
1	×	×	×	×	×	×	×	×	1	1	1	1	1
0	1	1	1	1	1	1	1	1	1	1	1	1	0
0	1	1	1	1	1	1	1	0	1	1	1	0	1
0	1	1	1	1	1	1	0	×	1	1	0	0	1
0	1	1	1	1	1	0	×	×	1	0	1	0	1
0	1	1	1	1	0	×	×	×	1	0	0	0	1
0	1	1	1	0	×	×	×	×	0	1	1	0	1
0	1	1	0	×	×	×	×	×	0	1	0	0	1
0	1	0	×	×	×	×	×	×	0	0	1	0	1
0	0	×	×	×	×	×	×	×	0	0	0	0	1

*④ 用两片 74LS148 芯片，将 8/3 线优先编码器扩展为 16/4 线优先编码器。仿真验证扩展后的 16/4 线优先编码器的逻辑功能。

（2）3/8 线译码器。

① 选取元器件，创建 3/8 线译码器电路如图 32.2 所示。

② 切换 3 个单刀双掷开关 S1～S3 进行仿真实验，得到如表 32.2 所示结果，输入端中的 **1** 表示接高电平，**0** 表示接低电平。输出端中的 **1** 表示指示灯亮，**0** 表示指示灯灭。该译码器输出低电平有效。

③ 总结 74LS138 译码器的逻辑功能。3/8 线译码器译码表如表 32.2 所示。

*④ 用两片 74LS138 芯片，将 3/8 线译码器扩展成为 4/16 线译码器。仿真验证扩展后的4/16 线译码器的逻辑功能。

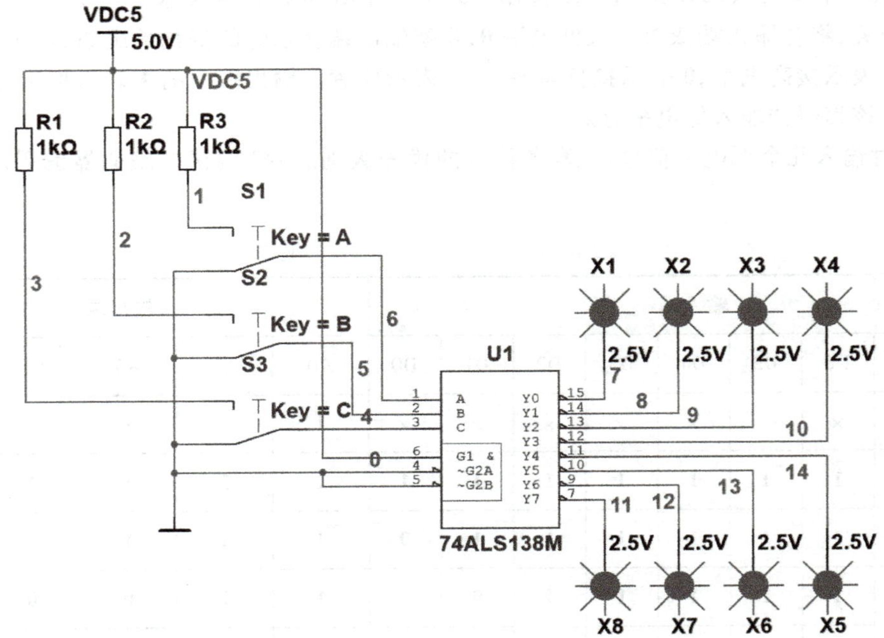

图 32.2 3/8 线译码器电路

表 32.2 3/8 线译码器译码表(输出低电平有效)

输入端						输出端							
G1	~G2A	~G2B	A	B	C	Y7	Y6	Y5	Y4	Y3	Y2	Y1	Y0
1	0	0	0	0	0	1	1	1	1	1	1	1	0
1	0	0	0	0	1	1	1	1	1	1	1	0	1
1	0	0	0	1	0	1	1	1	1	1	0	1	1
1	0	0	0	1	1	1	1	1	1	0	1	1	1
1	0	0	1	0	0	1	1	1	0	1	1	1	1
1	0	0	1	0	1	1	1	0	1	1	1	1	1
1	0	0	1	1	0	1	0	1	1	1	1	1	1
1	0	0	1	1	1	0	1	1	1	1	1	1	1

(3) 编码、译码显示电路。

① 图 32.3 所示电路是由优先编码器 74LS148、七段显示译码器 CC4511 和显示器组成的编码、译码显示电路。电路的输入端为编码器的 D0～D7 八个输入端,编码器的输出为三位二进制数的反码,为此,在编码器的输出和译码器的输入之间加反相器。将编码器的扩展输出端 GS 接指示灯,用以监视编码器是否有信号输入,红灯亮表示无信号输入。

② 切换输入端各单刀双掷开关,观察显示器的变化情况。

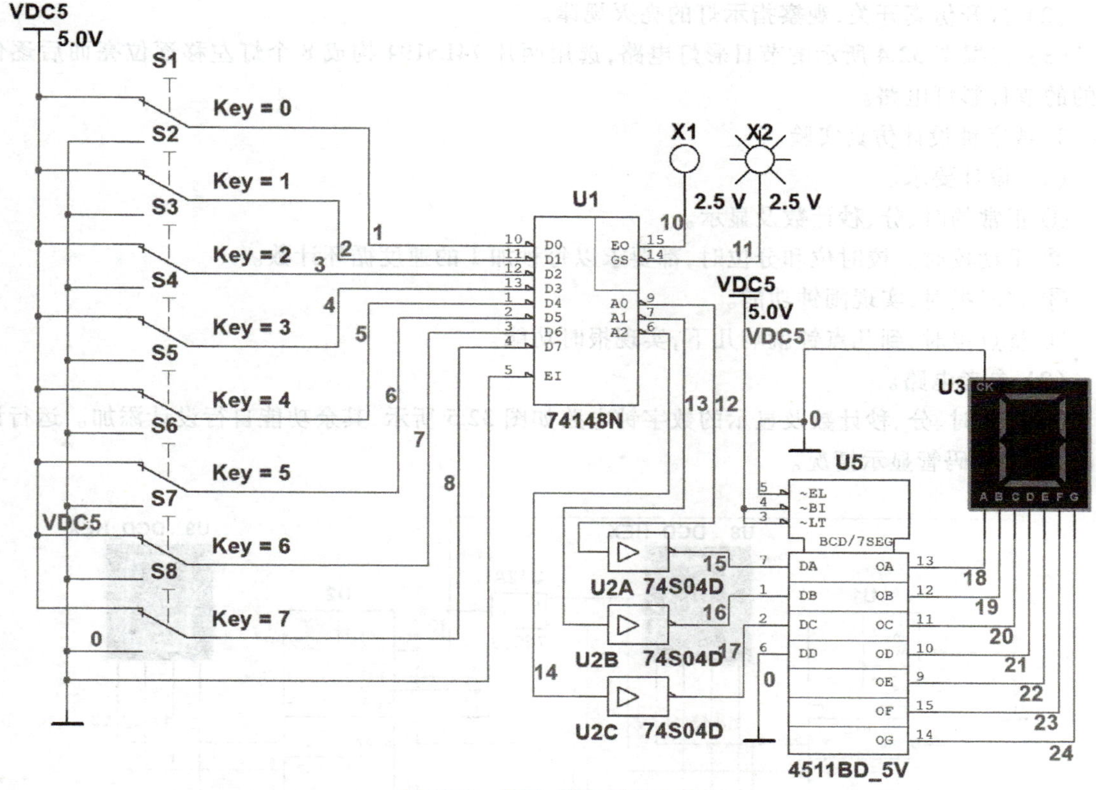

图 32.3　编码、译码显示电路

2. 节日彩灯电路仿真实验

(1) 选用 74LS194 双向移位寄存器，按图 32.4 连接电路，构成右移逐位亮而后逐位灭的节日彩灯电路。

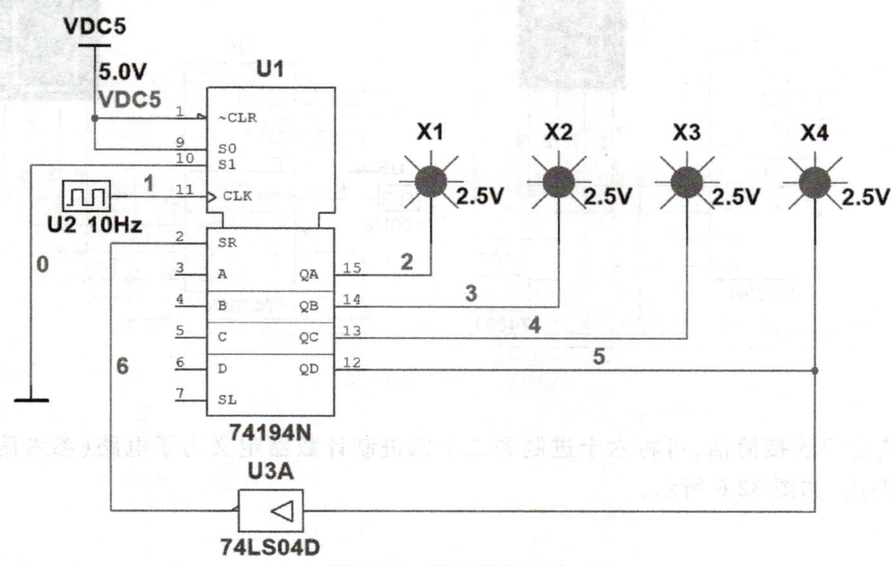

图 32.4　节日彩灯电路

(2) 打开仿真开关，观察指示灯的亮灭规律。

*(3) 根据图 32.4 所示的节日彩灯电路，选用两片 74LS194 构成 8 个灯左移逐位亮而后逐位灭的的节日彩灯电路。

3. 数字钟设计仿真实验

(1) 设计要求。

① 正常的时、分、秒计数及显示。

② 手动校时。校时位和分位时，都要求以每秒加 1 的速度循环计数。

③ 定时报时，实现闹钟功能。

④ 整点报时，到几点钟就响几下，实现报时功能。

(2) 参考电路。

① 具有时、分、秒计数及显示的数字钟电路如图 32.5 所示，其余功能自行设计添加。运行该电路，观察数码管显示情况。

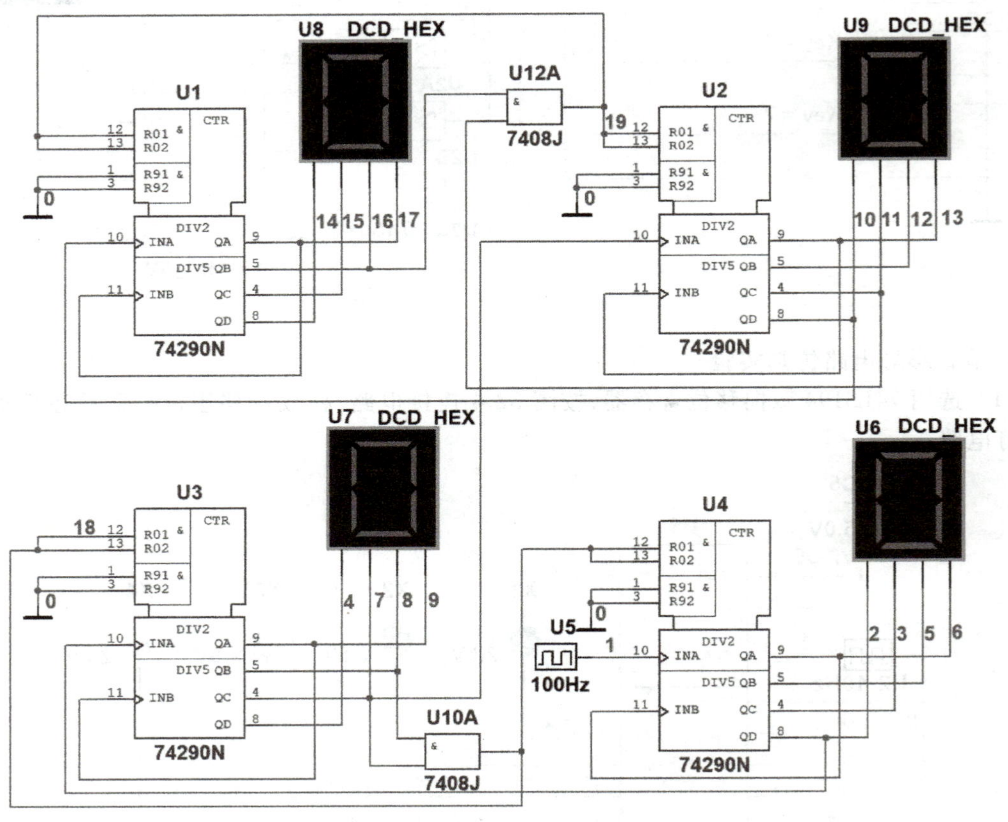

图 32.5 数字钟电路

② 为使电路连接简洁，可将六十进制和二十四进制计数器定义为子电路(参考附录七的软件使用)供调用，如图 32.6 所示。

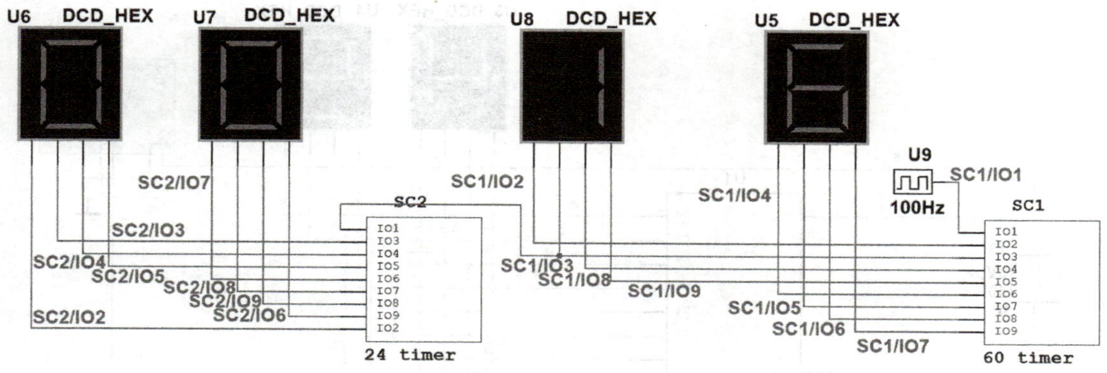

图 32.6　采用子电路的数字钟电路

4. A/D 和 D/A 转换电路仿真实验

(1) A/D 转换电路。

① 选取元件创建 A/D 转换电路如图 32.7 所示。输入的模拟电压由 1 kΩ 电位器提供，电压变化范围为 0~5 V，参考电压接+5 V 直流电源，输出数字量由指示灯指示。

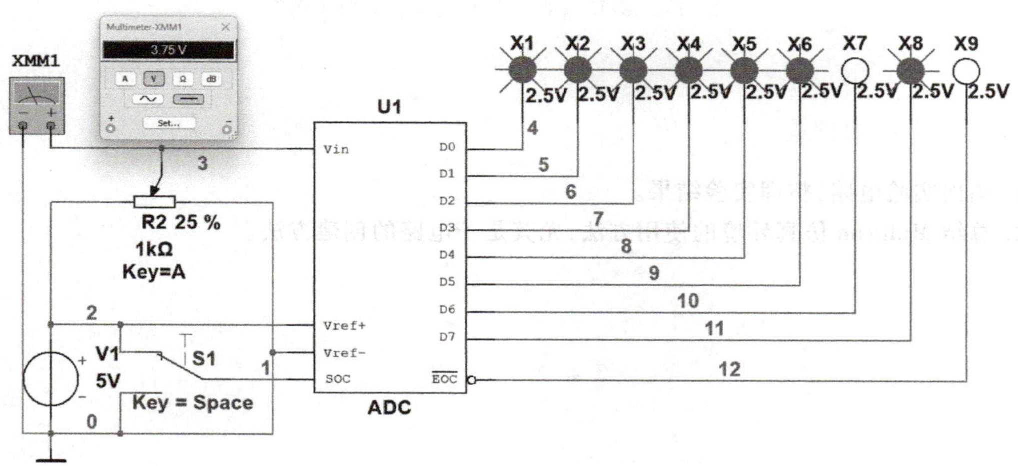

图 32.7　A/D 转换电路

② 开关 S1 上合，使 SOC 端为高电平 1，启动 A/D 转换。通过 1 kΩ 电位器改变输入电压值的大小，观察输出数字量的变化。

③ 将参考电压改变为 10 V，观察输出数字量的变化。

(2) 设计一个 D/A 转换电路，用开关控制数字输入量，用电压表测量转换结果。

(3) A/D 和 D/A 转换的综合应用电路。

图 32.8 是 A/D 和 D/A 转换的综合应用实例，对电路进行仿真，总结 A/D 和 D/A 转换的工作原理。

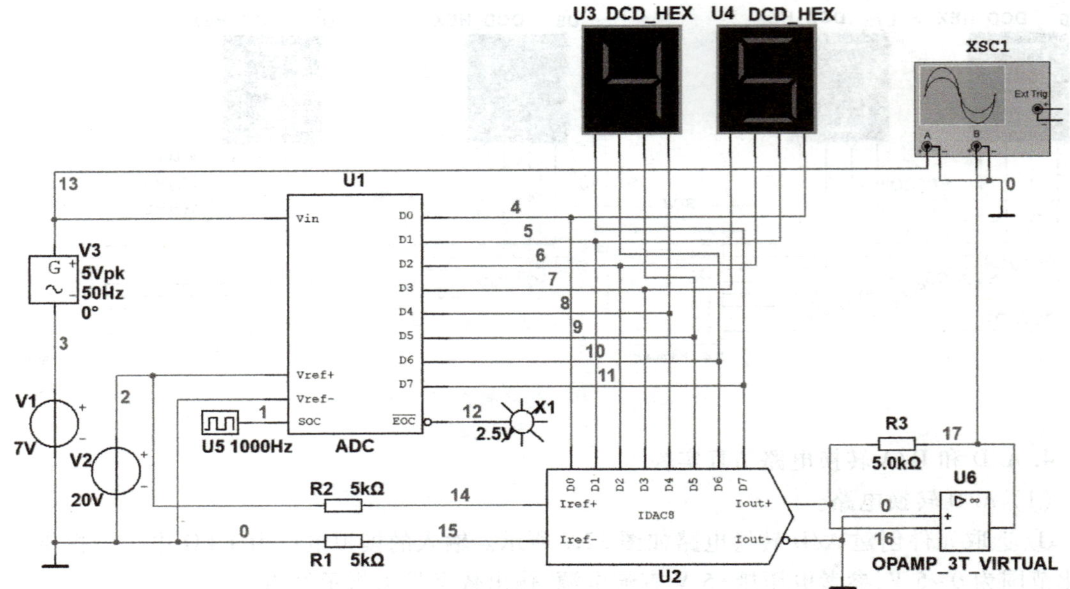

图 32.8 A/D 和 D/A 转换的综合应用实例

四、实验总结报告

1. 画出实验电路,整理实验结果。
2. 总结 Multisim 仿真环境的使用方法,尤其是子电路的创建方法。

附　　录

附录一　高性能电工综合实验装置介绍

高性能电工综合实验装置采用安全透明实验器件模块形式，实现各项实验内容，面板安排合理，使用方便灵活，电工实验台如图附 1.1 所示。

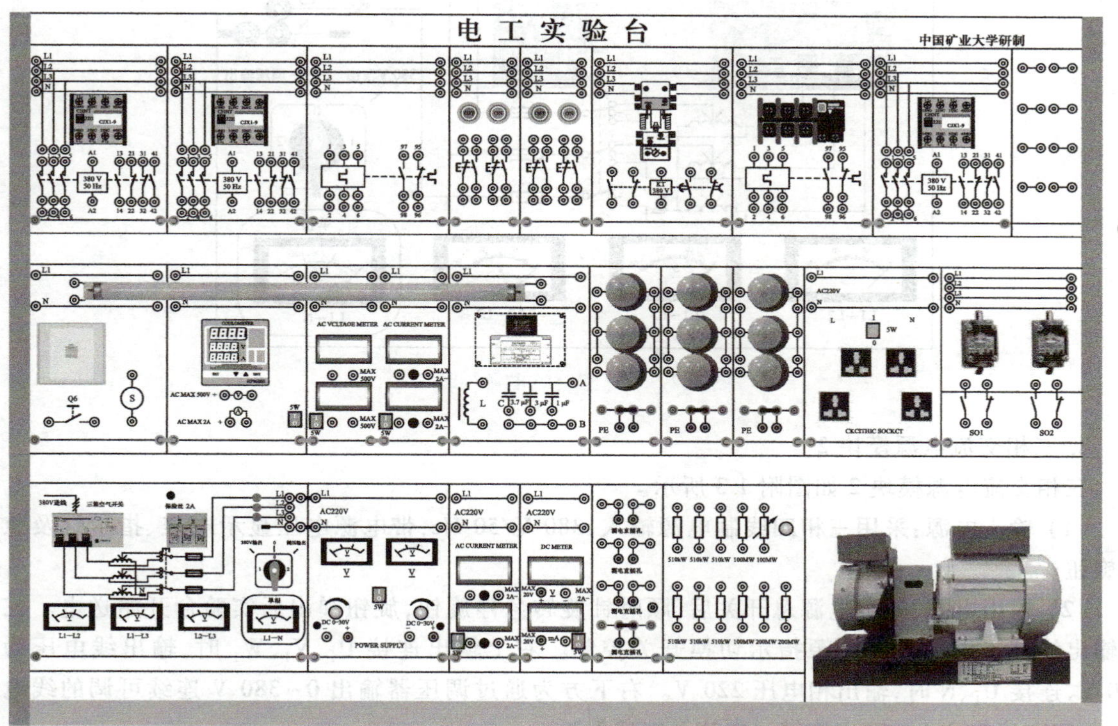

图附 1.1　电工实验台

一、完成的实验内容

1. 电路的基本定律和定理实验。
2. 功率因数的改善实验。
3. 三相交流电路实验。

4. 三相异步电动机的继电接触器控制基本实验。

5. 三相异步电动机的时间控制和行程控制实验。

二、主要技术参数

1. 三相交流电源模块 1

三相交流电源模块 1 如图附 1.2 所示。

(1) 输入电源:采用三相四线制电源输入,380 V/50 Hz,带电源电压显示电表及指示灯。

(2) 输出电源:输出电源受转换开关控制。转换开关在“0”位置时,无交流电压输出。转换开关在“380 V 输出”位置,连接 L1、L2、L3 时,输出线电压为 380 V;连接 L1、N 时,输出相电压 220 V。转换开关在“调压输出”位置时,通过调压器输出 0~380 V 连续可调的线电压,额定电流为 2 A。输出均带过电流及短路保护。

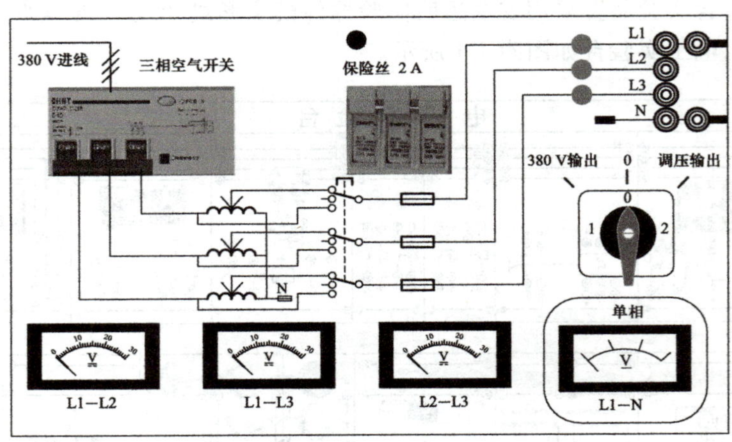

图附 1.2 三相交流电源模块 1

2. 三相交流电源模块 2

三相交流电源模块 2 如图附 1.3 所示。

(1) 输入电源:采用三相四线制电源输入,380 V/50 Hz,带电源电压显示电表、指示灯及急停旋钮。

(2) 输出电源:闭合电源总开关后,顺时针旋转急停旋钮,旋钮弹出后实验台开始送电。三相输出线电压指示表受电源指示切换开关控制。右上输出连接 U_1、V_1、W_1 时,输出线电压为 380 V,连接 U_1、N 时,输出相电压 220 V。右下方为通过调压器输出 0~380 V 连续可调的线电压,额定电流为 2 A。输出均带过电流及短路保护。

3. 直流电源:双路稳压直流电源 0~30 V/1 A 连续可调,配有电压表指示,带过电流及短路保护。直流电源模块如图附 1.4 所示。

4. 测量仪表:

交流电压表:0~500 V,0.5 级。

交流电流表:0~2 A,0.5 级。

直流电压表:20 V,0.5 级。

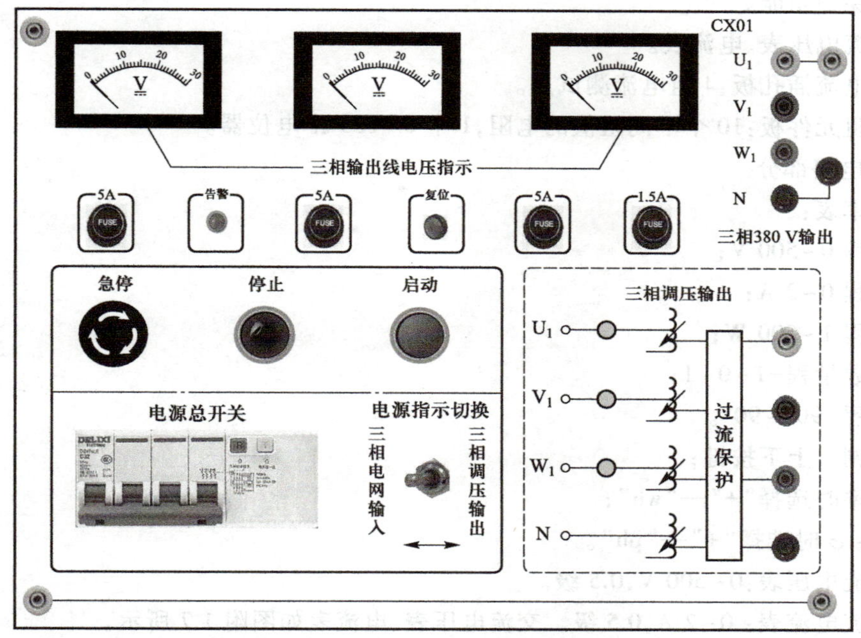

图附 1.3　三相交流电源模块 2

直流电流表:200 mA,0.5 级。

直流电压表、电流表模块如图附 1.5 所示。

单相功率表:1 500 W。

功率表模块如图附 1.6 所示。

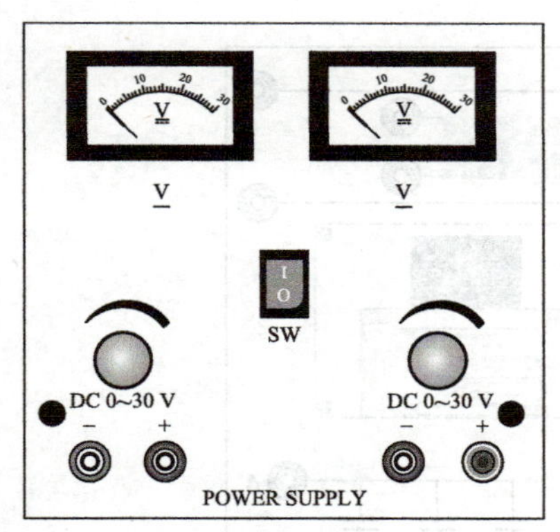

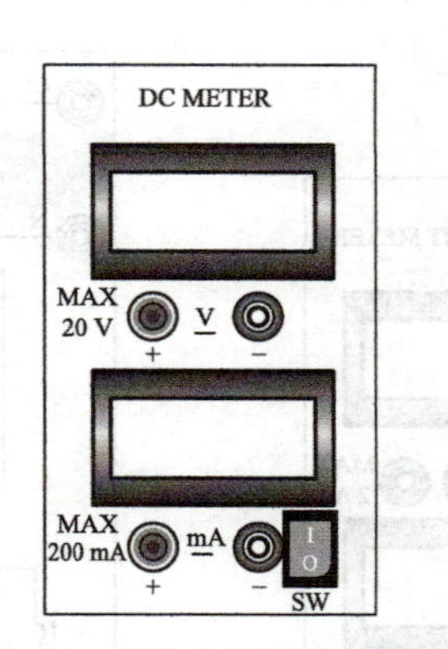

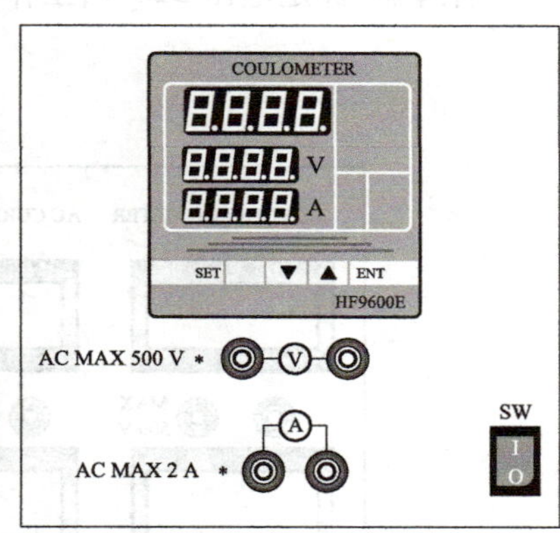

图附 1.4　直流电源模块　　图附 1.5　直流电压表、电流表模块　　图附 1.6　功率表模块

5. 实验导线:采用了不同颜色的高可靠护套结构手枪插连接线。

三、实验器材

1. 直流电路部分

(1) 双路可调直流电源:直流双路 0~30 V 可调,最大电流 1 A,带指针式电压表指示,带过电流和短路保护功能。

(2) 直流电压表、电流表。

(3) 测电流插孔板:4 组电流测试点。

(4) 电阻元件板:10 个不同阻值的电阻,1 个 0~100 Ω 电位器。

2. 交流电路部分

(1) 功率表:

电压量程 0~500 V;

电流量程 0~2 A;

功率量程 1~500 W;

功率因数量程-1~0~1;

相位量程-90°~90°。

功率表调节上下按键;

测量功率时选择"+"—"wh";

测量 cos φ 时选择"+"—"ph"。

(2) 交流电压表:0~500 V,0.5 级。

(3) 交流电流表: 0~2 A,0.5 级。交流电压表、电流表如图附 1.7 所示。

(4) 日光灯:20 W;

镇流器:额定电压 220 V/50 Hz ,额定电流 0.37 A;

电容:1 μF,2 μF,3.7 μF。

日光灯、镇流器、电容模块如图附 1.8 所示。

(5) 开关:最大电压 250 V,最大电流 10 A;

启辉器:额定电压 220 V,工作功率 4~40 W。

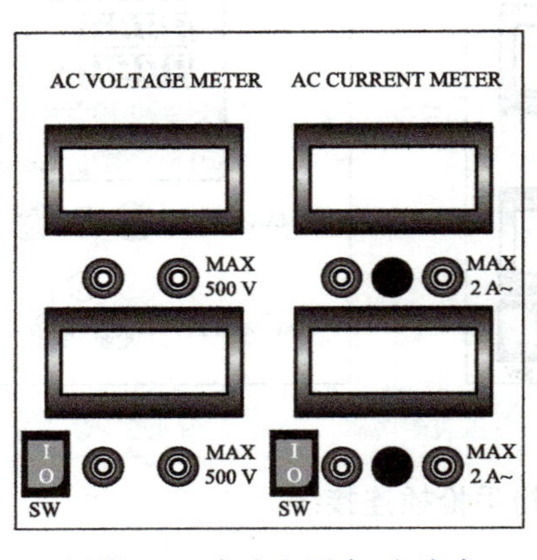

图附 1.7　交流电压表、电流表

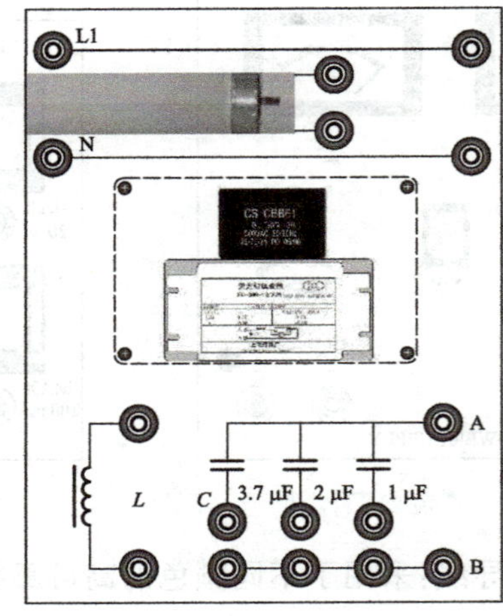

图附 1.8　日光灯、镇流器、电容模块

(6) 三相负载板:9 只白炽灯组成三相负载,额定电压 220 V,额定功率 15 W。三相灯组(负载板)如图附 1.9 所示。

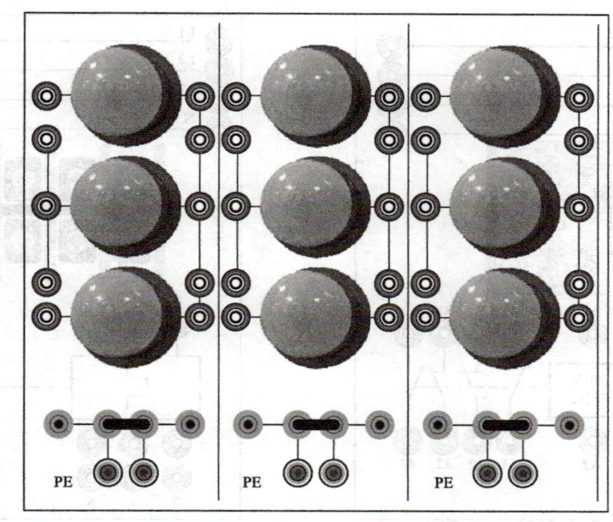

图附 1.9 三相灯组

(7) 电流插孔:电流测试插孔如图附 1.10 所示。

3. 电动机及继电接触控制部分

(1) 交流电动机:额定电压 380 V/△,额定电流 0.28~0.5 A,功率 100 W,转速 1 400 r/min,带反接制动器。交流电动机如图附 1.11 所示。

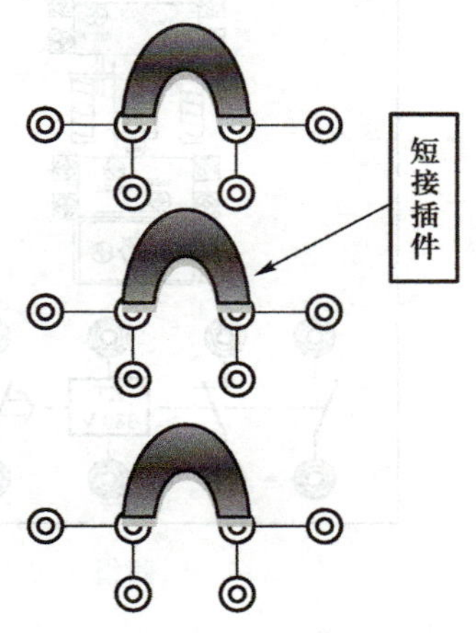

图附 1.10 电流测试插孔

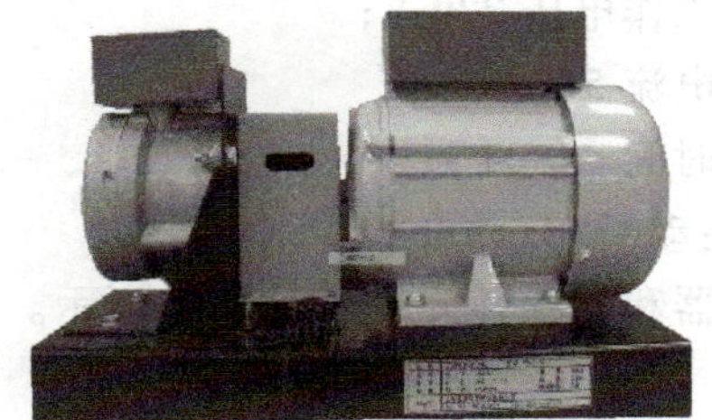

图附 1.11 交流电动机

(2) 交流接触器:额定绝缘电压 660 V,额定电压 380 V,额定工作电流 10 A。交流接触器模块如图附 1.12 所示。

(3) 热继电器:最大输入电压 AC 660 V,额定电流 20 A。热继电器模块如图附 1.13 所示。

(4) 按钮:

最大电压 600 V;

最大电流 10 A;

触点:动断×1,动合×1。

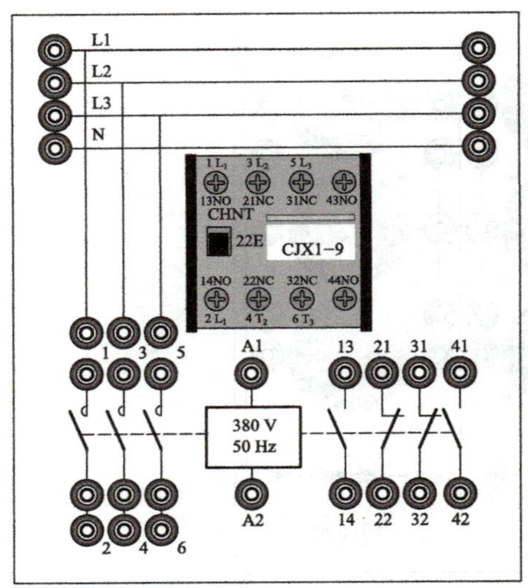

图附 1.12 交流接触器模块

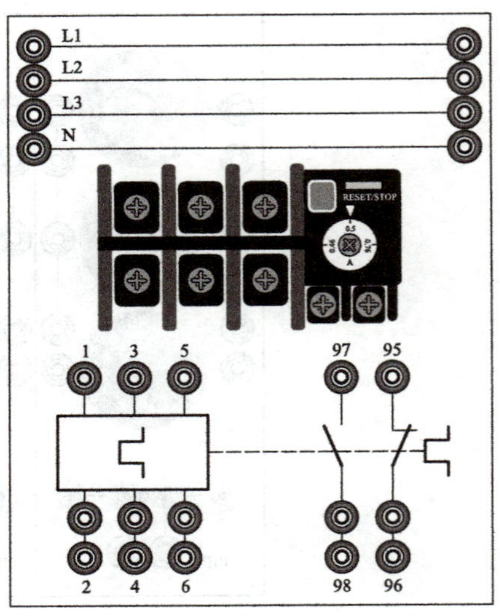

图附 1.13 热继电器模块

(5) 时间继电器：

额定电压 AC380 V/50 Hz;

触点额定值 AC380 V/100 V · A;

延时动作触点数量：动断×1，动合×1;

瞬时动作触点数量：动断×1，动合×1;

延时范围 0.4～60 s。

(6) 行程开关：

额定电压 380 V;

最大直流工作电压 220 V;

额定工作电流 5 A;

触点转换时间≤0.04 s;

触点对数：动断×1，动合×1。

时间继电器和行程开关如图附 1.14 所示。

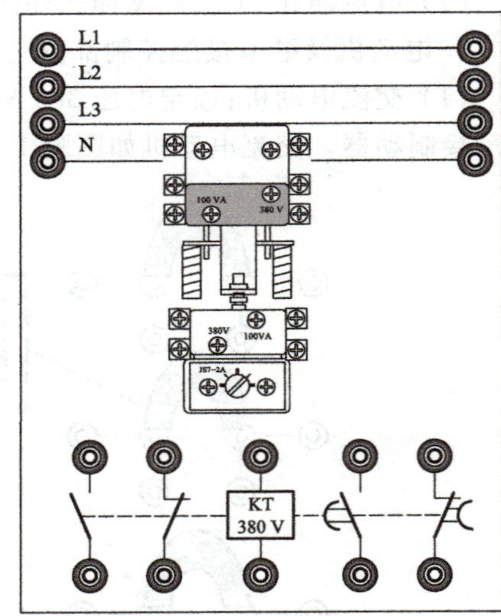

图附 1.14 时间继电器和行程开关

附录二　TT-CX-2E 型现代电工电子创新设计实验箱介绍

TT-CX-2E 型现代电工电子创新设计实验箱箱体采用航空铝合金材料，内附绝缘、防震包装；实验母板 PCB 采用高强度 PVC 覆膜，元器件图形符号及相应连线醒目、耐磨，电子电路原理展示清晰，字符与元器件实物一一对应，使用方便灵活。实验箱如图附 2.1 所示。

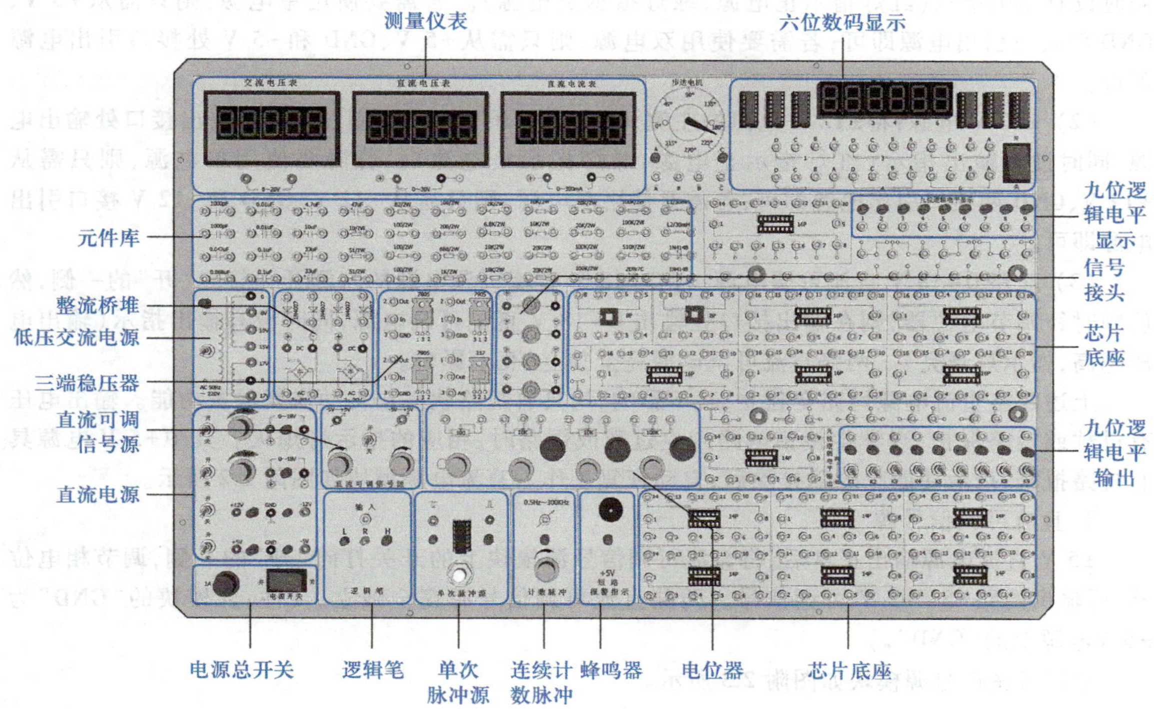

图附 2.1　电子实验箱面板

一、完成的实验内容

1. 单相整流及稳压电路
2. 单管交流电压放大电路
3. 运算放大器的基本运算电路
4. 集成运算放大器的应用
5. 单相半波可控整流电路
6. 组合逻辑电路
7. 触发器及其应用
8. 计数译码显示电路
9. 555 集成定时器及其应用

二、实验箱主要技术参数及使用说明

1. 输入电源

采用单相交流电源输入，220(1±10%)V、50 Hz。

2. 直流电源

(1) ±5 V 电源：将±5 V 电源的左侧开关打向“开”的一侧，则在±5 V 输出接口处输出电源，同时设有输出指示(红灯指示正电源，绿灯指示负电源)。若需要使用单电源，则只需从+5 V、GND 两接口引出电源即可；若需要使用双电源，则只需从+5 V、GND 和−5 V 处接口引出电源即可。

(2) ±12 V 电源：将±12 V 电源的左侧开关打向“开”的一侧，则在±12 V 输出接口处输出电源，同时设有输出指示(红灯指示正电源，绿灯指示负电源)。若需要使用单电源，则只需从+12 V、GND 两接口引出电源即可；若需要使用双电源，则只需从+12 V、GND 和−12 V 接口引出电源即可。

(3) 双路 0~18 V 直流可调电源：将 0~18 V 直流可调电源的左侧开关打向“开”的一侧，然后顺时针调节电位器，则在输出接口处输出 0~18 V 直流可调电源，同时设有输出指示(输出电压越高，指示灯越亮)。两路直流可调电源完全独立，互不影响。

上述四路直流电源均完全独立，互不影响，均具有短路软截止自动恢复保护功能。输出电压有过载或短路保护，当学生接错电路产生过载或短路时，相应的指示灯熄灭。其中+5 V 电源具有短路报警、指示功能。故障排除后，自动恢复工作。直流电源模块如图附 2.2 所示。

3. 直流可调信号源

±5 V 直流电源输出正常后，将直流可调信号源模块上的开关打向“开”的一侧，调节相电位器，可输出两路−5~+5 V 可调信号。两路直流可调信号源完全独立。(注：此模块的“GND”为±5 V电源上的“GND”。)

直流可调信号源模块如图附 2.3 所示。

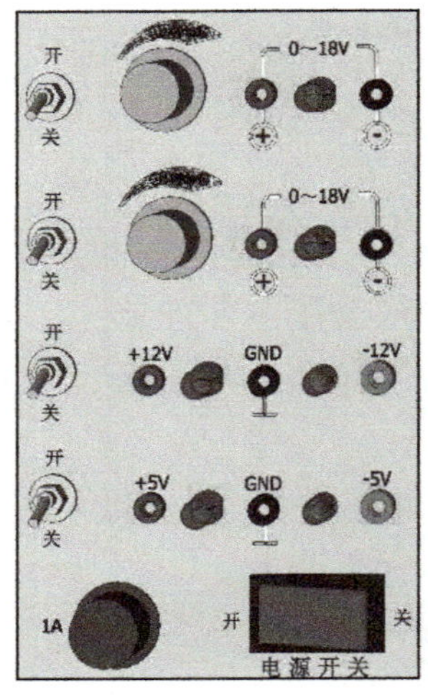

图附 2.2　直流电源模块

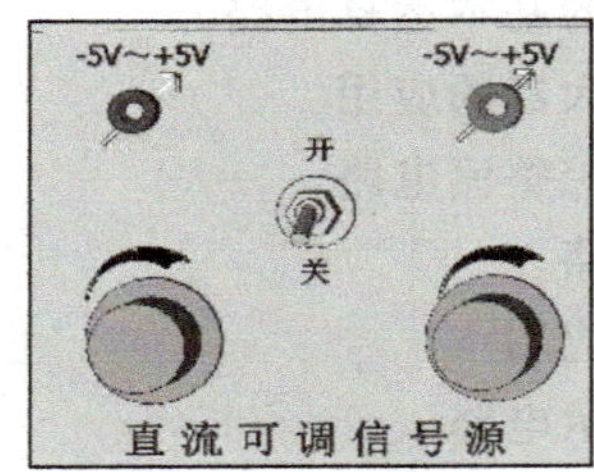

图附 2.3　直流可调信号源模块

4. 逻辑笔

±5 V 直流电源输出正常后，三态逻辑测试笔的输入端接高电平(**1**)，则红色发光二极管亮；三态逻辑测试笔的输入端接低电平(**0**)，则绿色发光二极管亮；三态逻辑测试笔的输入端悬空，则黄色发光二极管亮。(注:此模块的“GND”为±5 V 电源上的“GND”。)

逻辑笔模块如图附 2.4 所示。

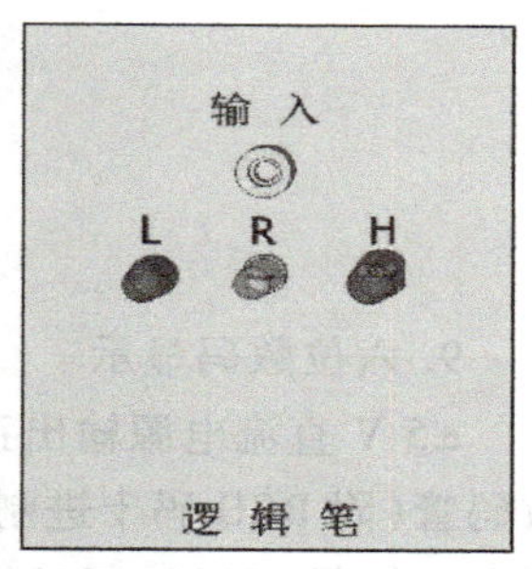

图附 2.4　逻辑笔模块

5. 单次脉冲源

±5 V 直流电源输出正常后，两路单次脉冲源输出无抖动、正负相反的 TTL 电平单脉冲。⊔端口初始状态为高电平输出(绿色灯亮)，⊓端口初始状态为低电平输出(红色灯灭)，当按下自复按钮(未松手)，⊔端口高电平变为低电平输出(绿色灯灭)，⊓端口低电平变为高电平输出(红色灯亮)；当松手之后(按钮复位)，⊔端口又从低电平变为高电平输出，⊓端口又从高电平变为低电平输出。(注:此模块的“GND”为±5 V 电源上的“GND”。)

单次脉冲源模块如图附 2.5 所示。

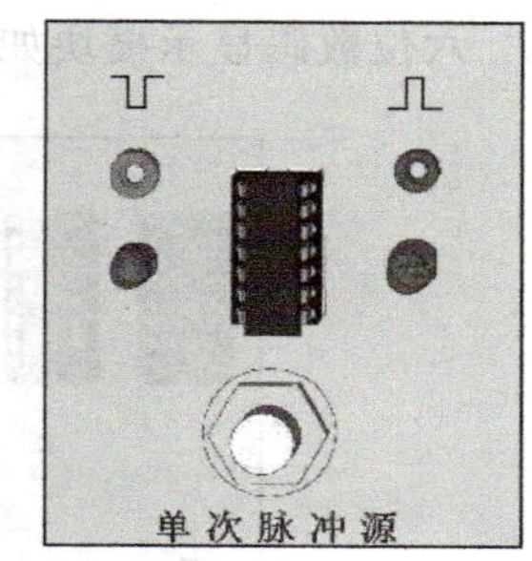

图附 2.5　单次脉冲源模块

6. 连续计数脉冲

±5 V 直流电源输出正常后，连续计数脉冲源频率在 0.5 Hz～300 kHz范围内连续可调。顺时针调节电位器，输出脉冲源的频率逐渐变大。(注:此模块的“GND”为±5 V 电源上的“GND”。)

计数脉冲模块如图附 2.6 所示。

7. 九位逻辑电平输出

±5 V 直流电源输出正常后，逻辑电平输出的开关打向“高”一侧，则相对应的端口输出高电平(**1**)，同时伴有指示灯指示；开关打向“低”一侧，则相对应的端口输出低电平(**0**)。(注:此模块的“GND”为±5 V 电源上的“GND”。)

九位逻辑电平输出模块如图附 2.7 所示。

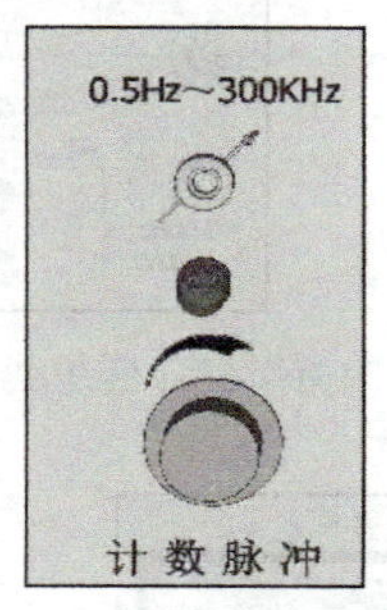

图附 2.6　计数脉冲模块

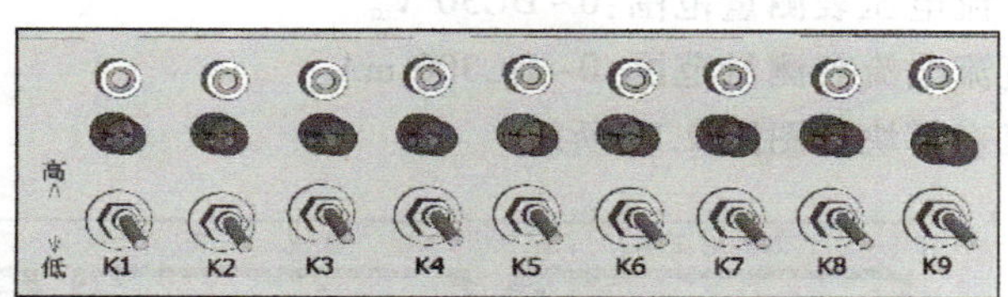

图附 2.7　九位逻辑电平输出模块

8. 九位逻辑电平显示

±5 V 直流电源输出正常后，红色发光二极管指示逻辑电平(内部有限流电路)，当输入高电平时，发光二极管亮。(注:此模块的“GND”为±5 V 电源上的“GND”。)

九位逻辑电平显示模块如图附 2.8 所示。

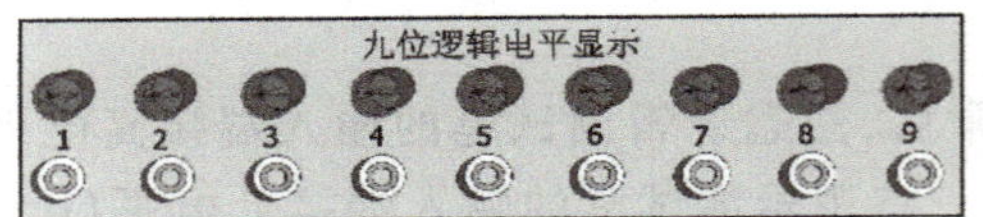

图附 2.8 九位逻辑电平显示模块

9. 六位数码显示

±5 V 直流电源输出正常后，将六位数码显示模块上的开关打向"开"的一侧。六位七段 LED 数码管(附 BCD 码十进制译码电路，内部限流电阻已加好)显示清晰。输入端口 D、C、B、A 接高/低电平信号，**0000～1001** 对应数码管显示 0～9。(注：此模块的"GND"为±5 V 电源上的"GND"。)

六位数码显示模块如图附 2.9 所示。

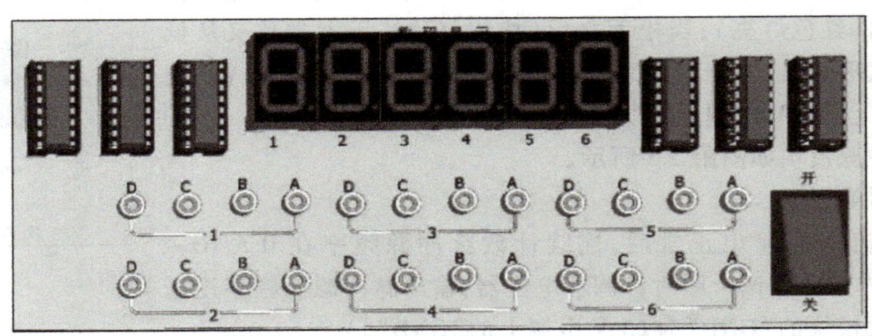

图附 2.9 六位数码显示模块

10. 低压交流电源

将低压交流电源模块上的开关打向"开"的一侧，相应的指示灯亮。端口输出 AC0 V、AC6 V、AC10 V、AC15 V 抽头一路及中心抽头 AC17 V 两路的低压交流电源，每路均有短路保护自动恢复功能。

低压交流电源模块如图附 2.10 所示。

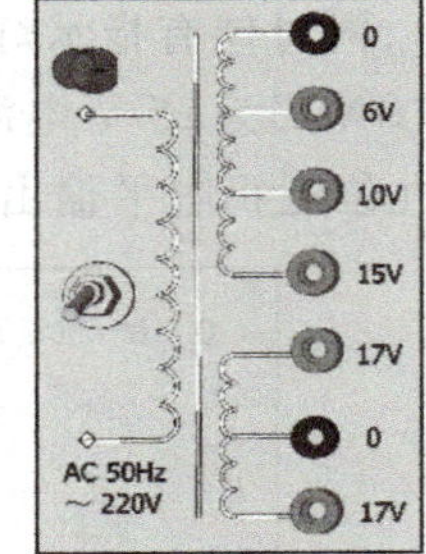

图附 2.10 低压交流电源模块

11. 测量仪表

(1) 交流电压表测量范围：0～AC20 V。

(2) 直流电压表测量范围：0～DC30 V。

(3) 直流电流表测量范围：0～DC300 mA。

测量仪表模块如图附 2.11 所示。

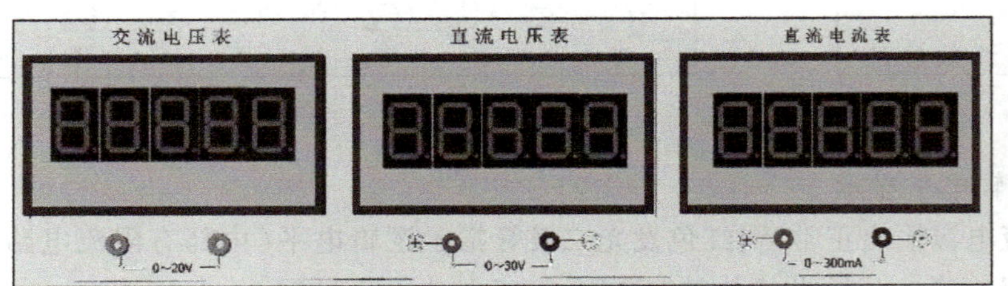

图附 2.11 测量仪表模块

12. 整流桥堆

整流桥堆的主要功能是将交流信号变为直流信号。桥堆上的符号“~”表示交流输入,“+”“-”表示直流输出。面板上的桥堆交流输入信号范围为 AC3~30 V。

整流桥堆模块如图附 2.12 所示。

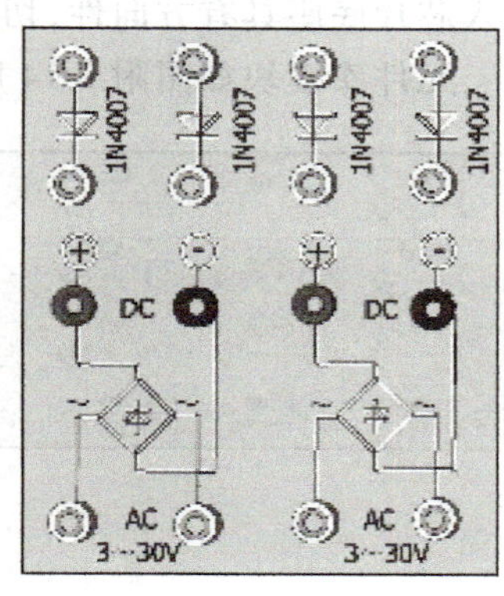

图附 2.12　整流桥堆模块

13. 三端稳压器

面板上提供的稳压器有 LM7805、LM7905、LM317。使用三端稳压器时需注意输入端、地、输出端,切勿搞错,否则会损坏稳压器。

(1) 使用稳压器 LM7805 时,输入端 In 接直流正电压(大于+5 V),则输出端 Out 输出恒为+5 V。

(2) 使用稳压器 LM7905 时,输入端 In 接直流负电压(小于-5 V),则输出端 Out 输出恒为-5 V。

(3) 使用稳压器 LM317 时,输入端 In 接直流正电压(1.25~37 V),则输出端 Out 输出电压范围为 1.25~37 V。输出电压计算公式 $U_0 \approx 1.25\ \text{V} \cdot (1+R_2/R_1)$,$R_1$ 为输出调节端与输出端之间的外接电阻,R_2 为输出调节端对地电阻。

三端稳压器模块如图附 2.13 所示。

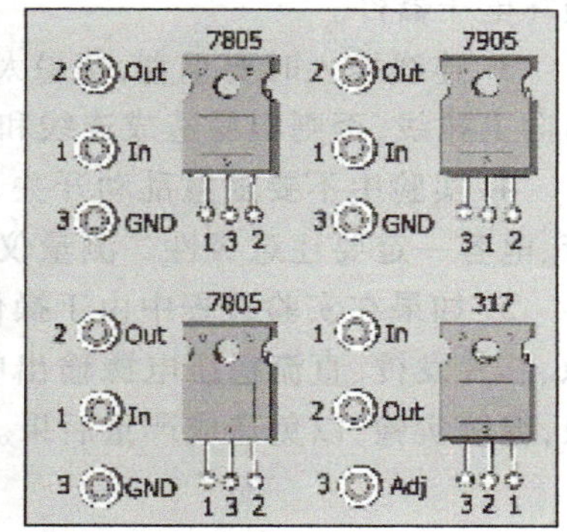

图附 2.13　三端稳压器模块

14. 元件库

(1) 电阻:根据电路实际需求,选择合适的电阻,只需将电阻的两个引出端口接入实际电路中即可。

(2) 电位器:实际使用时需注意区分可调电位器的固定端与可调端。面板上的电位器两端为固定端,中间为可调端。根据电路实际需求,选择合适的电位器,只需将电位器的一个固定端与可调端的两个引出端口接入实际电路中即可。顺时针旋转可调电阻变大,逆时针旋转可调电阻变小。

(3) 电容:根据电路实际需求,选择合适的电容。电容分为无极性电容和有极性电容,面板上的无极性电容容量包括 1000 pF、0.047 μF、0.068 μF、0.01 μF、0.1 μF,使用这些电容时,只需将电容的两个引出端口接入实际电路中即可;面板上的有极性电容容量包括 4.7 μF、10 μF、33 μF、47 μF, 使用这些电容时,需注意电容的“+”端,电容的接法是唯一的,切勿接错端口,否则会使电容损坏。

(4) 电感:根据电路实际需求,选择合适的电感,只需将电感的两个引出端口接入实际电路中即可。

(5) 二极管:二极管存在 PN 结,具有单向导通性,有正、负极之分。使用时,只需将二极管的两个引出端口接入实际电路中即可,根据实际电路,二极管的接法也是唯一的,切勿接反。

(6) 稳压管:根据电路实际需求,只需将稳压管的两个引出端口接入实际电路中即可。

(7) 芯片底座:面板上的芯片底座有 8P、14P、16P,芯片底座的引脚均已引出,且标有数字序号。芯片底座上有半圆形凹槽,半圆形凹槽朝向左侧时,凹槽正下方引脚为 1,引脚排列顺序为逆时针排列。将不同的芯片插入芯片底座上即可使用。芯片插拔时，切勿损坏芯片的引脚，芯片插入芯片底座具有方向性，切勿乱插。

元件库模块如图附 2.14 所示。

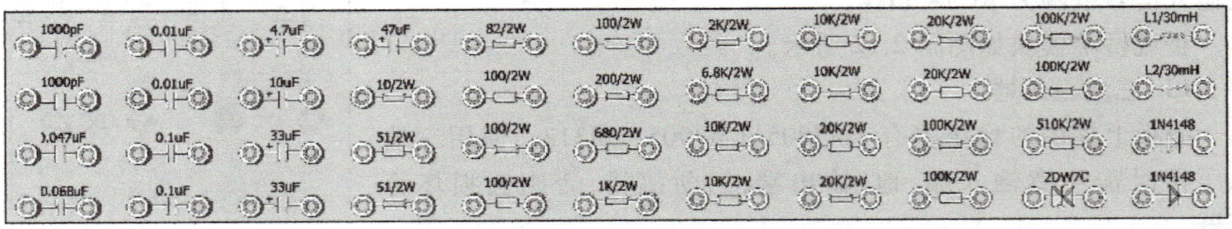

图附 2.14　元件库模块

三、实验箱使用注意事项

1. 所有的电路接线均在断电的情况下进行，切勿带电接线。

2. 使用直流可调稳压电源(0~18 V)时，务必将输出电压调准，以防实际电路输入电压过高，损坏电子器件。

3. 连线插入时要垂直，切忌太用力，拔出时用手捏住连线靠近插孔的一端插头，切忌直接用力向上拉线，否则容易造成连线和插孔的损坏。

4. 实验中不要随意乱动开关、芯片及其他元器件，以免造成实验箱的损坏。元件库中的二极管、电容一定要注意极性。测量仪表不要超量程操作。

5. 如果在实验过程中由于操作不当或其他原因而出现异常现象，如电路报警、数码管显示不稳、芯片发烫、直流稳压电源输出电压降低或为零等，应立即断电并报告老师，切忌无视此类现象，继续实验，以免造成严重后果。

附录三　UTD2102 型示波器

UTD2102 数字存储示波器是一台小型便携式数字存储示波器，可同时观察两个共地的输入信号，能简单快速地对两路输入信号多种参数进行测量和波形存储，其整体外观见图附 3.1。

一、前面板操作说明

UTD2102 数字存储示波器向使用者提供简单且功能明晰的前面板，通过前面板上的按键和旋钮就可完成对输入信号测量的基本操作。从功能上看，前面板主要有水平控制区、垂直控制区、触发控制区、常用功能区、液晶显示区、模拟信号输入端口、外触发信号输入端口、USB 接口、运行停止键和自动运行键等，具体见图附 3.1。现将各控制区、端口和按键功能的详细说明如下。

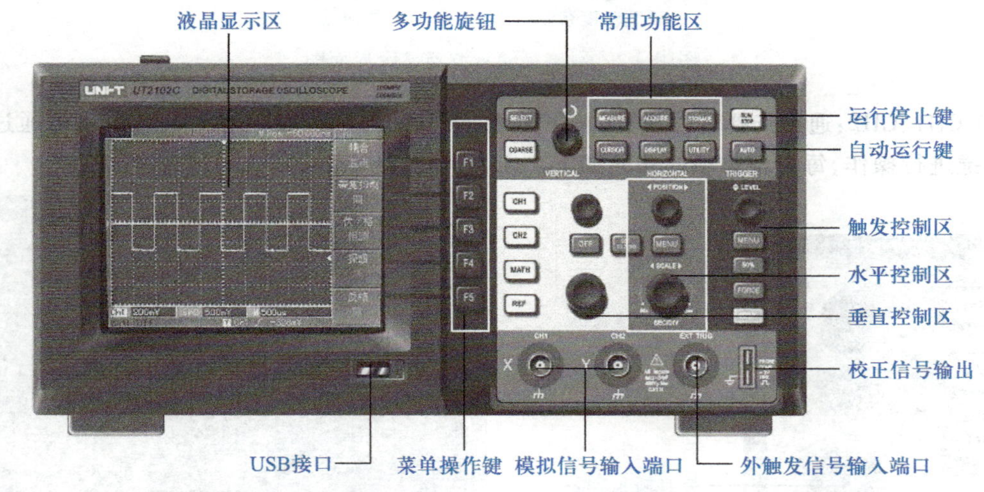

图附 3.1　UTD2102 数字存储示波器前面板结构图

1. 液晶显示区

UTD2102 数字存储示波器具有简洁且清晰的显示界面，使用者只需按下电源开关数秒钟后，即可得到如图附 3.2 所示的显示界面，图中一些重要术语说明如下。

(1) 垂直刻度系数：指示垂直刻度每格的电压大小，单位为 V/格或 mV/格，可用于测量信号的幅值大小，通过增益旋钮 VOLTS/DIV 设置。

(2) 主时基：指示当前主时基，即水平方向每格的时间大小，单位为 μs/格、ms/格或 s/格，可用于测量信号的周期或频率。

(3) 通道标志 1、2：指示该通道波形的零点位置，相当于水平的 X 轴。

(4) 菜单显示：指示功能键的菜单项目，可对 F1～F5 对应键进行相应设置。

2. 垂直控制区

通过垂直控制区的旋钮可以对输入信号垂直方向进行功能控制，控制区主要由 CH1、CH2、MATH、REF、OFF 键和 POSITION 垂直移位旋钮、SCALE 垂直刻度系数旋钮组成，详见图附 3.3，其功能分别如下。

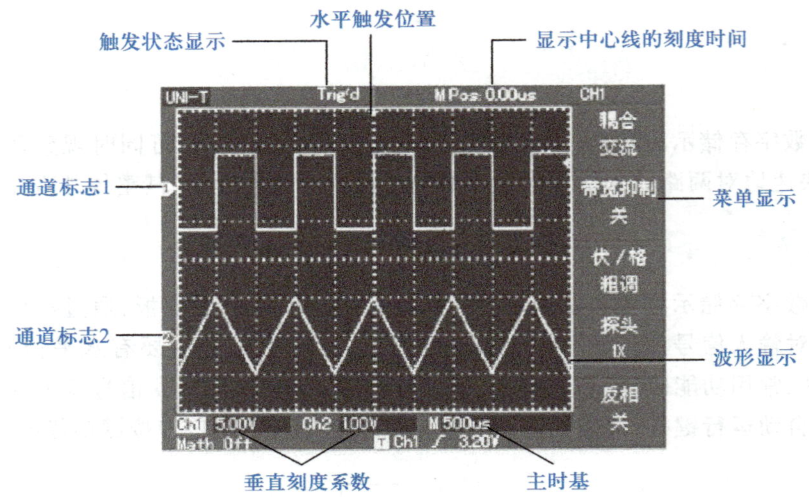

图附 3.2　数字存储示波器显示界面图

（1）CH1、CH2：通道选择和设置键，按下此键，菜单区将显示如图附 3.4，菜单项可通过 F1～F5 对应键进行操作，每个菜单项的功能如下。

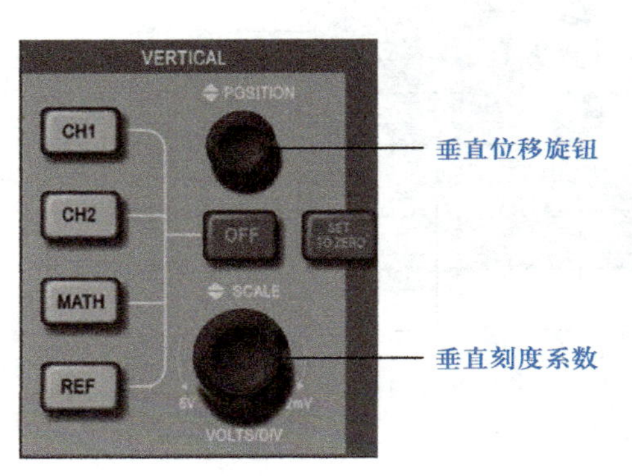

图附 3.3　面板上的垂直控制区

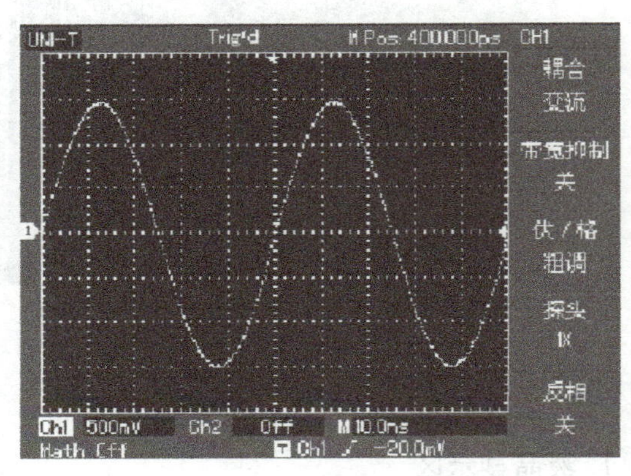

图附 3.4　通道设置显示界面

耦合——指耦合方式选择，通常有三种方式：交流 AC、直流 DC 和接地。可根据所观察信号的类型选择，如需观察交流信号，则选择 AC 方式；如需观察交直流信号，则选择 DC 方式；选择接地则屏幕显示扫描基线。

带宽抑制——打开和关闭噪声抑制开关，带宽抑制开关设置开，可有效抑制 20 MHz 以上的噪声信号。

伏/格——垂直刻度系数粗调和细调两种模式选择项，电压调节范围为 2 mV/格～5 V/格。选粗调时，电压以 1-2-5 方式步进。选细调时，电压无间断地连续可调。

探头——探头比例设置项，应与探头衰减比例一致，若探头无衰减，应设为 1X。

（2）MATH：数学运算功能键，按此键将实现 CH1、CH2 通道波形相加、相减、相乘、相除以及 FFT 数学运算功能。运算结果显示界面见图附 3.5，信源、算子及 FFT 频谱分析通过 F1～F5 键操作。

（3）REF：参考波形控制键，按此键将打开或关闭存储在内存中的参考波形。波形存储在数字存储示波器的非易失性存储器中，并具有名称 RefA、RefB。

(4) OFF：显示通道关闭键，按此键将关闭当前通道。

(5) POSITION：垂直移位旋钮，可整体上下移动所在通道波形。

(6) SCALE：垂直刻度系数旋钮，可手动改变垂直刻度系数大小，单位为 V/格。

3. 水平控制区

使用水平控制区的旋钮可改变水平刻度(时基)、触发在内存中的水平位置(触发位置)。水平控制区主要由水平刻度旋钮、水平移位旋钮和 MENU 键组成，如图附 3.6 所示，其功能分别如下。

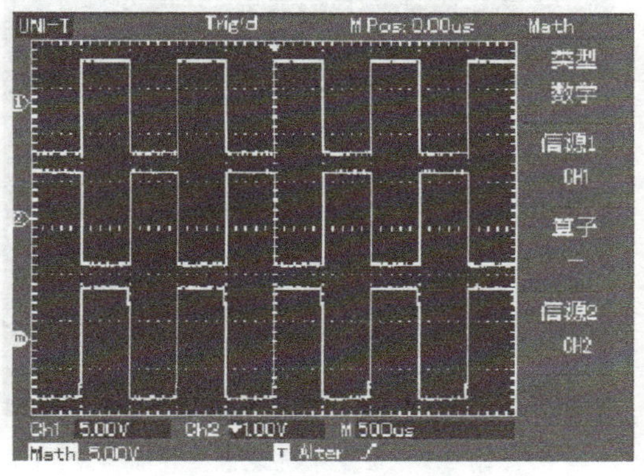

图附 3.5　运算结果显示界面

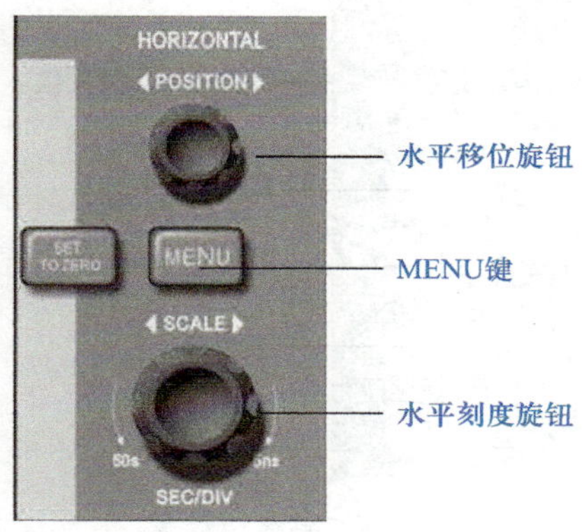

图附 3.6　水平控制区

(1) 水平移位旋钮(POSITION)：调整通道波形(包括数学运算)的水平左右移动，这个控制键的解析度根据时基而变化。

(2) 水平标度系数(SCALE)：调整主时基每格时间大小，即 s/格。当扩展时基被打开时，将通过改变水平标度系数旋钮改变延迟扫描时基而改变窗口宽度。

(3) 水平主菜单(MENU)：按 MENU 键显示菜单界面如图附 3.7 所示，主时基和扩展时基切换通过 F1 及 F3 实现。

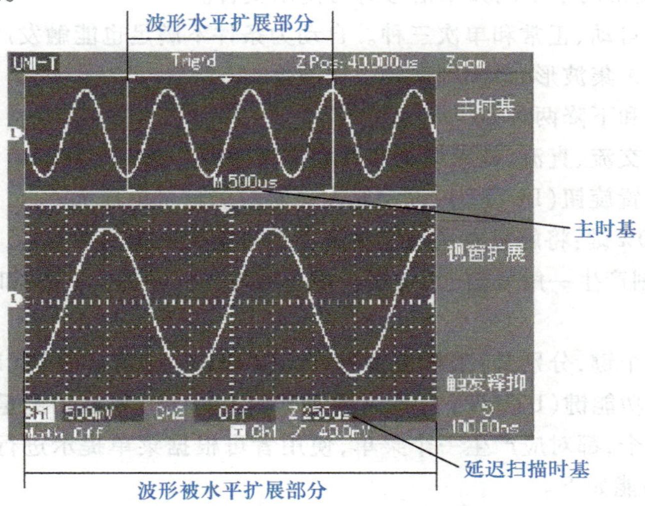

图附 3.7　视窗扩展下 MENU 显示界面

4. 触发控制区

触发决定了数字存储示波器何时开始采集数据和显示波形。一旦触发被正确设定,它可以将不稳定的显示转换成有意义的波形。数字存储示波器在开始采集数据时,先收集足够的数据用来在触发点的左方画出波形。主要由触发主菜单键(MENU)、触发电平设置旋钮(LEVEL)、触发电平 50%键和强制键(FORCE)组成,详见图附 3.8,功能如下。

(1) 触发主菜单键(MENU):按下此键屏幕显示图附 3.9 界面,通过 F1~F5 改变触发设置。

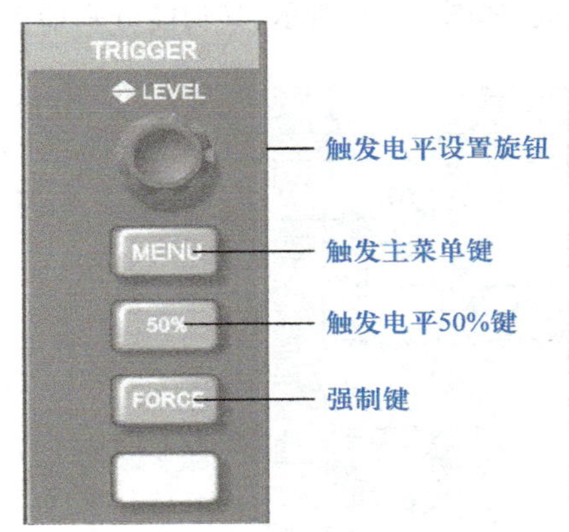

图附 3.8 触发控制区

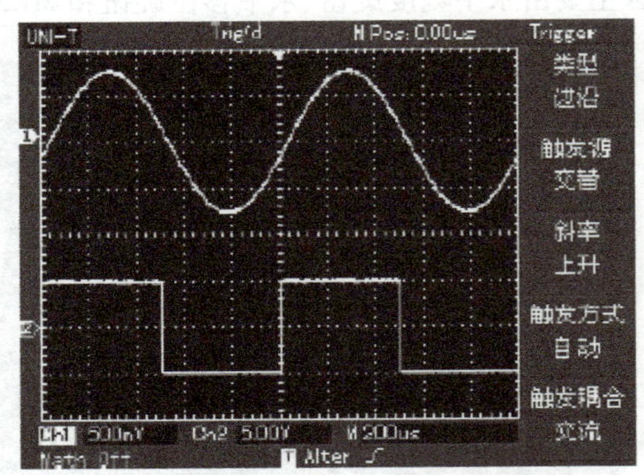

图附 3.9 触发系统设置主界面

菜单项说明:

触发类型——边沿、脉宽、视频和交替触发。边沿触发是指当触发信号的边沿到达某一给定电平时触发产生;脉宽触发指当触发信号的脉冲宽度达到设定一定的触发条件时,触发产生;视频触发指对标准视频信号进行场或行触发,用于观察视频信号;交替触发指适用于触发两个没有频率关联的信号。一般可选用边沿触发。

触发源——有 CH1、CH2、EXT、EXT/5、交替和市电六种,每种方式适用范围略不同,一般可使用 CH1 或 CH2。观察两个不同频率信号时可使用交替。

触发方式——有自动、正常和单次三种。自动为条件不满足也能触发产生波形;正常为只有在满足触发条件时才采集波形;单次则采集一次波形。

斜率——有上升和下降两种。

触发耦合——有交流、直流、低频抑制和高频抑制四种。选择与观察信号一致。

(2) 触发电平设置旋钮(LEVEL):设定触发点对应的信号电压大小。

(3) 触发电平 50%键:将触发电平设定在触发信号幅值的垂直中点。

(4) 强制键:强制产生一触发信号,主要应用于触发方式中的“正常”和“单次”模式。

5. 常用功能区

常用功能共有六个键,分别是:采样设置键(ACQUIRE)、显示设置键(DISPLAY)、波形存储键(STORAGE)、辅助功能键(UTILITY)、光标测量键(CURSOR)和自动测量键(MEASURE)。这六个功能键每按下一个,都对应产生一个菜单,使用者可根据菜单提示进行设置,菜单的操作用 F1~F5 键。具体的功能如下。

(1) 采样设置键(ACQUIRE):按下此键产生采样菜单,可通过菜单控制和调整采样方式。

（2）显示设置键（DISPLAY）：按下此键产生显示菜单，可通过菜单控制和调整显示方式。

（3）波形存储键（STORAGE）：按下此键显示存储菜单。可以通过该菜单对数字存储示波器内部存储区和 USB 存储设备上的波形及设置文件进行保存和调出操作。

（4）辅助功能键（UTILITY）：按 UTILITY 键弹出辅助系统功能设置菜单。

（5）光标测量键（CURSOR）：按 CURSOR 键，显示测量光标菜单，然后使用多用途旋钮改变光标的位置。用户在 CURSOR 模式可以移动光标进行测量，有三种模式：电压、时间和跟踪。当测量电压时，按面板上 SELECT 和 COARSE 键，以及多用途旋钮，分别调整两个光标的位置，即可测量 ΔV；同样的方法可测量时间 ΔT。在跟踪模式下，并且有波形显示时，可以看到示波器的光标会自动跟踪信号变化。

（6）自动测量键（MEASURE）：按 MEASURE 键将进入参数测量菜单，该菜单显示五个系统默认测量值，分别对应于功能键 F1～F5。需改变测量种类时，可按相应的 F 键。测量种类分为电压类和时间类。另外，若需测量所有参数，则可按 F5。测量信号源按 F2 选择。

6. 自动运行键（AUTO）

按下 AUTO 按钮，数字存储示波器将自动设置垂直偏转系数、扫描时基以及触发方式，屏幕显示稳定的波形。

7. 运行停止键（RUN/STOP）

按此键，示波器将在运行和停止间循环切换。

二、示波器的简单使用

1. 波形观察

用示波器观察波形的一般步骤如下：

（1）使用电源开关接通电源。接通电源后，让仪器以最大测量精度优化数字存储示波器信号路径执行自校正程序，按 UTILITY 键后，选 F1 执行。

（2）将被测信号连接到信号输入通道（CH1 或 CH2）。

（3）按 CH1 或 CH2 通道键，屏幕出现垂直通道设置界面后，根据观察波形的类型设置耦合方式和探头比例系数，无衰减系数设为 1X。

（4）按下 AUTO 按钮，数字存储示波器将自动设置垂直偏转系数、扫描时基以及触发方式。此时，屏幕一般会显示稳定的波形。如不满意，可手动调节垂直刻度系数（垂直增益）、水平刻度系数（扫描速度）和触发系统，直至使波形显示达到需要的最佳效果。

2. 信号参数的测量

（1）首先在屏幕上显示稳定被测信号，并保持至少一个完整的波形（完整的幅度和周期）。

（2）按自动测量键（MERSURE），屏幕显示默认的测量参数。

（3）若默认参数不能满足要求，按 F1～F5 任意键，将显示参数测量选择菜单。

（4）根据菜单选择时间类、电压类或全部，然后屏幕将显示所选参数。

附录四　SFG-1023 型函数发生器

SFG-1023 型函数发生器采用六位 LED 数字显示的用户界面，既可显示输出频率也可显示输出电压，也能提供正弦波、方波和三角波等波形，有频率输出、TTL 输出和 PA 输出三种输出方式，并能进行幅度调节和频率调节。频率输出可达 3 MHz，并可连续调节。

一、函数发生器的技术指标

1. 输出波形：正弦波、方波、三角波。
2. 信号输出阻抗：50(1±10%)Ω。
3. 输出频率：正弦波/方波频率范围 0.1 Hz～3 MHz，三角波频率范围 0.1 Hz～1 MHz。
4. 输出振幅：10 V(50 Ω 负载)。
5. TTL 输出：幅度≥3 V，TTL 输出扇出数为推动 20 个 TTL 负载。
6. PA 输出：波形为正弦波、方波、三角波，频率范围为 10 Hz～100 kHz，输出功率≥5 W(4 Ω 负载，正弦波)。
7. 输出幅值衰减：(-40±1)dB。
8. 直流偏置：-5～+5 V(50 Ω 负载)。

二、面板图

SFG-1023 型函数发生器面板图如图附 4.1 所示。

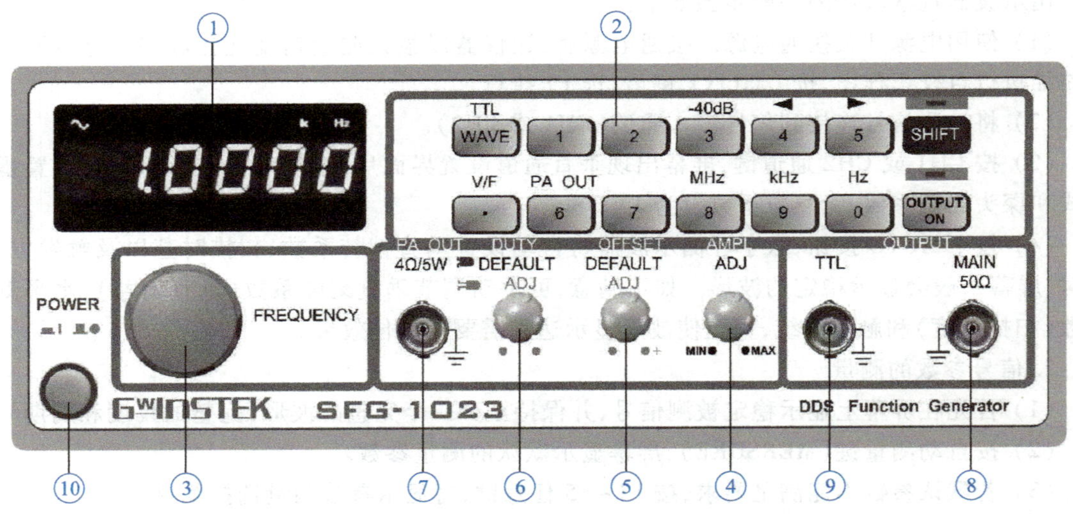

图附 4.1　SFG-1023 型函数发生器面板图

三、面板各旋钮的功能

SFG-1023 型函数发生器面板各旋钮的功能如表附 4.1 所示。

表附 4.1　SFG-1023 型函数发生器面板各旋钮的功能

序号	类别	面板标示	中文名称	功能
①	主要显示	“8”型 LED 管	7 段 LED 显示	显示频率和电压数值
		TTL	TTL 指示器	指示 TTL 输出是否动作
			波形指示器	指示输出波形：正弦、方波或三角波
		M　k　Hz	频率指示器	指示输出频率的单位：MHz、kHz 或 Hz
		m　V	电压（幅值）单位	指示电压单位：mV 或 V
		-40 dB	-40 dB 指示器	指示-40 dB 衰减器是否动作
		PA 指示器	PA 指示器	指示 PA 输出是否动作
②	输入按键	WAVE/TTL	波形键/产生 TTL	选择波形/开启 TTL 输出
		1～0	数字键	输入频率数值
		M　k　Hz	频率单位选择	选择频率的单位：MHz、kHz 或 Hz
			光标选择	左右移动光标，修正频率数值位置
		-40 dB	-40 dB 衰减	调节衰减振幅为-40 dB
		V/F	频率/电压显示选择	在频率和电压间可切换显示
		PA　OUT	产生 PA	开启 PA 输出
		SHIFT	SHIFT 键	选择输入键的第二功能，当按下该键时，LED 灯就会亮
		OUTPUT ON	输出开/关键	输出 ON/OFF 切换，当输出键状态为 ON 时，LED 灯亮
③	旋钮	FREQUENCY	频率调节旋钮	顺时针旋转增大频率，逆时针旋转减小频率
④		AMPL ADJ	输出电压幅度调节	顺时针旋转增大电压，逆时针旋转减小电压
⑤		OFFSET ADJ	DC 偏置调节	拉出旋钮，设置直流偏压范围
⑥		DUTY ADJ	占空比调节	拉出旋钮，可在 25%到 75%范围内调节方波或 TTL 的占空比
⑦	输出端	PA OUT	PA 输出端	输出 PA 波形
⑧		OUTPUT 50 Ω	主输出端	输出正弦、方波和三角波
⑨		TTL OUTPUT	TTL 输出端	TTL 输出波形
⑩	开关	POWER	电源开关	切换主电源 ON/OFF

四、使用说明

1. 按下电源开关，仪器预热使用。
2. 按下 WAVE 键选择所需波形。

3. 设置频率有两种方式：

(1) 使用数字键键入波形频率：按下数字键，再按下第二功能键 SHIFT 选择单位即可。例如 1.2 MHz，方法是 1.2+SHIFT 键+8(MHz)；37kHz，方法是 37+SHIFT 键+9(kHz)；45Hz，方法是 45+SHIFT 键+0(Hz)。

(2) 用 FREQUENCY 旋钮调节频率：SHIFT 键+4(左光标)使光标左移，或者 SHIFT 键+5(右光标)使光标右移，再旋转 FREQUENCY 旋钮，调到所需要的频率。

4. 设置电压幅值，旋转 AMPL 旋钮即可，如果需要较小的电压时，可按下 SHIFT 键+3(-40dB)，让信号衰减 40 dB，再旋转 AMPL 旋钮即可满足要求。

5. 频率/电压显示转换，SHIFT 键+V/F 键，可以在频率和电压间切换显示。

6. 按下 OUTPUT 键，当输出状态为 ON 且 LED 灯亮时，输出端才有输出。

附录五 GDM-8352 型数字万用表

GDM-8352 是一款 5.5 位双显数字万用表，它是针对高精度、多功能、自动测量的用户需求而设计的产品，集基本测量功能、多种数学运算功能、任意传感器测量功能等于一身。GDM-8352 拥有高清液晶显示屏、易于操作的按键布局和清晰的按键背光与操作提示，更具灵活、易用等操作特点；支持 RS-232、USB 和 Digital I/O 接口。

一、面板图

GDM-8352 型数字万用表面板图如图附 5.1 所示。

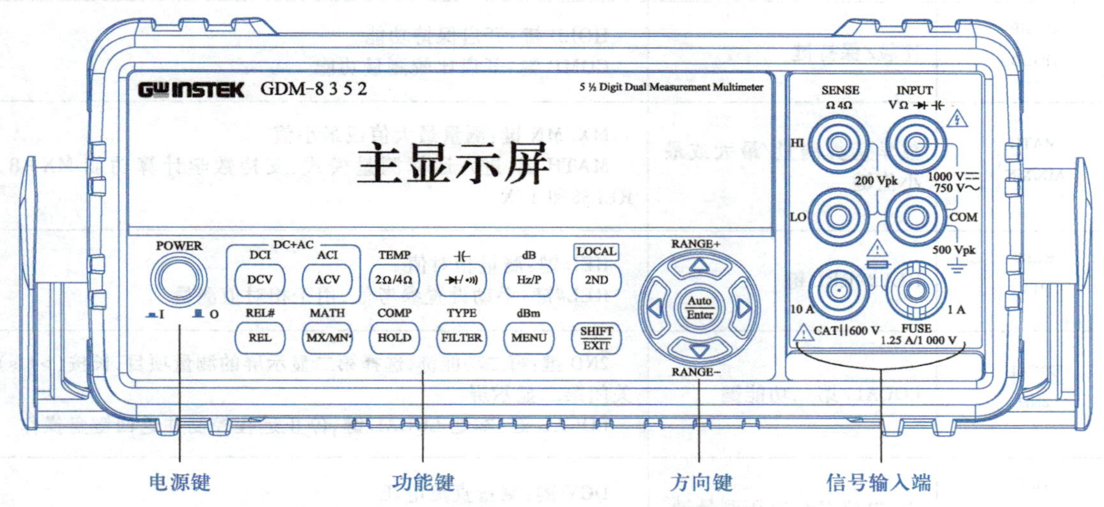

图附 5.1 GDM-8352 型数字万用表面板图

二、面板各按键的名称和功能

GDM-8352 型数字万用表面板各按键的名称和功能见表附 5.1。

表附 5.1 GDM-8352 型数字万用表面板各按键的名称和功能

面板标示	中文名称	功能说明
POWER I O	电源键	开机或关机
Auto Enter	自动/确认键	Auto 键：将所选功能范围自动设置到 Auto 挡位 Enter 键：确认已输入值或测量项
RANGE+ RANGE-	方向键	方向键：用于浏览菜单系统和编辑数值 上下键：手动设置电流和电压的测量挡位 左右键：切换刷新率，快速、中速和慢速（F，M，S）

续表

面板标示	中文名称	功能说明
SHIFT EXIT	SHIFT/退出键	SHIFT 键：用于选择第二功能，与测量键一起使用 EXIT 键：退出菜单系统
dBm MENU	dBm/菜单键	MENU 键：进入设置菜单进行系统设置、测量设置、温度测量设置、I/O 设置、终端字符设置和固件安装 dBm 键：与 SHIFT/退出键配合可测量 dBm/W
TYPE FILTER	TYPE/滤波器键	FILTER 键：开启或关闭数字滤波器 TYPE 键：设置滤波器的类型和滚动视窗的尺寸
COMP HOLD	比较/保持键	HOLD 键：开启保持功能 COMP 键：开启比较测量功能
MATH MX/MN	数学运算测量/最大或最小值键	MX/MN 键：测量最大值或最小值 MATH 键：进入运算测量模式，支持数学计算功能 MX+B、REF%和 1/X
REL# REL	REL#/REL 键	REL 键：测量相对值 REL#键：手动设置参考值，用于相对值测量
LOCAL 2ND	LOCAL/第二功能键	2ND 键：第二功能键，选择第二显示屏的测量项目，长按(>1 s)关闭第二显示屏 LOCAL 键：本地 LOCAL 键，停止远程控制并返回键盘操作
DCI DCV	DC 电流/DC 电压测量键	DCV 键：测量直流电压 DCI 键：测量直流电流
ACI ACV	AC 电流/AC 电压测量键	ACV 键：测量交流电压 ACI 键：测量交流电流
TEMP 2Ω/4Ω	温度/电阻测量键	2Ω/4Ω 键：测量电阻(2 Ω 或 4 Ω) TEMP 键：测量温度
⊣⊢ →⊢/•)))	电容/二极管测量键/连续蜂鸣	→⊢/•)))：根据所选的模式测量二极管或连续性 ⊣⊢：测量电容
dB Hz/P	dB/频率/周期测量键	Hz/P 键：测量信号的频率或周期，与所选模式有关 dB 键：测量 dB 值
INPUT VW→⊢⊣⊢ 1000 V⎓ 750 V∼		此端口用于除 DC/AC 电流测量以外的所有测量

续表

面板标示	中文名称	功能说明
COM 500 Vpk		所有测量中的接地(COM)线,此端口与地之间的最大耐压为 500 Vpk
1 A FUSE 1.25 A/1 000 V		低电流测量端口,接收 DC/AC 电流输入,DC20 mA～1 A,AC20 mA～1 A 熔断丝:保护仪器过电流,额定值 1.25 A/1000 V(此端口接收 DC/AC 电流输入)
10 A CATⅡ600 V		大范围电流测量端口,接收 DC/AC 电流输入
SENSE Ω 4Ω HI 200 Vpk LO		连接 HI 传感线,4 Ω 电阻测量 连接 LO 传感线,4 Ω 电阻测量

三、用户界面

用户界面见图附 5.2。

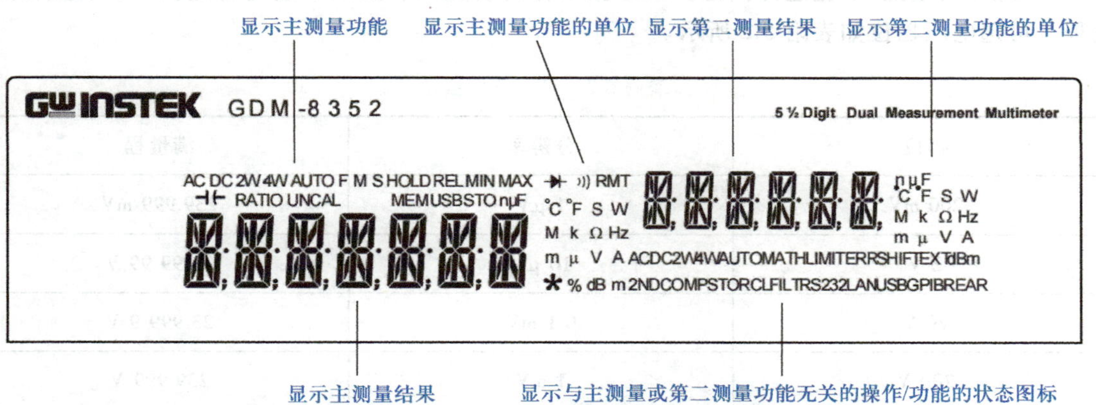

图附 5.2　GDM-8352 型数字万用表用户界面

四、基本电量的测量方法

1. 仪器基本操作

(1) 使用功能键

任何主功能都可以通过按相应按键来实现。例如,按 DCV 键开启 DCV 功能。

开启第二功能:先按 SHIFT 键,紧接着按第二功能键。例如,开启 DCI 测量:按 SHIFT 键,SHIFT 变亮,然后按 DCV 功能键,开启 DCI 模式。

(2) 浏览菜单系统

用上、下、左、右,以及 Auto/Enter 键和 SHIFT/EXIT 键浏览菜单系统。

(3) 按 MENU 键进入菜单系统

按向左和向右键浏览当前菜单的每个菜单项。按向下键进入菜单的下一级,相反地,按向上键返回上一级菜单。在菜单的最后一项按向下或确认键,编辑特殊项设置或设置参数。按 Exit 键退出当前设置并返回上一级菜单。

编辑设置或参数:当进入一个菜单或参数设置时,也用上、下、左、右键编辑参数。如果一个设置或参数闪烁,说明该参数可编辑。按左或右键编辑数位或字符,按上或下键编辑所选字符。

2. AC/DC 电压测量

GDM-8352 可以测量到 DC 750 V 或 AC 1000 V,但 CATII 最高只能测量到 600 V。

(1) ACV/DCV 测量

按 DCV 键测量 DC 电压,按 ACV 键测量 AC 电压。要测量 AC+DC 电压,则同时按 ACV 和 DCV 键。

(2) 连接

万用表笔线插在 VΩ ⊣▶⊢ ⊣⊢端口和 COM 端口。

(3) 选择电压挡位

可自动或者手动选定电压挡位。

自动换挡:按 Auto 键开启或关闭自动换挡。

手动换挡:按上/下键选择挡位。Auto 指示符自动关闭。如果不确定合适挡位,请选择最大量程。可选电压挡位如表附 5.2 所示。

表附 5.2 可选电压挡位

挡位	分辨率	满量程
200 mV	1 μV	239.999 mV
2 V	10 μV	2.399 99 V
20 V	0.1 mV	23.999 9 V
200 V	1 mV	239.999 V
AC750 V	10 mV	765.00 V
DC1 000 V	10 mV	1 020.00 V

3. AC/DC 电流测量

GDM-8352 有两个电流测量的输入端口。1 A 端口测量小于 1 A 的电流,10 A 端口测量高达 10 A 的电流。仪器可以测量 0~10 A 的交流和直流电流。

(1) 设置 ACI/DCI 测量

按 SHIFT→DCV 或 SHIFT→ACV 键测量 DC 或 AC 电流。测量 AC+DC 电流，要同时按 SHIFT、DCV 和 ACV 键。

(2) 连接

根据输入电流，将万用表笔线插入 10 A 端口和 COM 端口或 DC/AC1 A 端口和 COM 端口。如果电流小于等于 1 A，使用 1 A 端口；如果电流达到 10 A，则使用 10 A 端口。

(3) 选择电流挡位

可自动或者手动选定电流挡位。

自动换挡：按 Auto 键开启或关闭自动换挡。自动选择当前最佳挡位。按照最后一次手动所选量程进行量程选定，并使用相关信息确定最小电流挡位。当电流输入切换成另一端口，需手动设置挡位。

手动换挡：按上/下键选择挡位。Auto 指示符自动关闭。如果不确定合适挡位，请选择最大量程。可选电流挡位如表附 5.3 所示。

表附 5.3　可选电流挡位

挡位	分辨率	满量程	INJACK
20 mA	100 nA	23.999 9 mA	1 A
200 mA	1 μA	239.999 mA	1 A
1 A	100 μA	1.199 99 A	1 A
10 A	1 mA	11.999 9 A	10 A

4. 电阻测量

(1) 测量类型

一般电阻测量采用 2 线法(即 2 Ω 法)测量，需要精密测量可采用 4 线法(即 4 Ω 法)。

(2) 设为 2 Ω 或 4 Ω 测量

按一次 2 Ω/4 Ω 键开启 2 Ω 电阻测量，按两次 2 Ω/4 Ω 键开启 4 Ω 电阻测量。

(3) 连接

对于 2 Ω 法测量，测试线连接 VΩ ⯈|⊣⊢端口和 COM 端口。对于 4 Ω 法测量，测试线连接 VΩ ⯈|⊣⊢端口和 COM 端口，传感线连接 LO 和 HI 传感端口。接线方法如图附 5.3 所示。

(4) 选择电阻范围

可以自动或手动设置。

自动换挡：按 Auto 键开启/关闭自动换挡。

手动换挡：按 Up 或 Down 键选择挡位。Auto 指示符自动关闭。如果不清楚合适的范围，选择最高挡。可选电阻挡位如表附 5.4 所示。

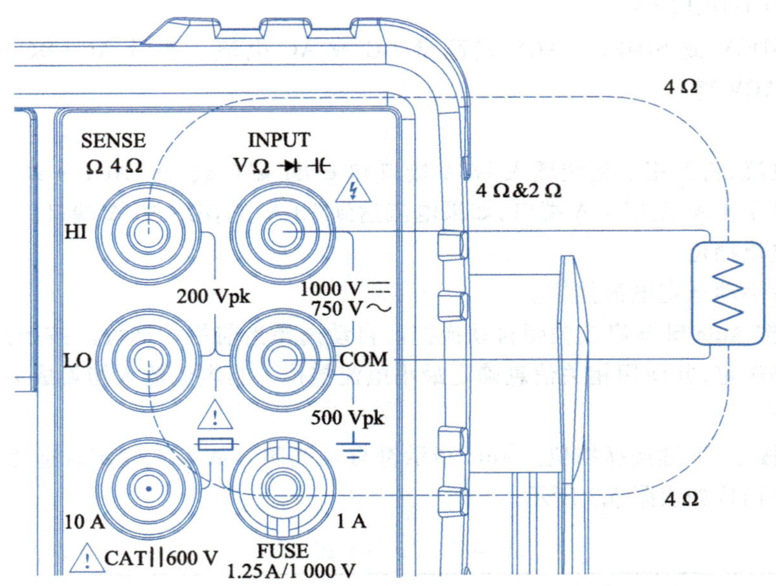

图附 5.3　2 Ω 法和 4 Ω 法电阻测量接线

表附 5.4　可选电阻挡位

挡位	分辨率	满量程
200 Ω	1 mΩ	239.999 Ω
2 kΩ	10 mΩ	2.399 99 kΩ
20 kΩ	100 mΩ	23.999 9 kΩ
200 kΩ	1 Ω	239.999 kΩ
2 MΩ	10 Ω	2.399 99 MΩ
10 MΩ	100 Ω	11.999 9 MΩ
100 MΩ	1 kΩ	119.999 MΩ

5. 二极管测试

二极管测试是利用约 1 mA 的正向偏流来检测二极管的正向偏压特性。

(1) 设为二极管测量

按一次⯈|/·))键开启二极管测量。注:按两次⯈|/·))键开启短路测量。

(2) 连接

万用表表笔线插入 VΩ ⯈| ⊣⊢端口和 COM 口;正极接 V 端口,负极接 COM 端口。

6. 电容测量

电容测量功能用于检测元器件的电容。

(1) 设为电容测量

按 SHIFT→⯈|/·))) (⊣⊢) 键开启电容测量。

(2) 连接

万用表表笔线插入 VΩ ⯈| ⊣⊢端口和 COM 口；正极接 V 端口，负极接 COM 端口。

(3) 选择电容范围

可以自动或手动设置。

自动换挡：按 Auto 键开启/关闭自动换挡。

手动换挡：按 Up 或 Down 键选择挡位。Auto 指示符自动关闭。如果不清楚合适的范围，选择最高挡。可选电容挡位如表附 5.5 所示。

表附 5.5　可选电容挡位

挡位	分辨率	满量程
10 nF	10 pF	11.99 nF
100 nF	100 pF	119.9 nF
1 μF	1 nF	1.199 μF
10 μF	10 nF	11.99 μF
100 μF	100 nF	119.9 μF

五、使用说明和注意事项

1. 当输入信号超出当前量程范围，万用表提示过载信息“超出量程”。

2. 上电和远程复位后，量程选择默认为自动。

3. 建议用户在无法预知测量范围的情况下，选择自动量程，以保护仪器并获得较为准确的数据。

4. 测试连通性和检查二极管时，量程是固定的。连通性的量程为 2 kΩ，二极管检查的量程为 2.4 V。

5. 测量电压时，注意表的最大测量电压：直流电压为 1 000 V，交流电压为 750 V 峰值电压。输入电压切勿超过极限电压。

6. 测量电流时，所测电流值应在 10 A 以内。

附录六　数字集成电路芯片引脚图

部分数字集成电路芯片引脚图如图附 6.1 所示。

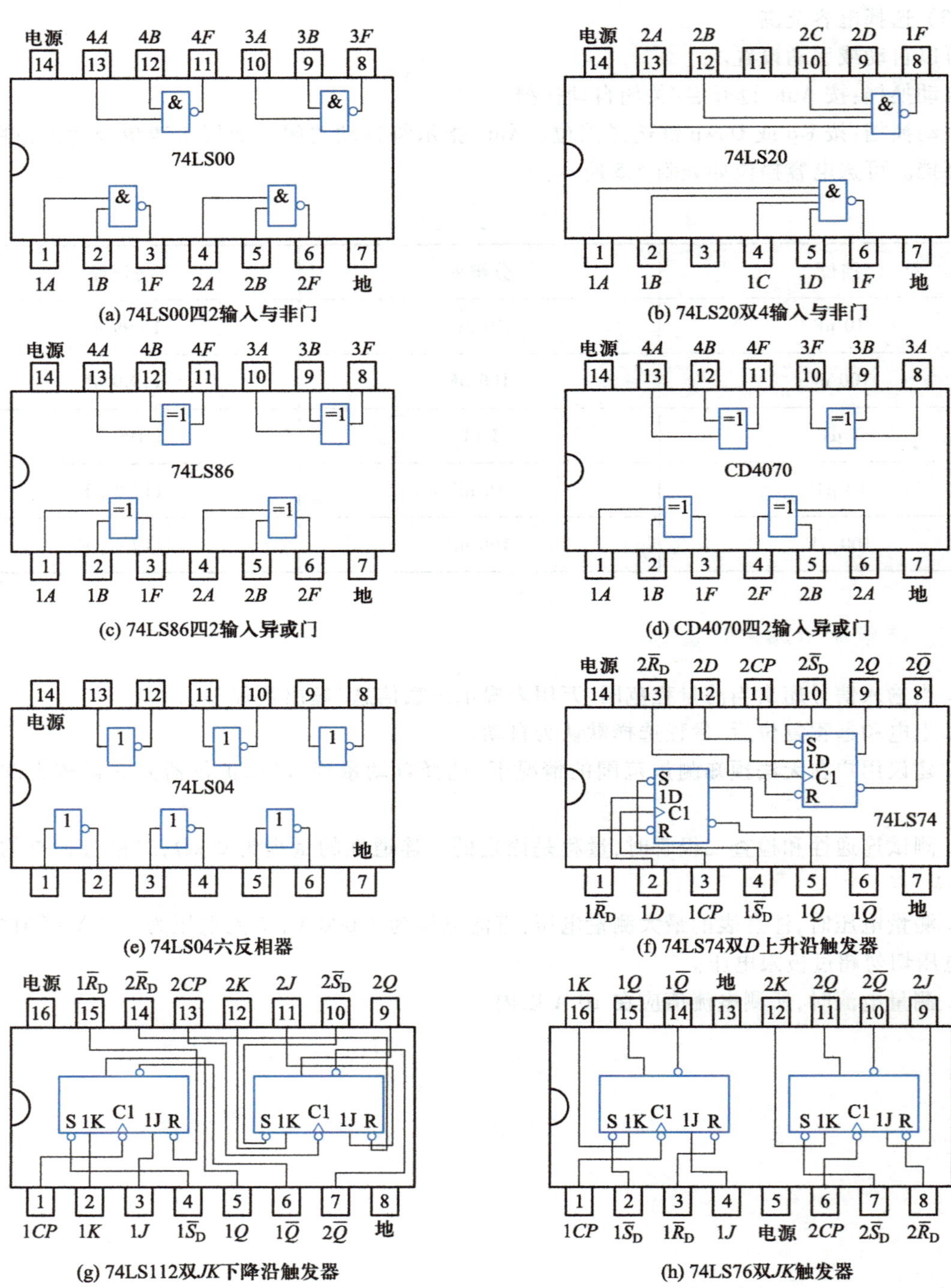

(a) 74LS00四2输入与非门　(b) 74LS20双4输入与非门

(c) 74LS86四2输入异或门　(d) CD4070四2输入异或门

(e) 74LS04六反相器　(f) 74LS74双*D*上升沿触发器

(g) 74LS112双*JK*下降沿触发器　(h) 74LS76双*JK*触发器

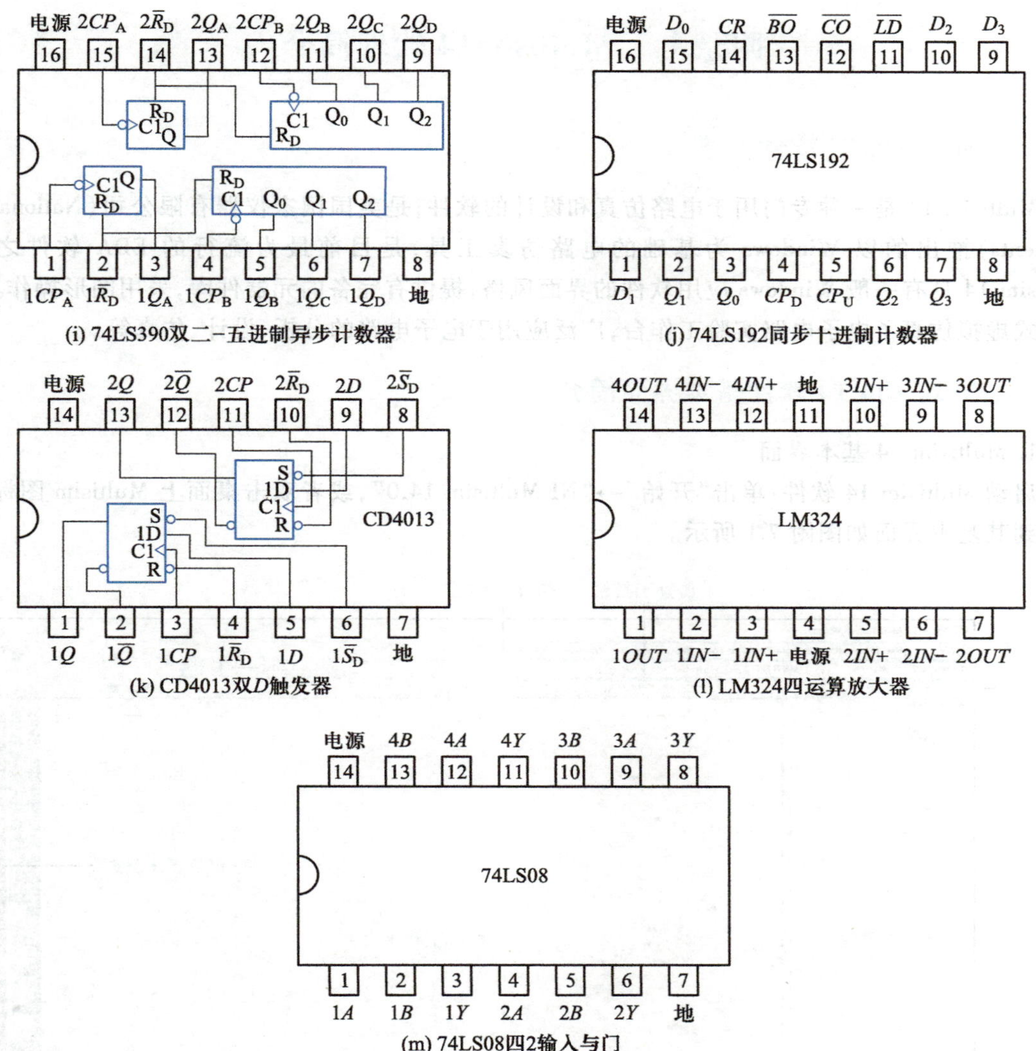

图附 6.1　数字集成电路芯片引脚图

附录七　Multisim14 软件简介

一、Multisim14 软件概述

Multisim 14 是一种专门用于电路仿真和设计的软件，是美国国家仪器有限公司（National Instruments）推出的以 Windows 为基础的电路仿真工具，是目前最为流行的 EDA 软件之一。Multisim 14 具有一般 Windows 应用软件的界面风格，提供有完备的元器件库，采用图形操作界面的方式虚拟仿真了电子电路实验工作台，广泛应用于电子电路的分析、设计、仿真等。

二、Multisim 14 软件基本界面简介

1. Multisim 14 基本界面

启动 Multisim 14 软件：单击“开始”→“NI Multisim 14.0”，或者双击桌面上 Multisim 图标，可以看到其基本界面如图附 7.1 所示。

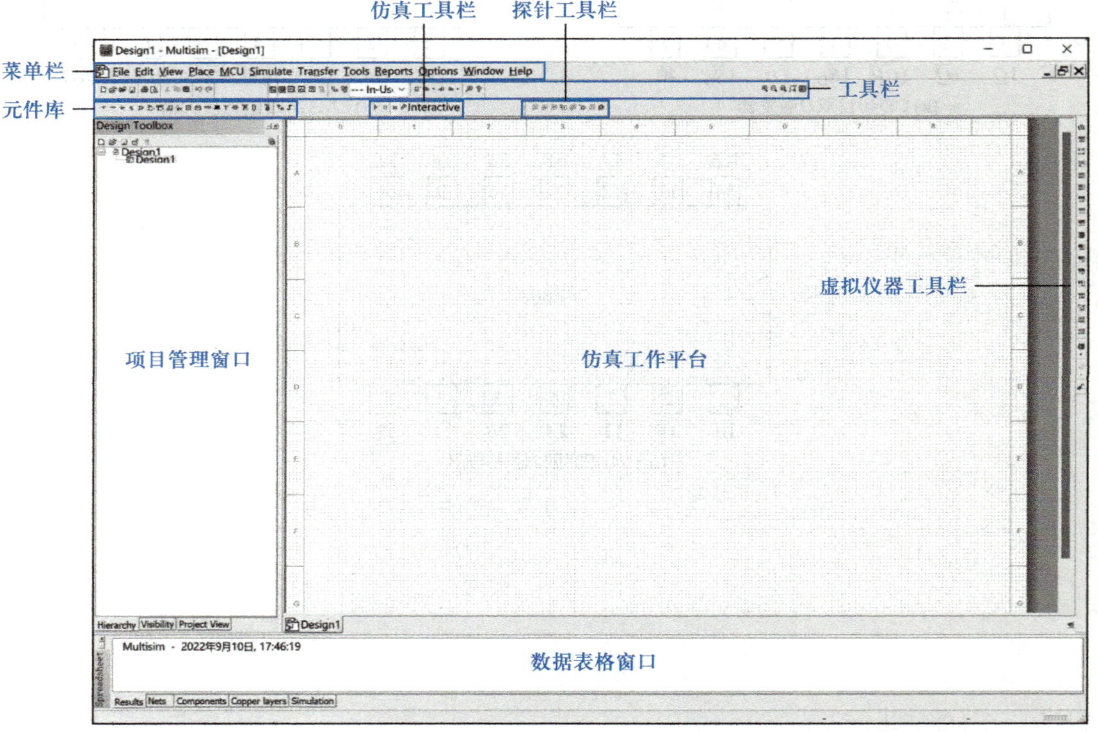

图附 7.1　Multisim 14 基本界面

基本界面主要由菜单栏（Menu Toolbar）、工具栏（Toolbar）、项目管理窗口（Design Toolbar）、元件库（Components Toolbar）、仿真工作平台（Circuit Window）、数据表格窗口（Spreadsheet View）、虚拟仪器工具栏（Instrument Toolbar）等组成。菜单栏包含了软件所有功能命令；工具栏

包括了一些常用的功能命令；项目管理窗口用于宏观管理设计项目中的不同类型文件，如原理图文件、PCB 文件和报告清单文件，同时可以方便地管理分层次电路的层次结构；元件库通过工具栏选择、放置元件到元件图中；仿真工作平台是创建、设计、编辑电路图和进行仿真分析的区域；数据表格窗口方便、快速地显示所编辑元件的参数，如封装、参考值、属性等，设计人员可通过该窗口改变部分或者全部元件的参数；虚拟仪器工具栏则提供了 Multisim 14 中所有仪器的功能按钮。

2. 工具栏

菜单栏下面的工具栏由标准工具栏、视图工具栏和系统工具栏三部分组成。

标准工具栏主要提供了一些常用的文件操作功能按钮，包括新建文件、打开文件、打开图例、保存文件、打印电路、打印预览、剪切、复制、粘贴、撤销和恢复操作，如图附 7.2 所示。

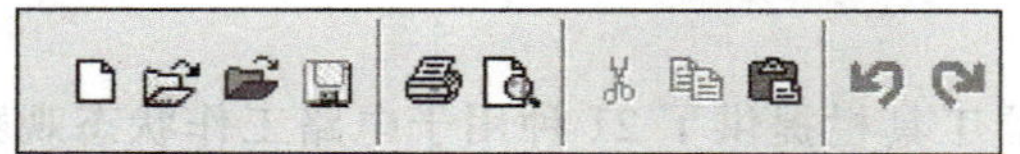

图附 7.2　标准工具栏

视图工具栏提供调整显示窗口的按钮，如放大、缩小、缩放区域、全屏展示等，如图附 7.3 所示。

图附 7.3　视图工具栏

系统工具栏主要提供 Multisim 的一般功能按钮，包括显示或隐藏项目管理窗口、显示或隐藏数据表格窗口、显示或隐藏 SPICE 网表窗口、显示或隐藏仿真结果窗口、对仿真结果后处理、切换至总电路、打开新元件创建向导、打开数据库管理器等，如图附 7.4 所示。

图附 7.4　系统工具栏

3. 元件库

Multisim 14 的元件库提供了各种元器件的模型库，如图附 7.5 所示。元件库共提供 18 大类元器件的模型库，每类元器件的模型库提供同一类型的元器件，除此之外，元件库还提供放置层次电路和总线。具体地，从左至右分别为电源库（Source）、基本元器件库（Basic）、二极管库（Diode）、晶体管库（Transistor）、模拟器件库（Analog）、TTL 元器件库（TTL）、CMOS 元器件库（CMOS）、其他数字元器件库（Misc Digital）、模数混合元器件库（Mixed）、指示元器件库（Indicator）、功率元器件库（Power Component）、杂项元器件库（Miscellaneous）、高级外设元器件库（Advanced Peripherals）、RF 射频元器件库（RF）、机电类元器件库（Electromechanical）、NI 元器件库（NI Component）、连接元器件库（Connector）、MCU 模块（MCU Module）、元器件放置层次电路和总线。

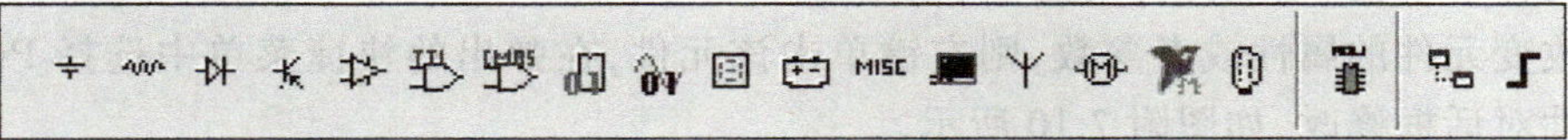

图附 7.5　元件库

4. 仿真工具栏

仿真工具栏提供了仿真运行相关的快捷按键，包括运行、暂停、停止和活动分析，如图附 7.6 所示。

5. 探针工具栏

探针工具栏提供电压测量探针、电流测量探针、功率测量探针、差分电压测量探针、电压电流探针、电压参考探针、数字探针和探针设置等操作。

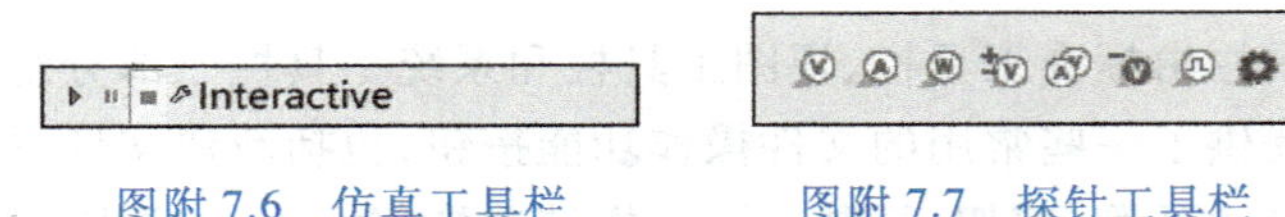

图附 7.6　仿真工具栏　　图附 7.7　探针工具栏

6. 虚拟仪器工具栏

Multisim 14 的虚拟仪器工具栏提供了 21 种用于电路工作状态观察和测试的仪器和仪表，如图附 7.8 所示。该工具栏通常出现在 Multisim 工作窗口的右侧，从上向下依次为万用表（Multimeter）、函数信号发生器（Function generator）、功率表（Wattmeter）、双踪示波器（Oscilloscope）、四踪示波器（Four-channel Oscilloscope）、伯德图仪（Bode Plotter）、频率计（Frequency Counter）、数字信号发生器（Word generator）、逻辑分析仪（Logic Analyzer）、IV 分析仪（IV Analyzer）、失真度分析仪（Distortion Analyzer）、频谱分析仪（Spectrum Analyzer）、网络分析仪（Network Analyzer）、安捷伦万用表（Agilent Multimeter）、安捷伦示波器（Agilent Oscilloscope）、泰克示波器（Tektronix Oscilloscope）、LabVIEW 仪器（LabVIEW Instruments）、NI ELVISmx 仪器（NI ELVISmx Instruments）和测量探针（Current Clamp）。

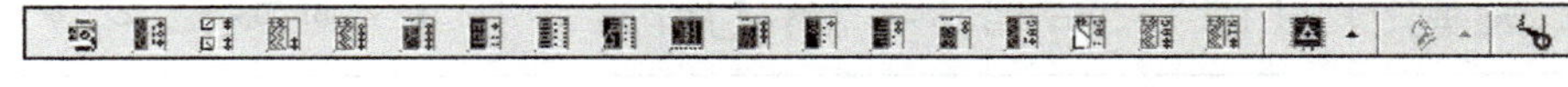

图附 7.8　虚拟仪器工具栏

三、Multisim 14 的基本操作方法

运行 Multisim 14 即会在仿真工作区内自动创建一个文件名为“Design1”的空白文件，用户可根据自己的喜好设置和定制基本界面，如颜色、图形尺寸和连线模式等，如不定义即使用默认设置。

1. 元器件的操作

放置元件，例如放置一个 51 Ω 的电阻。在元件库中单击基本元件库按钮，调出元件对话框，如图附 7.9 所示。Family 选项卡选择 RESISTOR 电阻系列，并在 Component 具体元件栏中选择需要的阻值 51 Ω，单击 OK 按钮，鼠标指针端即会出现 51 Ω 电阻，将鼠标指针移动到所需的位置并在此单击鼠标，即可得到 51 Ω 电阻。

关闭元件对话框，结束元件的选取和放置。

若要改变元件的属性或者参数，则右键单击该元件，在弹出的快捷菜单中选择 Properties 属性弹出属性对话框修改，如图附 7.10 所示。

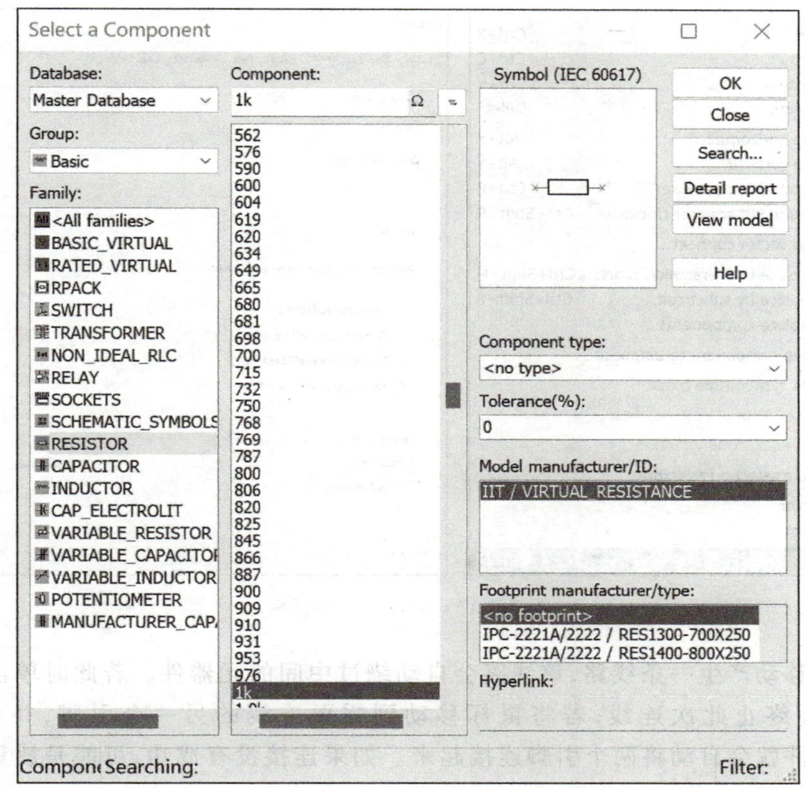

图附 7.9　元件对话框

Properties 属性对话框也可通过双击该元件弹出。

若要改变元件的方向，则在元件上单击鼠标右键，在弹出的快捷菜单中选择旋转或者翻转即可。

2. 电路连接

元器件的连接是创建电路原理图最重要的步骤之一。元器件的正确连接是保证创建电路可以进行仿真程序的前提。熟练掌握连接方法是迅速、正确组建电路必须掌握的基本技能。元器件的合理布局和摆放是决定组建的电路整齐、简洁、美观的关键。通常，将元器件的移动、旋转等处理与电路的连接一并进行，便于及时修正。

任何元器件的引脚上都可以引出一条连接电线。并且这条线也一定能连接到另外一个元器件的引脚，或者另外一条电线上。如果一个元器件的引脚靠近一条电线或另外一个元器件的引脚，连接会自动产生。

(1) 元器件的连线。

元器件的连线是电路图连接的主要工作，下面将介绍自动连线和手动连线两种连接方式。

① 自动连线。用户只要选中连线的起点引脚和终点引脚，Multisim 14 软件就自动地将两个引脚连接起来，并自动绕过连线中间的元器件，所以称为自动连线。具体操作步骤为：将鼠标移动到需要连线的引脚，鼠标就会变成一个中间有黑点的十字，单击该引脚；移动鼠标，就

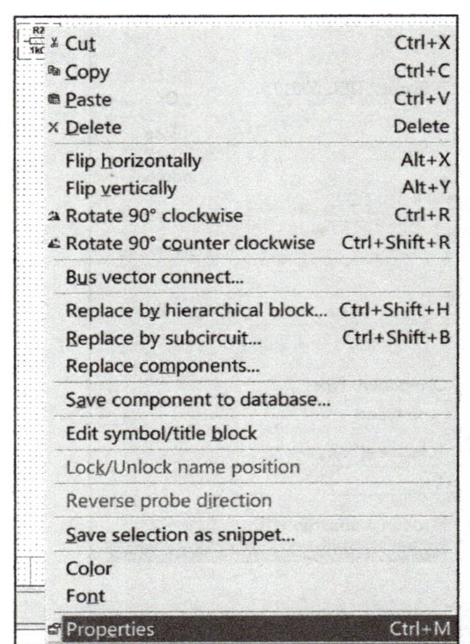

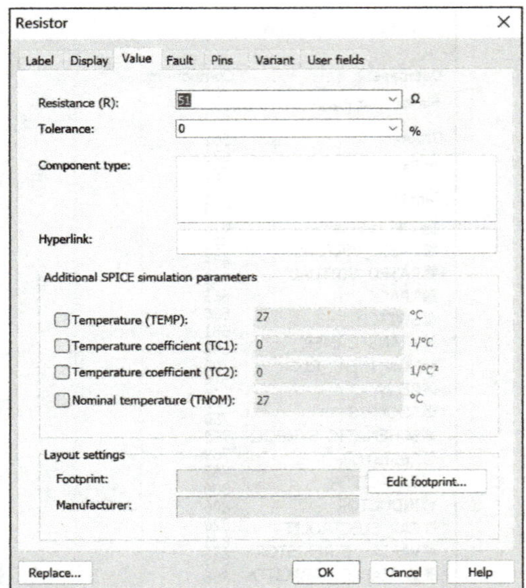

图附 7.10　元件属性对话框

会随着鼠标的移动产生一条线路，该线路会自动绕过中间的元器件。若此时单击鼠标右键或按 Esc 键，就会终止此次连线；若将鼠标移动到需要连线的另一个引脚，并单击该引脚，Multisim 14 软件就会自动将两个引脚连接起来。如果连接没有成功，可能是放置的连线与周围元器件太近。

② 手动连线。手动连线就是人工控制连线的方向和长短。具体操作步骤为：将鼠标移动到需要连线的引脚，鼠标就会变成一个中间有黑点的十字，单击该引脚，移动鼠标，就会随着鼠标的移动产生一条线路，该线路会自动绕过中间的元器件，以上步骤同自动连线；鼠标在电路窗口移动时，若需要在某一位置人为地改变线路的走向，则单击鼠标左键，那么在此之前的连线就被确定下来，不随着鼠标以后的移动而改变位置，并且在此位置，可通过移动鼠标的位置改变连线的走向；最后将鼠标移动到需要连线的另一个引脚，并单击该引脚，Multisim 14 软件就会自动将两个引脚连接起来。在任一时刻若想结束连线，单击鼠标右键或按 Esc 键。

(2) 连线的调整。

如果对已经连接好的连线轨迹不满意，可调整连线的位置。具体操作步骤为：首先将鼠标指向欲调整的连线并单击鼠标左键选中此连线，被选中连线的两端和中间拐弯处变成方形黑点，此时放在连线上的鼠标也变成一个双向箭头，按住鼠标左键移动就可改变连线的位置。

(3) 删除连线。

删除连线有两种方法：一是将鼠标移向将被删除的连线，单击鼠标右键弹出快捷菜单，单击快捷菜单中的 Delete 命令即可删除此连线；二是将鼠标移向将被删除的连线，单击鼠标左键选中此连线，按 Delete 键，删除此连线。

(4) 放置节点。

若想在已存在的连线上创建一条新的连线，而此处既不是引脚也不是连接点，则需添加节点。添加节点的步骤如下:单击 Multisim 14 用户界面中的菜单“Place” →“Junction”,就会在鼠标指针处出现黑点(即节点),并随着鼠标的移动而移动,移动鼠标到要添加节点的位置单击鼠标左键即可放置节点。

3. 创建子电路

为了使电路连接简洁,可以将一部分常用电路定义为子电路,存放在自定义元器件库中。单击 Multisim 14 用户界面中的菜单“Place” →“New Subcircuit”,在弹出的窗口为子电路命名,如“60 timer”,即可在主电路图下创建子电路图“60 timer”,在项目管理窗口的层次视图中点击子电路图“60 timer”,右侧仿真工作平台即可转至子电路图,即可开始设计子电路。

若子电路需要与主电路的其他模块连接,则须在子电路图中添加连接器。单击 Multisim 14 用户界面中的菜单“Place” →“Connector”,单击“HB/SC Connector”创建连接器,并将连接器放置于电路中需要连接的位置,即可完成子电路的创建。如图附 7.11 所示。

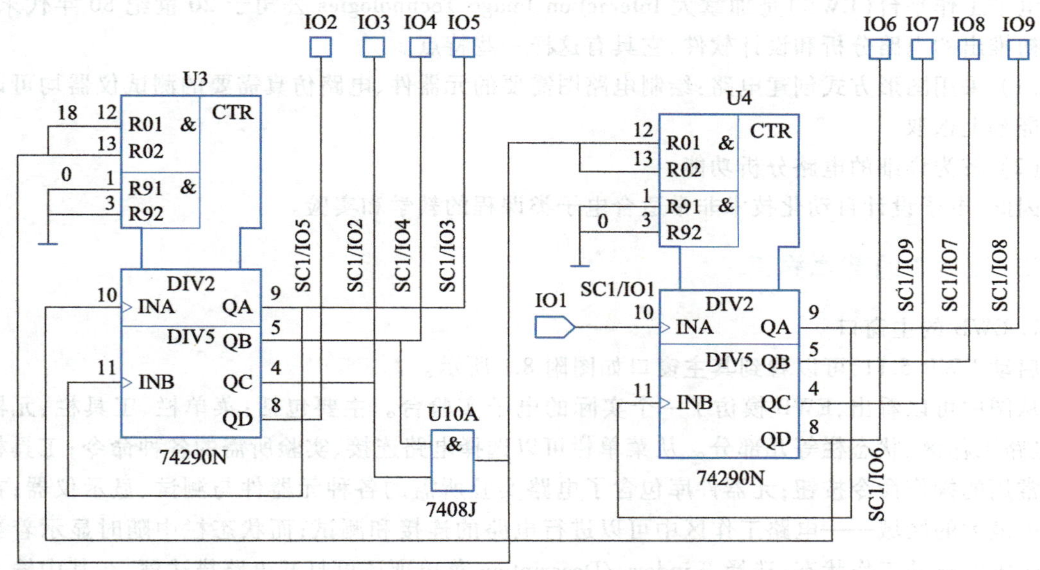

图附 7.11 子电路图“60 timer”

在主电路图中调用子电路图,即可按照电路连接的方式使用子电路。

附录八 EWB 软件简介

一、电子工作平台(EWB)概述

随着电子技术和计算机技术的发展,电子产品已与计算机紧密相连,电子产品的智能化日益完善,电路的集成度越来越高,而产品的更新周期却越来越短。电子设计自动化(EDA)技术,使得电子线路的设计人员能在计算机上完成电路的功能设计、逻辑设计、性能分析、时序测试直至印制电路板的自动设计。EDA 是在计算机辅助设计(CAD)技术的基础上发展起来的计算机设计软件系统。与早期的 CAD 软件相比,EDA 软件的自动化程度更高、功能更完善、运行速度更快,而且操作界面友善,有良好的数据开放性和互换性。

电子工作平台(EWB)是加拿大 Interaction Image Technologies 公司于 20 世纪 80 年代末、90 年代初推出的电路分析和设计软件,它具有这样一些特点。

(1) 采用图形方式创建电路:绘制电路图需要的元器件、电路仿真需要的测试仪器均可以直接从屏幕上选取。

(2) 较为详细的电路分析功能。

因此,电子设计自动化技术非常适合电子类课程的教学和实验。

二、EWB 的基本界面

1. EWB 的主窗口

启动 EWB 5.11,可以看到其主窗口如图附 8.1 所示。

从图中可以看出,EWB 模仿了一个实际的电子实验台。主要包括:菜单栏、工具栏、元器件库、电路工作区、状态栏等几部分。从菜单栏可以选择电路连接、实验所需的各种命令;工具栏包含了常用的操作命令按钮;元器件库包含了电路实验所需的各种元器件与测试、显示仪器;在主窗口中最大的区域——电路工作区中可以进行电路的连接和测试;而状态栏中随时显示着当前工作区中电路的工作状态;选择 Windows/Description 菜单项还可打开电路描述框,在其中输入文本,对电路进行注释或说明。下面对于工具栏及元器件库都给出了简单标注。

2. EWB 的工具栏

工具栏如图附 8.2 所示,其中各个按钮的名称分别是:新建文件、打开文件、保存文件、打印文件、剪切、复制、粘贴、旋转、水平翻转、垂直翻转、子电路、分析图、元器件特性、缩小、放大、缩放比例及帮助。

3. EWB 的元器件库

EWB 提供了非常丰富的元器件库和各种常用的测试仪器,如图附 8.3 所示,元器件库中各个按钮的名称为(从左到右):自定义元器件库、信号源库、基本元器件库、二极管库、晶体管库、模拟集成电路库、混合集成电路库、数字集成电路库、逻辑门器件库、数字器件库、指示器件库、控制器件库、其他器件库及仪器库。

(1) 信号源库(Sources)

信号源库如图附 8.4 所示,其中各个按钮的名称如下(从左到右)。

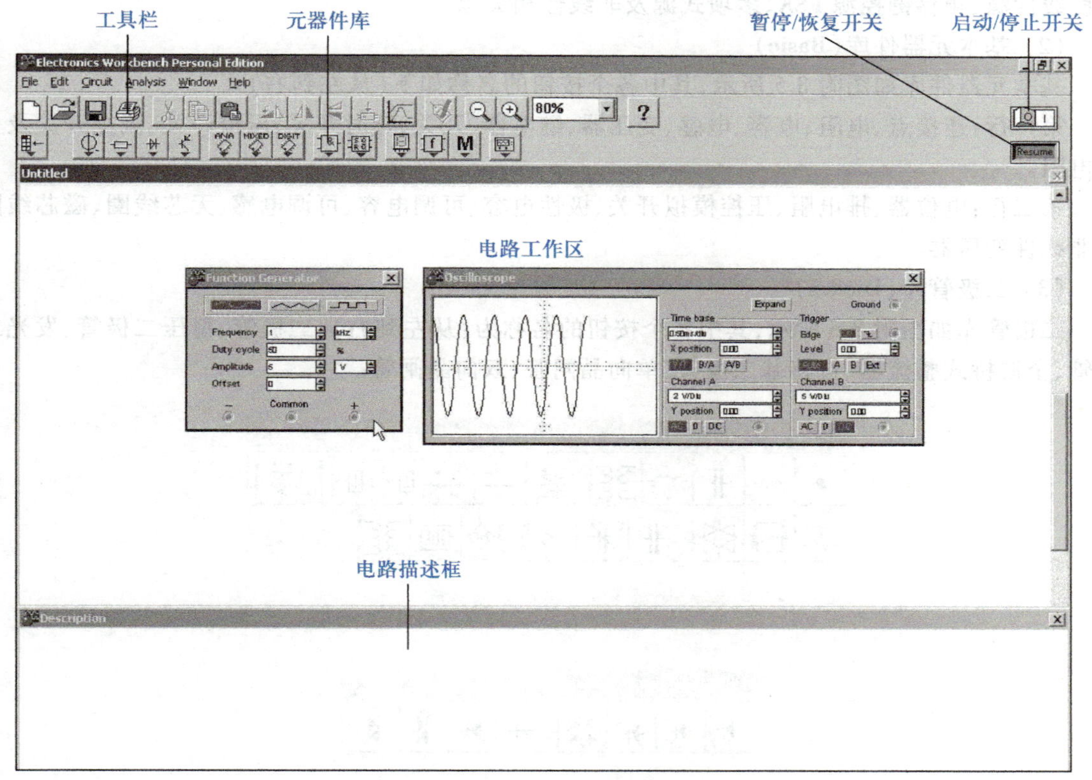

图附 8.1　EWB 的主窗口

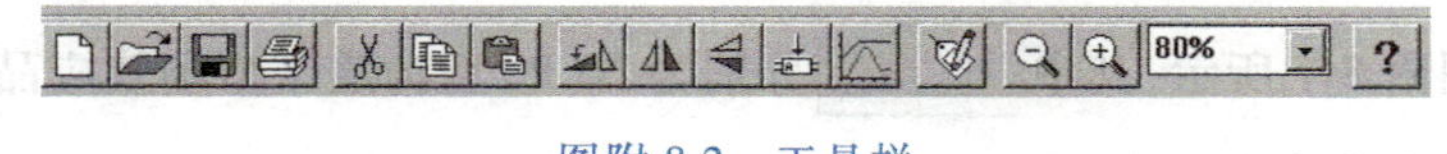

图附 8.2　工具栏

图附 8.3　元器件库

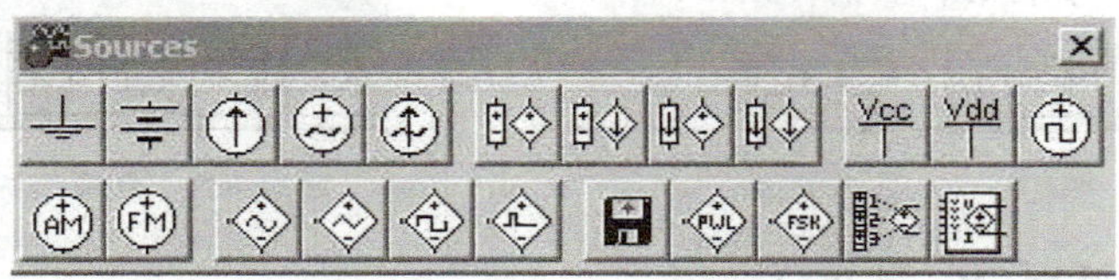

图附 8.4　信号源库

第一行：接地、直流电压源、直流电流源、交流电压源、交流电流源、电压控制电压源、电压控制电流源、电流控制电压源、电流控制电流源、U_{CC}电压源、U_{DD}电压源及时钟脉冲。

第二行：调幅源、调频源、压控正弦波、压控三角波、压控方波、压控单脉冲、分段线性源、压控分段线性源、频移键控源 FSK、多项式源及非线性相关源。

(2) 基本元器件库(Basic)

基本元器件库如图附 8.5 所示,其中各个按钮的名称如下(从左到右)。

第一行:连接点、电阻、电容、电感、变压器、继电器、开关、延时开关、压控开关、流控开关及上拉电阻。

第二行:电位器、排电阻、压控模拟开关、极性电容、可调电容、可调电感、无芯线圈、磁芯线圈及非线性变压器。

(3) 二极管库(Diodes)

二极管库如图附 8.6 所示,其中各个按钮的名称为(从左到右):二极管、稳压二极管、发光二极管、全波桥式整流器、肖特基二极管、单向晶闸管、双向晶闸管。

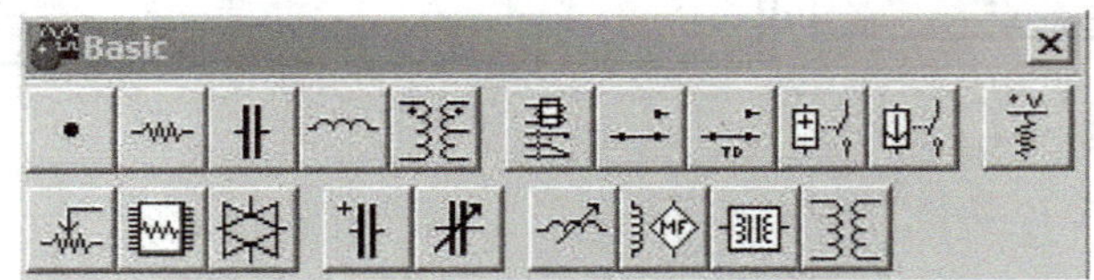

图附 8.5 基本元器件库

图附 8.6 二极管库

(4) 晶体管库(Transistors)

晶体管库如图附 8.7 所示,其中分别为 N(P)型沟道结型场效应晶体管。

(5) 模拟集成电路库(Analog ICs)

模拟集成电路库如图附 8.8 所示,其中各个按钮的名称为(从左到右):三端运放、五端运放、七端运放、九端运放、比较器及锁相环。

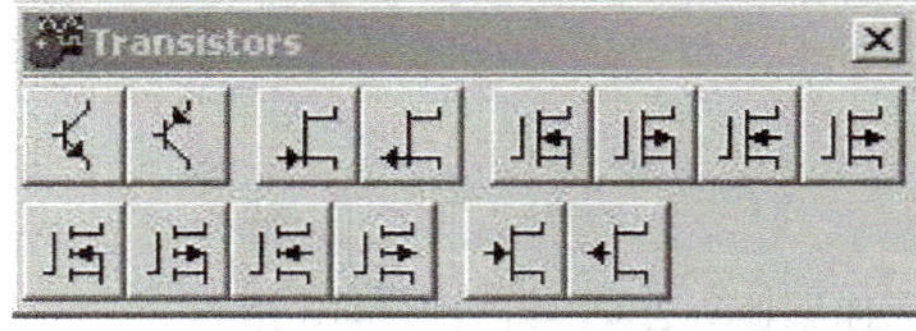

图附 8.7 晶体管库

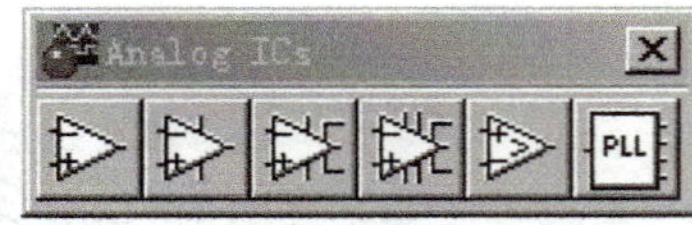

图附 8.8 模拟集成电路库

(6) 混合集成电路库(Mixed ICs)

混合集成电路库如图附 8.9 所示,其中各个按钮的名称为(从左到右):A/D 转换器、D/A(I)转换器(电流输出)、D/A(V)转换器(电压输出)、单稳态触发器及 555 电路。

(7) 数字集成电路库(Digital ICs)

数字集成电路库如图附 8.10 所示。

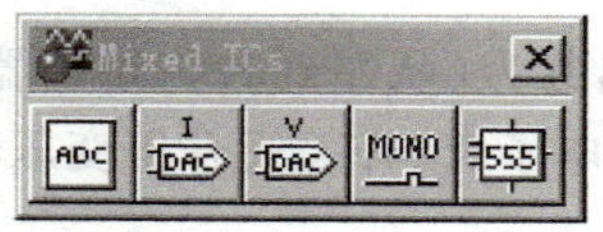

图附 8.9　混合集成电路库

图附 8.10　数字集成电路库

(8) 逻辑门器件库(Logic Gates)

逻辑门器件库如图附 8.11 所示,其中各个按钮的名称如下(从左到右)。

第一行:与门、或门、非门、或非门、与非门、异或门、同或门、三态缓冲器、缓冲器及施密特触发器逻辑符号;

第二行:与门、或门、与非门、或非门、非门、异或门、同或门及缓冲芯片。

(9) 数字器件库(Digital)

数字器件库如图附 8.12 所示,其中各个按钮的名称如下(从左到右)。

第一行:半加器、全加器、*RS* 触发器、*JK* 触发器一(二)型及 *D* 触发器一(二)型逻辑符号。

第二行:多路选择器、多路分配器、编码器、算术运算、计数器、移位寄存器芯片及触发器芯片。

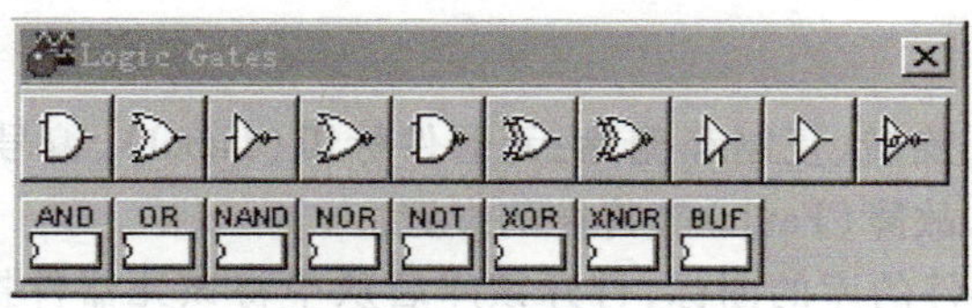

图附 8.11　逻辑门电路库

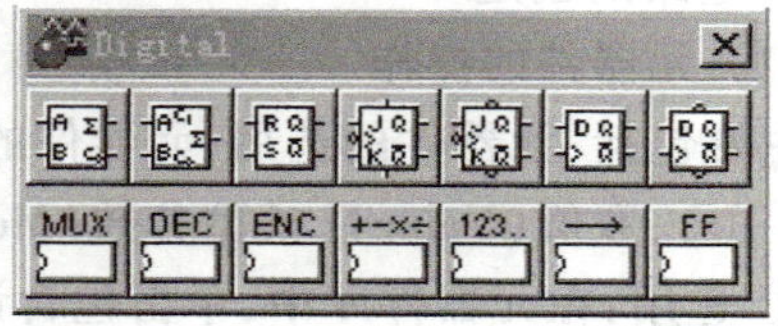

图附 8.12　数字器件库

(10) 指示器件库(Indicators)

指示器件库如图附 8.13 所示,其中各个按钮的名称为(从左到右):电压表、电流表、电灯、彩色指示灯、七段数码管、译码数码管、蜂鸣器、条形光柱及译码条形光柱。

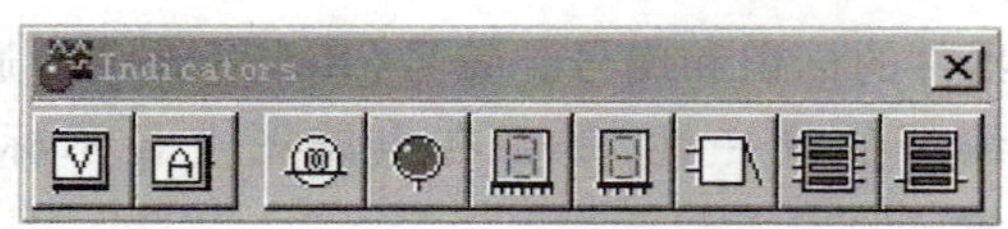

图附 8.13　指示器件库

(11) 控制器件库(Contorls)

控制器件库如图附 8.14 所示,其中各个按钮的名称为(从左到右):电压微分器、电压积分器、电压增益模块、传递函数模块、乘法器、除法器、三端电压加法器、电压限幅器、受控电压限幅器、电流限幅模块、电压滞回模块及电压变化率模块。

图附 8.14　控制器件库

(12) 其他器件库(Miscellaneous)

其他器件库如图附 8.15 所示,其中各个按钮的名称为(从左到右):熔断器、数据写入器、子电路网表、有损传输线、无损传输线、晶振、直流电机、电子管、开关式升压变压器、开关式降压变压器、开关式升降压变压器、文本框及标题栏。

图附 8.15 其他器件库

(13) 仪器库(Instruments)

仪器库如图附 8.16 所示,其中各个按钮的名称为(从左到右):数字多用表、函数发生器、示波器、伯德图仪、字信号发生器、逻辑分析仪、逻辑转换仪。

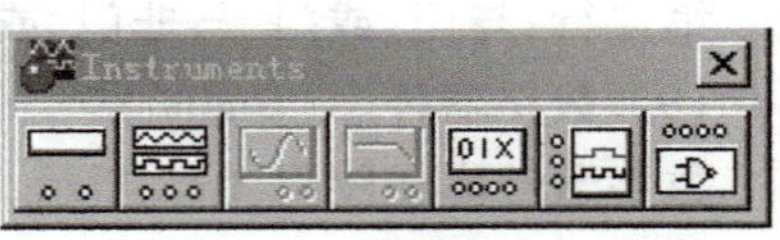

图附 8.16 仪器库

三、EWB 的基本操作方法

1. 电路的创建

(1) 元器件的操作

主要包括:元器件的选用;元器件的移动、旋转、复制和删除;元器件标识(Label)、编号(Reference ID)、数值(Value)、模型参数(Models)、故障(Fault)等特性的设置。

① 选用:在元器件库中,单击包含该元器件的库的图标,打开该库后从中将该元器件拖至电路工作区。

② 选中:用鼠标左键单击元器件,被选中的元器件以红色突出显示,此时可拖拉移动元器件,或利用工具栏上的命令按钮对其进行旋转、反转、复制、删除等操作。

③ 参数设置:双击某元器件可打开其属性对话框,可在其中设置多种特性,如 Label、Models、Value、Fault、Display 等。

Label 选项用于设置元器件的标识和编号。编号(Reference ID)通常由系统自动分配,必要时可以修改,但必须保证编号的唯一性,是否在电路图上显示标识或编号可通过 Circuit/Schematic Options 菜单项设置。

在 Models 选项中可设置所使用元器件的具体型号,其默认设置(Default)通常为理想型(Ideal),这有利于加快分析速度。

Value 选项用于设置一些简单元器件的值。

Fault 选项可供人为设置元器件的隐含故障,包括开路(Open)、短路(Short)、漏电(Leakage)、无故障(None)等设置。

Display 选项可用于设置 Label、Models、Reference ID 的显示方式。若选择了 Use Schematic Options global setting 的复选框,则 Label、Models、Reference ID 的显示方式由电路图选项的设置决定,否则由对话框下面的 3 个选项确定。

(2) 导线的操作

主要包括:导线的连接、弯曲导线的调整、导线颜色的改变及连接点的使用。

① 连接:先将鼠标指向元器件的端点,会出现一个连接点,按下鼠标左键,拖至另一个连接点,放开鼠标左键,则两连接点之间自动按直角产生一条连接线,而且导线会自动选择合适走向,不会与其他元器件或仪器发生交叉。

② 修改:选中任何一条导线,都可单击鼠标右键,选择 Wire properties 项,在出现的对话框中设置导线的颜色,也可选择 Delete 项删除导线。

③ EWB 还为用户提供了一些简便的操作。如修改导线连接时可将导线一端从一连接点直接拖至另一连接点,若将导线的一端拖离原连接点后松开鼠标,即将导线删除。若向电路插入元器件,可直接将元器件拖曳放置在导线上,然后释放即可插入电路中。

④ 连接点:电路中的连接点在连接导线时自动产生,也可从元器件库中拖出放置在电路中。在连接电路时,EWB 5.11 自动为每个连接点分配一个编号,是否显示编号可由 Circuit/Schematic Options 菜单项的 Show/Hide 对话框设置。

2. 模拟仪器仪表的使用

EWB 的仪器库有 7 台仪器,如图附 8.17 所示,模拟仪器分别为数字多用表(Multimeter)、函数发生器(Function Generator)、双踪示波器(Oscilloscope)、伯德图仪(Bode Plotter)4 种,数字仪器分别为字信号发生器(Word Generator)、逻辑分析仪(Logic Analyzer)和逻辑转换仪(Logic Converter)3 种。在一个文件中,7 种测试仪器分别只能使用一次,可通过双击其图标打开仪器面板。此外 EWB 也提供了电压表、电流表,它们的数量是没有限制的,可多次选用。

(1) 数字多用表(Multimeter)

这是一种自动调整量程的数字多用表,可以测量电压、电流、电阻和电路中两测试点之间的分贝损失,其图标、面板如图附 8.18 所示。

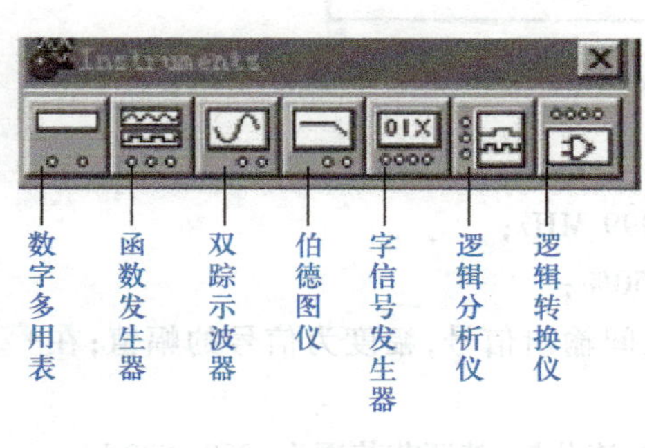

图附 8.17　仪器库使用

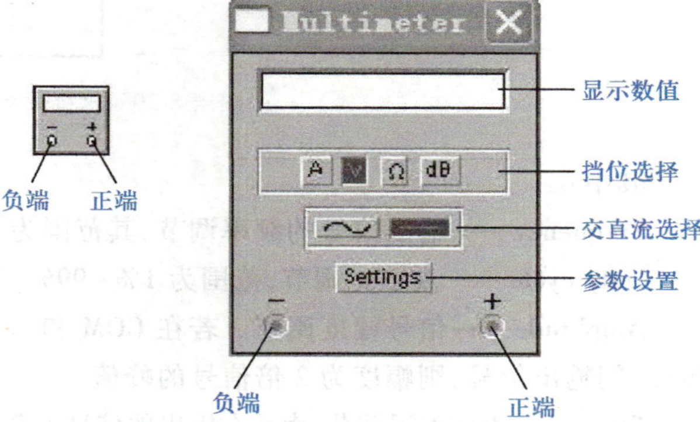

图附 8.18　数字多用表图标、面板

数字多用表的选择如下。

① 挡位选择:A/V/Ω/dB,依次对应为电流挡/电压挡/电阻挡/分贝测量。

② 交直流选择:~/—,依次对应为/测交流/测直流。

参数设置:单击 Settings 按钮,弹出图附 8.19 所示对话框,可设置数字多用表内部的电流挡内阻、电压挡内阻、电阻挡内阻和分贝标准电压的参数。

注意:因为仪器库中的仪表在一个电路中只能用一次,如果要在电路中多处测量电压、电流等,建议使用指示器件库中的电压表和电流表,那样就不受数量限制,方便好用。

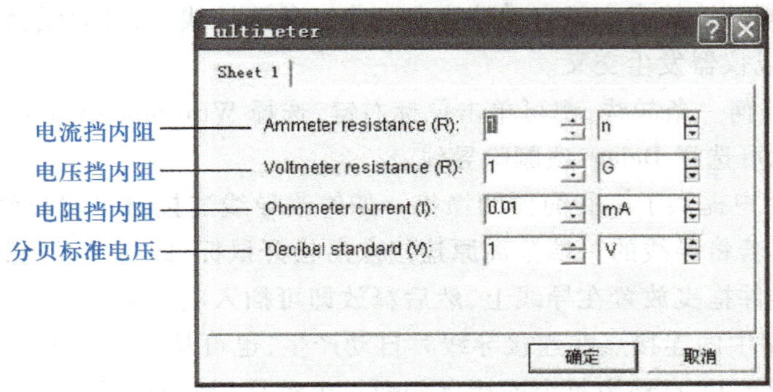

图附 8.19 数字多用表参数设置对话框

(2) 函数发生器(Function Generator)

函数发生器用于产生频率、幅值可调的正弦波、三角波和方波信号,其图标和面板图如图附 8.20 所示。

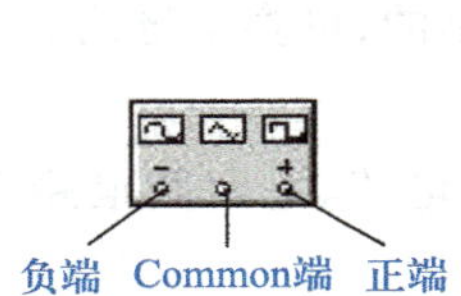

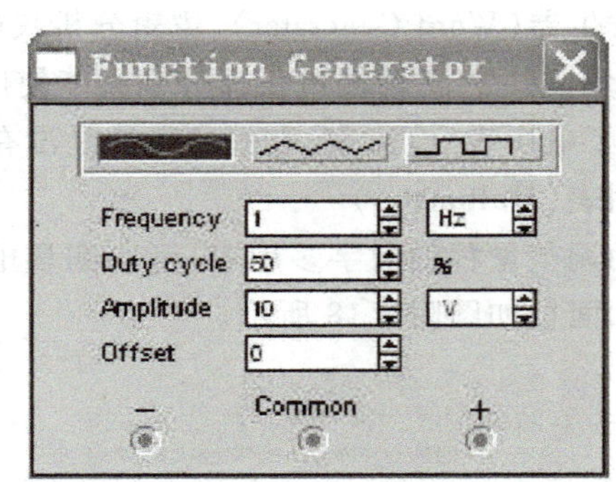

图附 8.20 函数发生器图标、面板

其中:

Frequency——输出信号的频率调节,其范围为 1 Hz~999 MHz;

Duty cycle——占空比调节,范围为 1%~99%,正常为 50%;

Amplitude——信号幅度调节。若在 COM 和+(或-)之间输出信号,幅度为信号的幅值;在+和-之间输出信号,则幅度为 2 倍信号的峰值。

Offset——直流偏置调节,表示在输出的信号上叠加一个直流分量,其调节范围为-999~999 kV。

注意:公共端 COM 提供参考电平,因此,一般应将其接地使之为 0 电平。

(3) 示波器(Oscilloscope)

示波器的图标、面板如图附 8.21 所示。

其中:

Expand——面板扩展按钮;

Time base——时基控制(即 X 轴灵敏度调节);

Trigger——触发控制。包括:Edge——上(下)跳变触发;Level——触发电平;Auto——触发

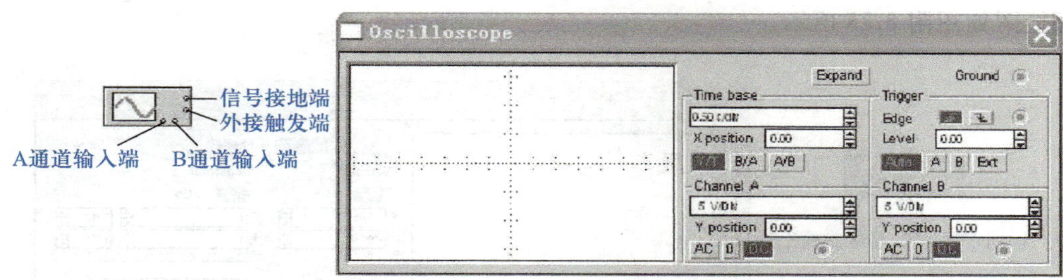

图附 8.21　示波器图标、面板

信号选择按钮(自动触发按钮);A、B——A、B 通道触发按钮;Ext——外触发按钮。

Y 轴控制包括:Channel A 或 B 的 Y 轴灵敏度(V/DIV)调节。Y position——Y 轴偏置;AC、0、DC——Y 轴输入耦合方式按钮(AC、0、DC)。

面板展开显示(Expand):单击扩展按钮(Expand 按钮),可使示波器屏幕扩展显示,并可准确读出波形数值,如图附 8.22 所示。将指针 1(红色)和指针 2(蓝色)移动至合适位置,可直接在面板下方读出指针 1 和指针 2 所对应波形的时间和电压,以及指针 1 和指针 2 之间的时间和电压差。

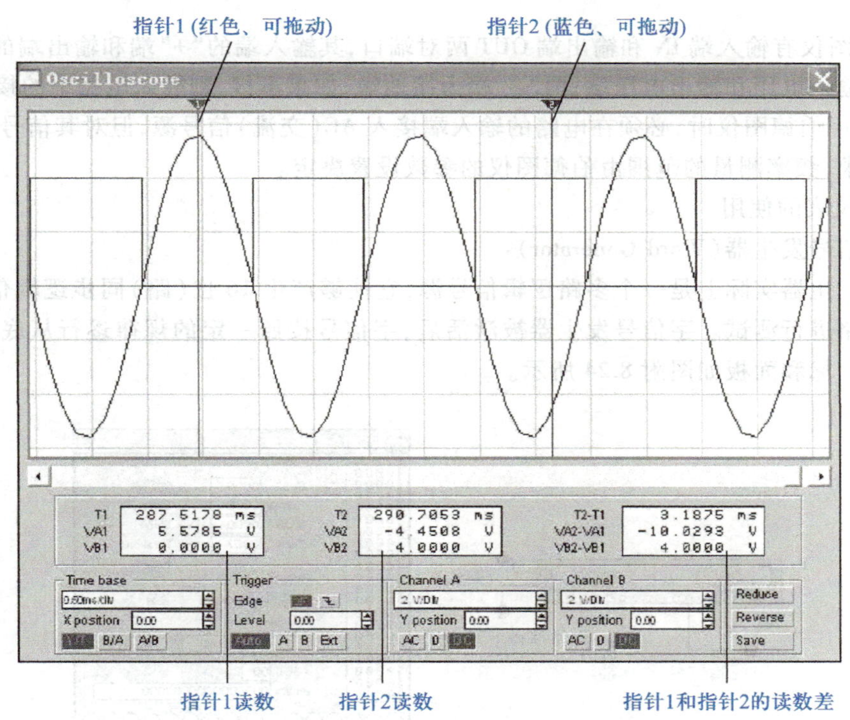

图附 8.22　示波器扩展面板

一般情况下,示波器的参考点设定为接地。在使用中,示波器的接地端可不接;但是,测试电路中必须有接地点,否则示波器不能正确显示。

(4) 伯德图仪(Bode Plotter)

伯德图仪类似于通常实验室的扫频仪,可用来测量和显示电路的幅频特性和相频特性,其图标和面板图如图附 8.23 所示。

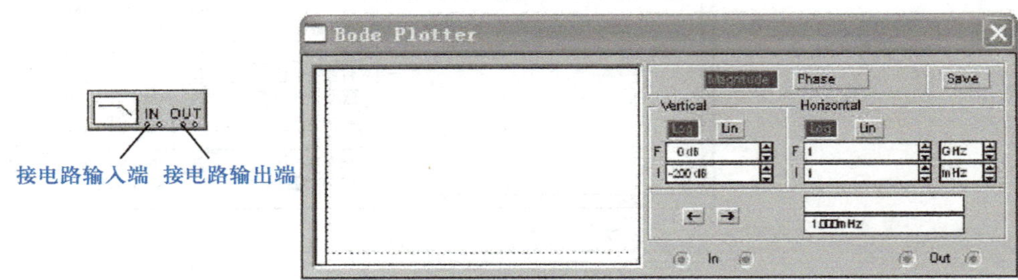

图附 8.23　伯德图仪图标、面板

其中：

Magnitude(Phase)——幅频(相频)特性选择按钮；

Vertical(Horizontal) Log/Lin——垂直(水平)坐标类型选择按钮(对数/线性)；

F(I)——坐标终点(起点)。

说明：

① 伯德图仪有输入端 IN 和输出端 OUT 两对端口，其输入端的"+"端和输出端的"+"端分别接到电路的输入电压和输出电压端；两"-"端为接地端，如果不接，则默认电路中的接地点。

② 在使用伯德图仪时，必须在电路的输入端接入 AC(交流)信号源，但对其信号频率的设定并无特殊要求，频率测量的范围由伯德图仪的参数设置决定。

3. 数字仪表的使用

(1) 字信号发生器(Word Generator)

字信号发生器实际上是一个多路逻辑信号源，它能够产生 16 位(路)同步逻辑信号，用于对数字逻辑电路进行测试。字信号发生器被激活后，字信号按照一定的规律逐行从底部的输出端被送出。其图标和面板如图附 8.24 所示。

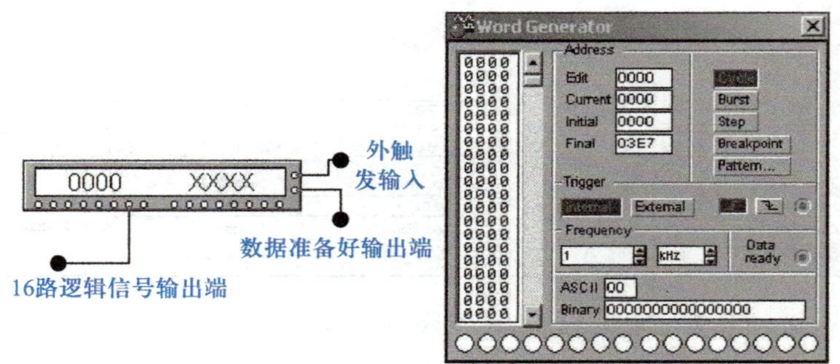

图附 8.24　字信号发生器图标、面板

面板上各部分的功能如下。

① 字信号编辑区：在面板的左侧，带有滚动条。16 位字信号以 4 位十六进制数编辑和存放。可以存放1 024条字信号，地址编号位 0~3FF(hex)。编辑区内的显示内容可以通过滚动条前后

移动。使用鼠标单击可以定位和插入需编辑的位置，然后输入十六进制数码。

② 地址编辑区(Address)：可以编辑或显示与字信号地址有关的信息。

Edit：显示当前正在编辑的字信号的地址。

Current：显示当前正在输出的字信号的地址。

Initial 和 Final：分别用于编辑和显示输出字信号的首地址和末地址。

③ 字信号输出方式选择：Step(单步)、Burst(单帧)、Cycle(循环)。

④ Pattern 选择框：用于对编辑区的字信号进行相应的操作，如图附 8.25 所示。

Clear buffer：清除字信号编辑区。

Open：打开字信号文件。

Save：字信号文件存盘。

Up counter、Down counter：按递增、递减编码。

Shift right、Shift left：按右移、左移编码。

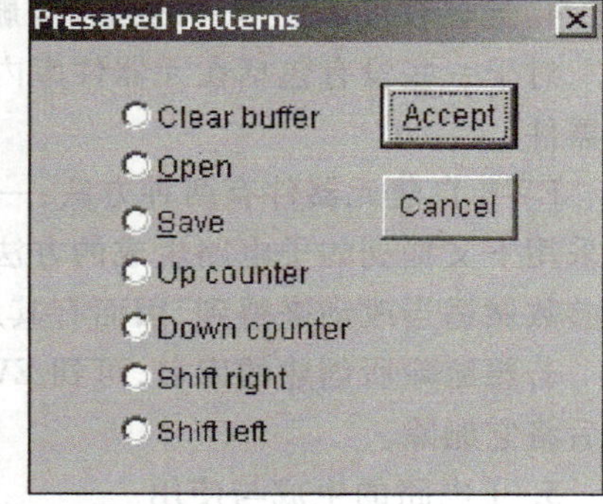

图附 8.25　Patterns 选择框

(2) 逻辑分析仪(Logic Analyzer)

逻辑分析仪的主要用途是对数字信号进行高速采集和时序分析，可用来同时跟踪和显示 16 路逻辑信号，主要应用于较复杂的数字电路的设计和分析。逻辑分析仪的小图标和面板如图附 8.26 所示。

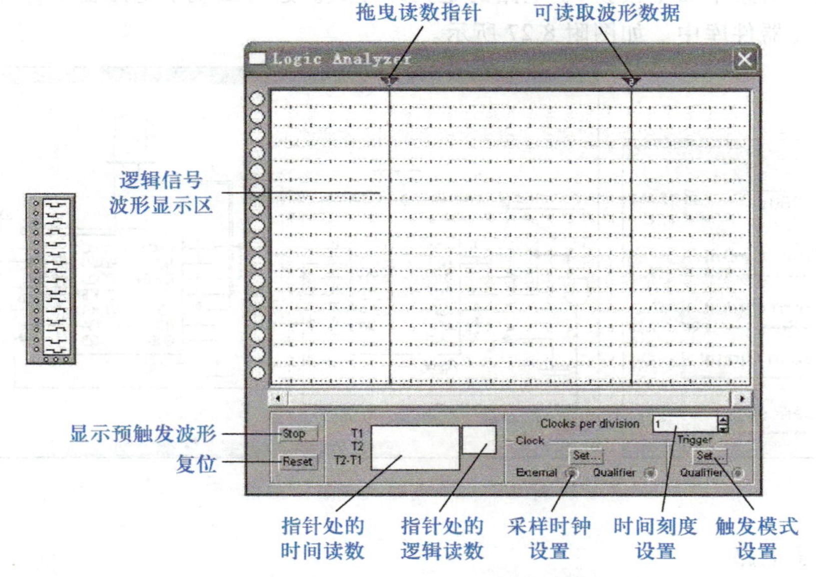

图附 8.26　逻辑分析仪的小图标和面板图

面板左边的 16 个小圆圈代表 16 个输入端，小圆圈内以 **0** 和 **1** 符号实时显示各路输入逻辑信号的当前值，逻辑信号波形显示区显示的是输入波形(为方波)。当输入波形太多时，可以通过设置输入线的颜色来改变其相应波形的显示颜色，便于观察结果。拖曳读数指针可读取波形

的数据。波形的时间刻度可以通过位于面板下方的 Clocks per division 进行设置。左下角的两个方框分别是指针处的时间读数和逻辑读数(4 位十六进制数)。可以通过 Analysis | Analysis Options | Instruments 中有关触发的选项,对触发前和触发后数据采集的点数以及触发门限值进行设置。在逻辑分析仪被触发前,单击 Stop 按钮,可显示触发前的波形,触发后 Stop 按钮不起作用。任何时候单击 Reset 按钮,显示区内的波形都会被清除。

4. 元器件库和元器件的创建与删除

对于一些没有包括在元器件库内的元器件,可以采用自己设定的方法,自建元器件库和相应元器件。

EWB 自建元器件有两种方法:一种是将多个基本元器件组合在一起,作为一个"模块"使用,可采用下文提到的子电路生成的方法来实现;另一种方法是以库中的基本元器件为模板,对它内部参数做适当改动来得到,因而有其局限性。

若想删除所创建的库名,可到 EWB 的元器件库子目录名 Model 下,找出所需要删除的库名,然后将它删除。

5. 子电路的生成与使用

为了使电路连接简洁,可以将一部分常用电路定义为子电路,存放在自定义元器件库中。

(1) 定义子电路

选中要定义为子电路的所有元器件,然后单击工具栏上的生成子电路的按钮或选择 Circuit | Create Subcircuit(电路 | 生成子电路)命令,在所弹出的子电路设置对话框中填入子电路名称并根据需要单击其中的某个命令按钮,子电路的定义即完成。这时出现子电路窗口,并将定义的子电路存入自定义元器件库中。如图附 8.27 所示。

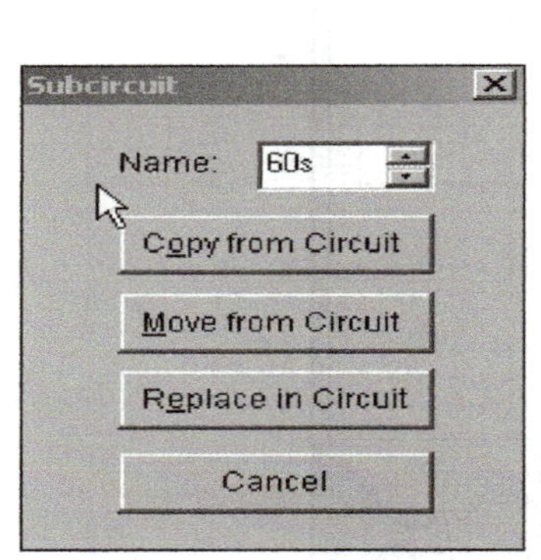

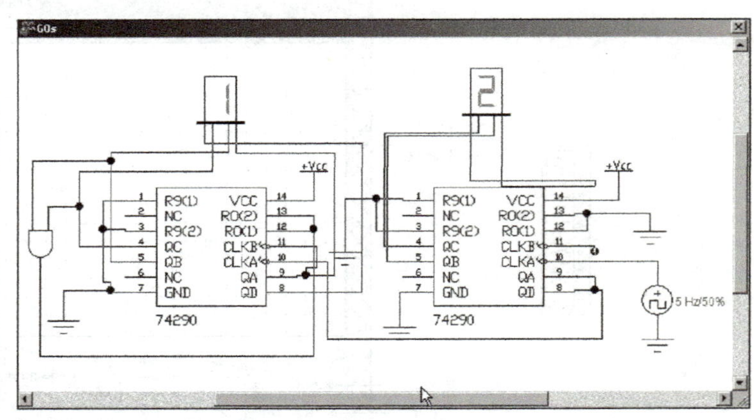

图附 8.27　子电路及设置对话框

(2) 调用子电路

拖曳自定义元器件库的图标会弹出调用子电路对话框,如图附 8.28 所示,可以选择需要的子电路。

(3) 修改子电路

双击子电路图标可打开子电路窗口,可对它做进一步的编辑和修改。可以给子电路添加引出端,方法是从子电路中某一点拖曳引出线至子电路窗口的任意边沿处,待出现小方块时释放鼠

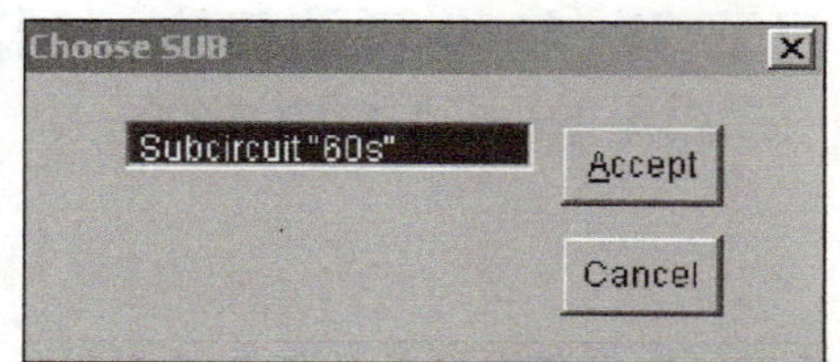

图附 8.28　调用子电路对话框

标，即得到一个引出端。对某一子电路的修改同时影响该子电路的其他复制子电路。

（4）复制子电路

一般情况下，生成的子电路仅在本电路中有效。要应用到其他电路中，可使用剪贴板进行复制与粘贴操作，也可将其粘贴到（或直接编辑在）Default.ewb 文件的自定义元器件库中，以后每次启动 EWB，自定义元器件库中均自动包含该子电路，拖曳自定义元器件库的图标会弹出对话框 Choose SUB，可以选择需要的子电路。

6. 帮助功能的使用

EWB 提供了丰富的帮助功能，选择 Help | Help Index 命令可调用和查阅有关的帮助内容。对于某一元器件或仪器，选中该对象，然后按 F1 键或单击工具栏的帮助按钮，即可弹出与该对象相关的内容。建议充分利用帮助内容。

附录九　西门子 S7-1200 可编程序控制器编程软件 TIA Portal V13 简介

一、基本概况

TIA Portal 软件是一个几乎可以解决所有自动化任务的工程软件平台。作为整个系统的统一工程组态平台，它构建了一个统一的系统环境，包括 SIMATIC STEP7、SIMATIC WinCC、SINATIC Start drive。在这个平台上，不同功能的软件包可以同时运行，给用户带来了极大的方便和全新的设计体验。

TIA Portal V13 的主要特点如下：

(1) TIA Portal V13 将所有的自动化任务全部集中到一个工程工具中，提高了设计效率。

(2) 兼容和支持各种设备。① 控制器方面：SIMATIC S7-1200 PLC、S7-300 PLC、S7-400 PLC 以及 S7-1500 PLC；② I/O 方面：可与 SIMATIC ET200SP 进行通信；③ HMI 方面：支持 SIMATIC Comfort 操作屏；④ 驱动方面：可组态 SIMATIC G120 变频器。

(3) 改进和新增的功能：自动系统诊断、集成安全功能、强大的在线功能和高性能 PROFINET 通信。

(4) 软件平台直观、高效、可靠。

① 直观：基于项目的方式，简便易用，学习起来更加简单。

② 高效：高效的功能，便于快速编程、调试、诊断和维护。

③ 可靠：可重复利用已有的自动化解决方案，在软件平台上可以非常简易地复制或增加新的产品，扩展已经验证的解决方案。

(5) 高效的设计与调试：具有自动系统诊断和强大的库功能，以及 PLC 与 HMI 驱动直接交互和创新的编程语言。

(6) 强大的兼容性和多层次的知识产权保护，可量身打造的系统解决方案。

二、TIA Portal 软件视图

TIA Portal 集成软件为了提高工作效率，给用户提供了两个不同的视图——博图视图和项目视图。博图视图：一种面向任务的工作模式，使用简单、直观，可以更快地开始项目设计，通过博图视图，可以访问项目的所有组件，具体如图附 9.1 所示。项目视图：一种包含项目所有组件和相关工作区的视图，在该视图中，可以方便地访问设备和块，项目的层次化结构、编辑器、参数和数据等全部显示在一个视图之中，具体如图附 9.2 所示。在 TIA Portal 集成软件中，博图视图和项目视图可以相互切换。本节主要介绍项目视图的使用。

1. 博图视图

在博图视图的布局中，如图附 9.3 所示，左边栏是启动选项，列出了软件所涵盖的功能，用于不同任务的入口；根据不同启动项的选择，中间栏会自动筛选出可以进行的操作；对于不同的操作，最右面的操作面板会更详细地列出具体的操作项目。在这过程中，操作面板可以查看已经选定的导航入口中可使用的动作；选择面板显示的内容可根据当前选择而定。

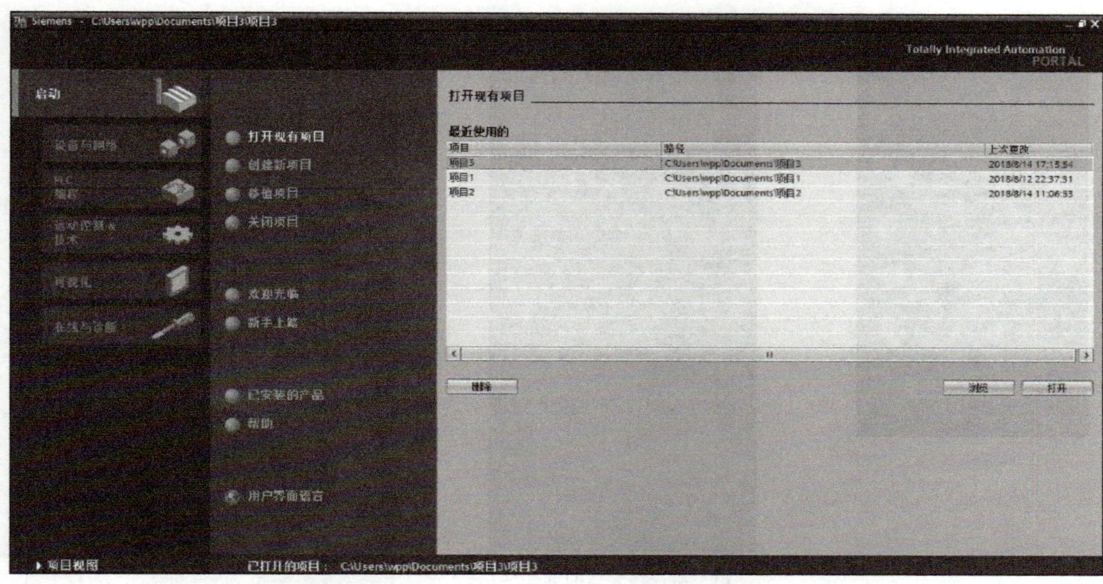

图附 9.1　TIA 的博图视图

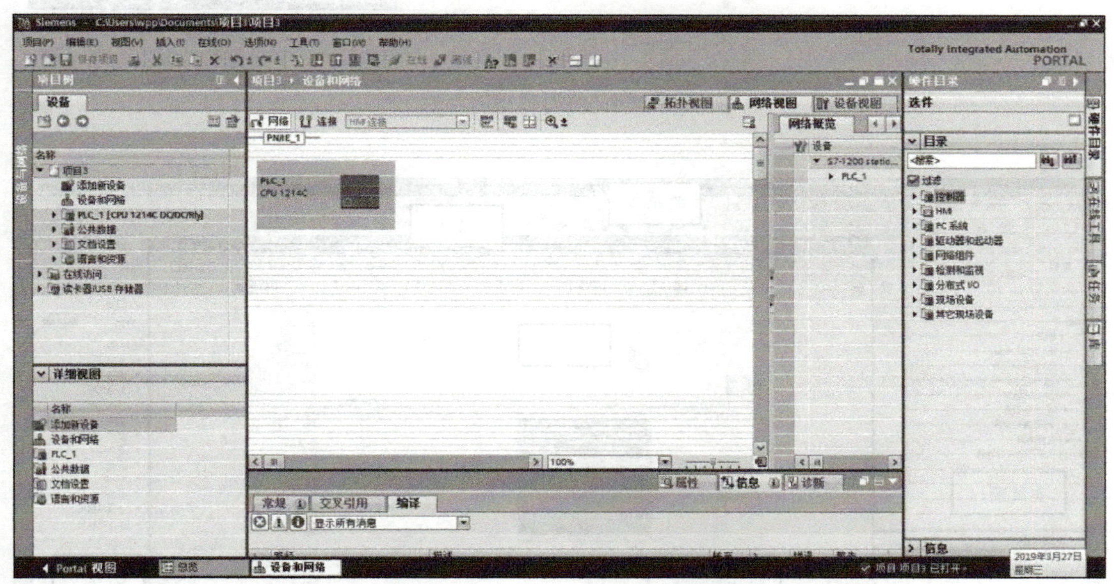

图附 9.2　TIA 的项目视图

2. 项目视图

项目视图如图附 9.4 所示，图中最上面的是菜单栏和工具栏；图的左边上下分别是项目窗口和详细视图；中间最大部分是工作区，工作区下面分别是检查器窗口和编辑器栏；图的右边是任务卡。下面对主要区域做一个简要介绍。

（1）项目树：项目树在项目窗口，显示了整个项目的各种元素；通过它可以访问所有的设备

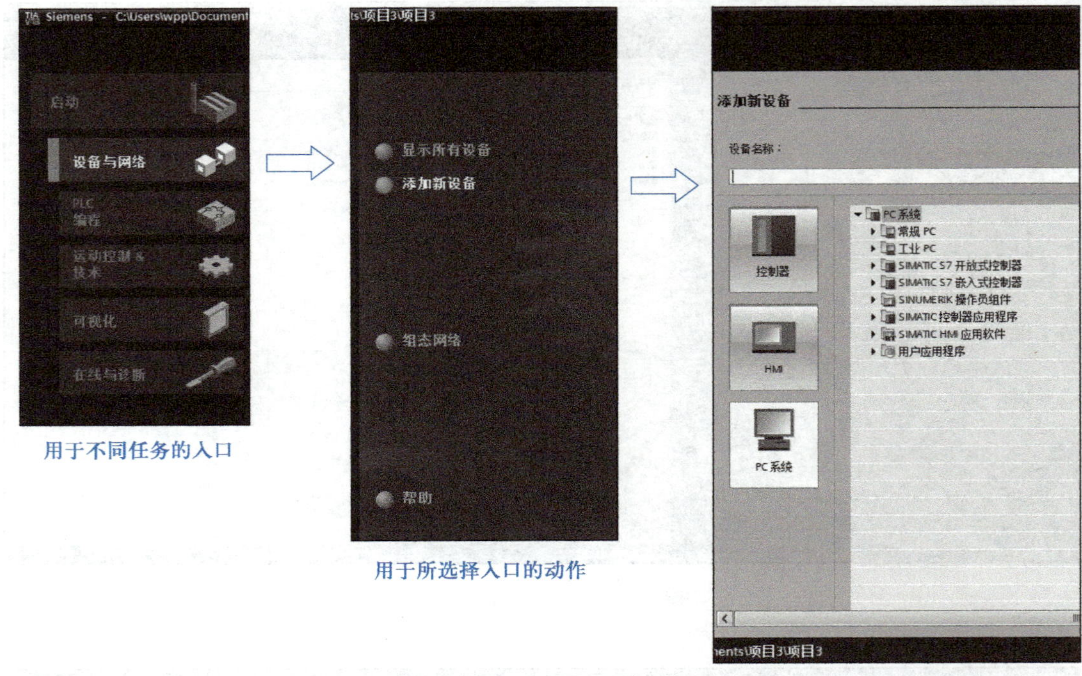

图附 9.3 博图视图的布局

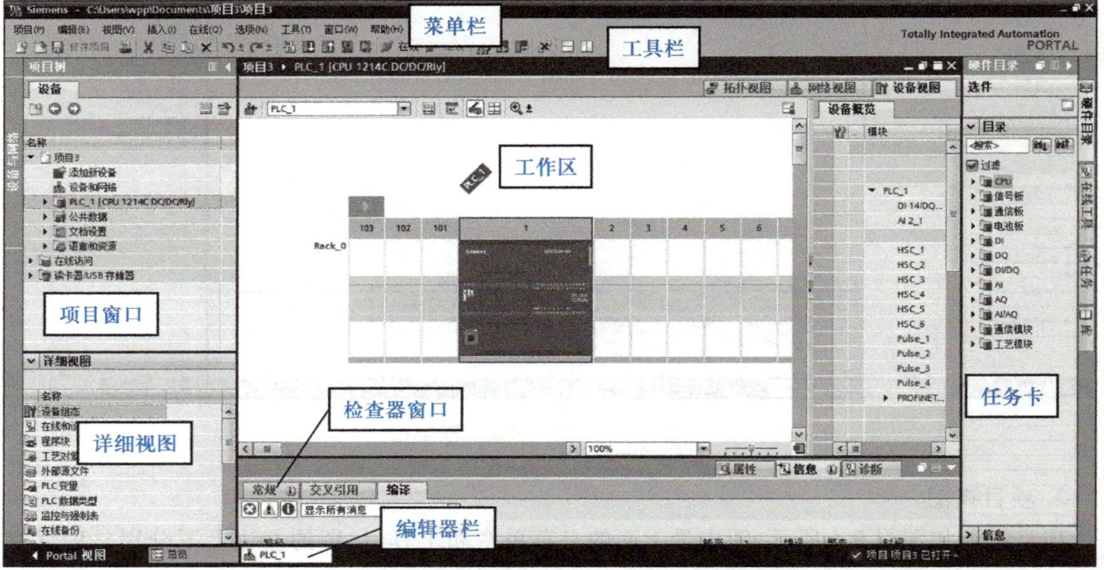

图附 9.4 项目视图

和项目的数据。在项目树中可以执行很多任务，比如：添加新设备，编辑现有的设备，扫描并更改现有项目数据等。

(2) 工作区：工作区在整个界面中所占空间最大，用于显示、编辑各种对象，这类对象包括编辑器、视图和表。

(3) 检查器窗口：检查器窗口处于工作区底部，用于显示已选对象或者已执行活动等有关的附加信息。

(4) 编辑器栏：用于显示和切换已打开的编辑器。

(5) 任务卡：任务卡可为被编辑或被选定的对象自动提供执行的附加操作。这些活动包括从库或者硬件目录中选择对象等。

(6) 详细视图：用于显示项目树中所选对象的特定内容。

三、界面中各部分的作用和常用操作

1. 项目树

在项目树中，可以访问所有的设备和项目数据，比如：添加新设备、编辑已有的设备、打开处理数据的编辑器等。项目树如图附 9.5 所示，其中各条目的作用如下。

(1) 添加新设备：用于在项目中添加设备，比如添加一个 S7-1200PLC、一个 HMI 等。在同一项目中，可以添加单个设备，也可添加多个设备。

(2) 设备和网络：进入该工作界面可以浏览项目的拓扑视图、网络视图和设备视图，同时还可以对系统的网络进行设置和编辑。

(3) 已生成设备：对于在项目树中已添加的设备，都有一个独立的文件夹，且有对应的名称，属于该设备的对象和活动均存放在该文件夹中。

(4) 语言和资源：该条目可以指定项目语言，以及该文件夹内所使用的语言。

(5) 在线访问："在线访问"项目窗口的底部，通过它可以找到建立编程设备或 PC 与被连接目标系统之间的在线连接时可以使用的全部网络接入方法。在各个接口符号处，可以获得相应接口的状态信息。也可以查看可访问设备、显示并编辑接口的属性信息。

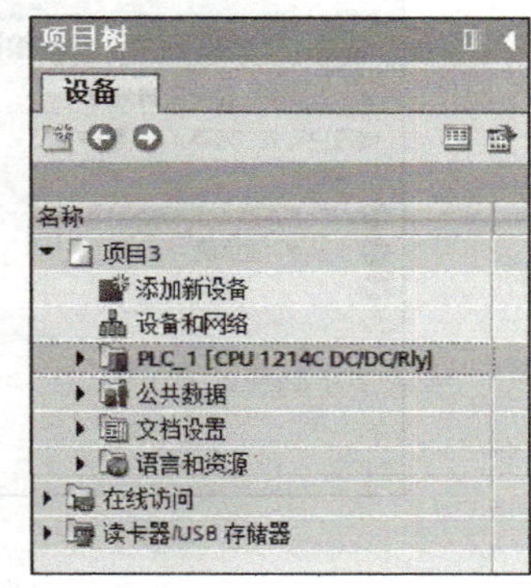

图附 9.5　项目树

2. 任务卡

任务卡位于项目视图界面右侧，如图附 9.6 所示，其使用的种类和数量取决于已经安装的软件产品。根据工作区被编辑或被选定对象的不同，任务卡可自动提供可执行的附加动作。这些动作包括：从某个库中选择对象，从硬件目录中选择对象，搜索和替换项目中的对象、已选定对象的诊断信息。

3. 检查器窗口

检查器窗口用于显示已选对象、已执行动作等内容的附加信息。检查器窗口包括 3 个选项卡：属性、信息和诊断，具体如图附 9.7 所示。

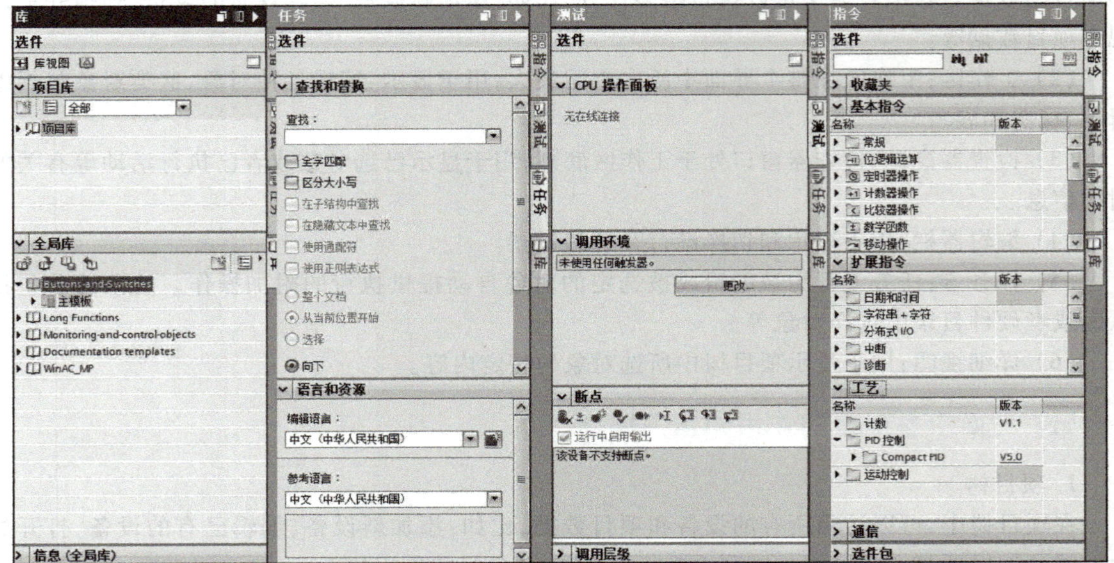

图附 9.6　任务卡

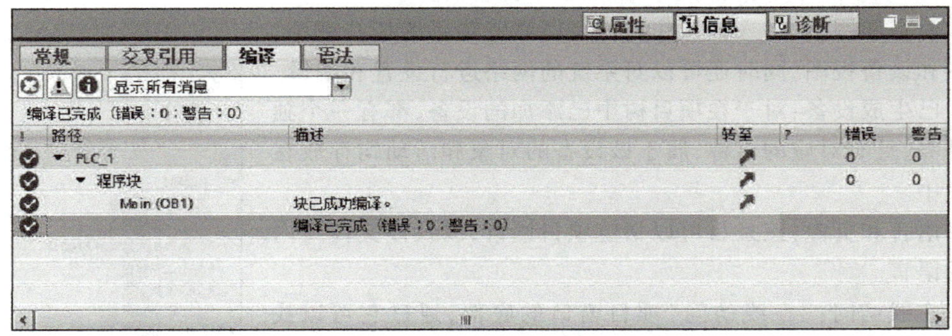

图附 9.7　检查器窗口

(1) 属性：该选项卡用于显示被选择对象的属性，在该选项卡中可以更改允许编辑的属性。

(2) 信息：用于显示被选择对象的其他信息及与被执行动作（如编译）有关的信息。在信息选项卡下还包括常规、交叉引用、编译和语法 4 个子选项卡。

(3) 诊断：用于提供与系统诊断事件和已组态报警事件等有关的信息。在该选项卡中还包括设备信息、连接信息和报警显示。

4. 选择语言

要更改软件界面语言，可按以下步骤进行操作：

(1) 在“选项”菜单中，选择“设置”命令。

(2) 在导航区中选择“常规”组。

(3) 从“用户界面语言”下拉列表中选择所需要的语言，则用户界面语言将会更改成所需要的语言，具体如图附 9.8 所示。下次打开该程序时，将显示为已经选定的用户界面语言。

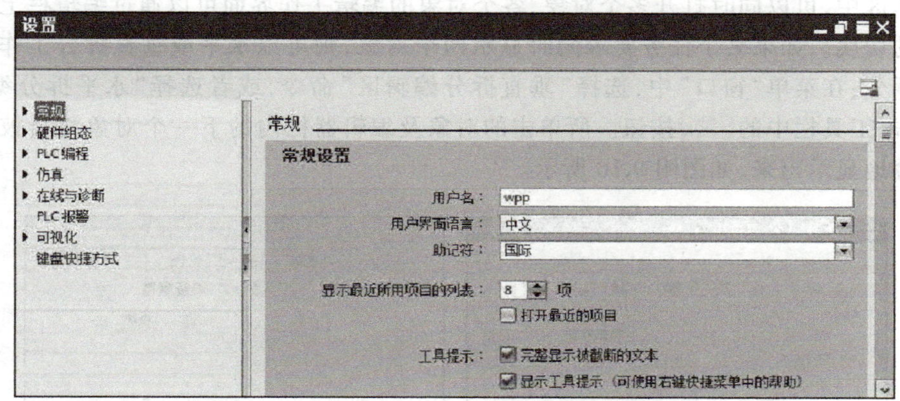

图附 9.8　选择语言

5. 工作区

各个对象的编辑和主要的编程工作都在工作区进行，这个区域有分割线，用于分隔界面的各个组件，可以用分割线上的箭头，显示或隐藏相邻部分，具体如图附 9.9 所示。

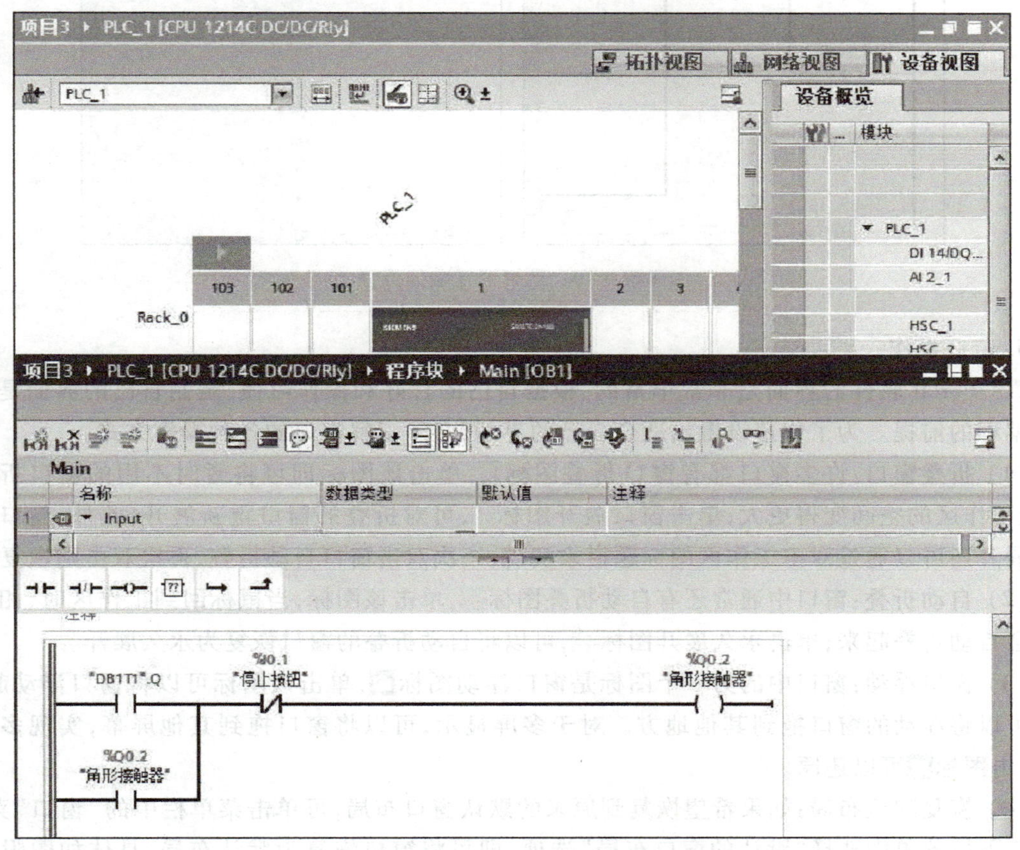

图附 9.9　工作区内的窗口

在工作区中，可以同时打开多个对象，各个对象的编辑工作界面可以通过编辑栏上的选项卡进行快速的切换。如果某个任务要求同时显示两个对象，则可以水平或垂直拆分工作区。编辑器区域的拆分：在菜单“窗口”中，选择“垂直拆分编辑区”命令，或者选择“水平拆分编辑区”命令，或者单击工具栏中的按钮。所单击的对象及编辑器栏内的下一个对象将会彼此相邻或者彼此重叠地显示出来，如图附 9.10 所示。

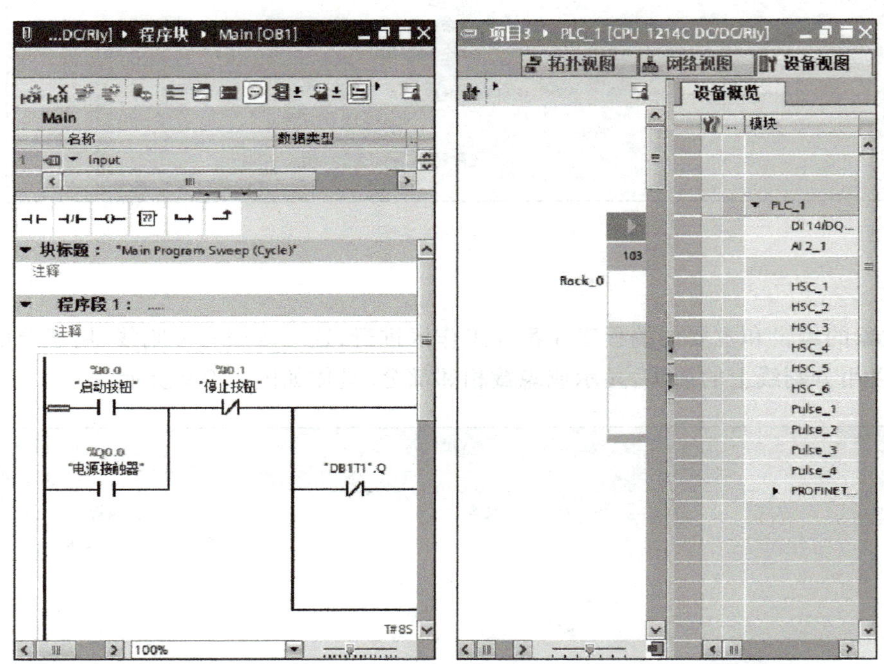

图附 9.10　编辑器区域的拆分

6. 窗口操作

TIA Portal 软件的界面是非常丰富的，根据自己的喜好和操作习惯，定制自己的界面是实现高效编程的前提。为了快速设置出适合自己的界面，必须了解窗口的各种操作方式。

（1）折叠窗口：许多窗口都有窗口折叠图标，单击该图标即可将暂时不用的窗口折叠起来，让工作区的空间变得更大；单击窗口展开图标，可对折叠的窗口重新展开；此外，窗口的折叠与展开还可以通过双击工作区的标题栏来实现，一次双击窗口自动折叠，再次双击则恢复。

（2）自动折叠：窗口中通常还有自动折叠图标，单击该图标，当鼠标回到工作区时，相应的窗口会自动折叠起来；单击永久展开图标，可以将自动折叠的窗口恢复为永久展开。

（3）窗口浮动：窗口中的另一个图标是窗口浮动图标，单击该图标可以将窗口浮动起来，这样可以将浮动的窗口拖到其他地方。对于多屏显示，可以将窗口拖到其他屏幕，实现多屏编辑，单击图标可以还原。

（4）恢复默认布局：如果希望恢复到原来的默认窗口布局，可单击菜单栏中的“窗口”菜单，从窗口下拉菜单中选择“默认的窗口布局”选项，即可将窗口恢复为默认布局，具体如图附 9.11 所示。

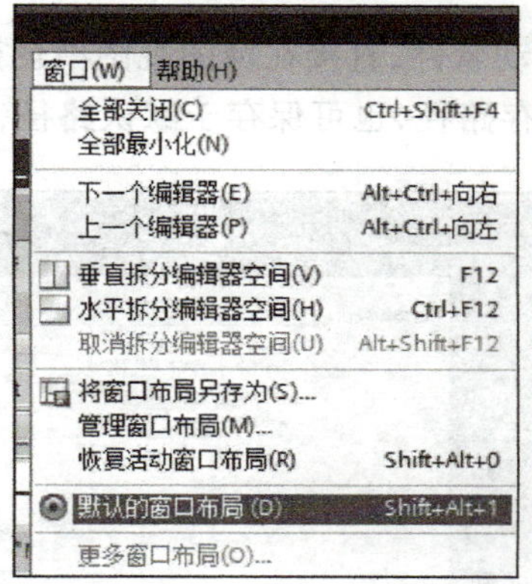

图附 9.11　恢复默认布局

7. 项目保存

对于项目的保存，只需要按一下工具栏中的“保存项目”按钮即可，具体如图附 9.12 所示。TIA Portal 软件在保存功能上相较 STEP7 软件有所改进，即使项目中包含有错误也可以保存。

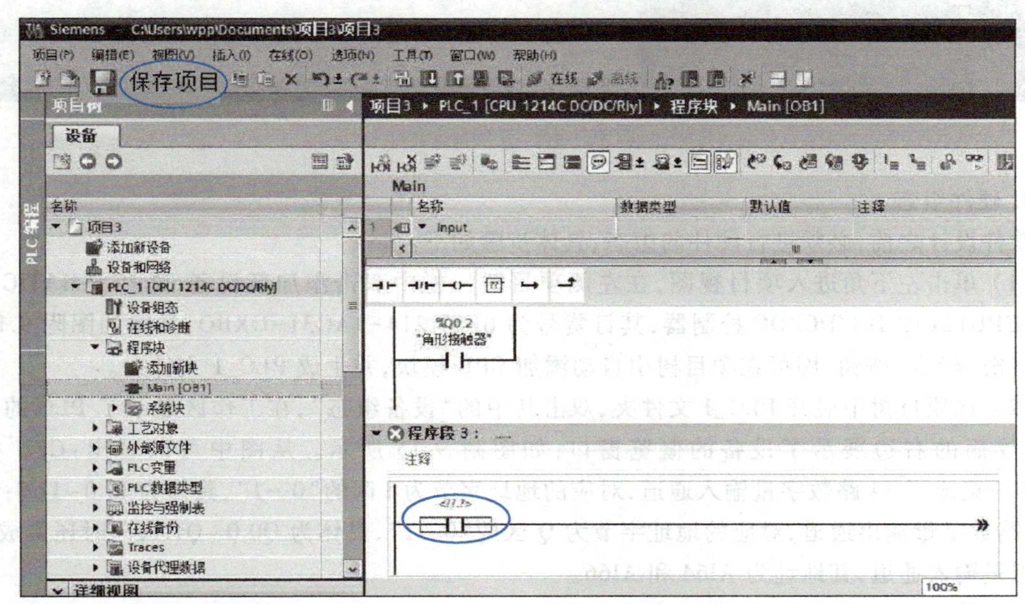

图附 9.12　保持项目

四、入门实例

现以电动机的起—保—停控制为例，来说明 TIA Portal 软件的使用过程。起—保—停控制要求：按下起动按钮 I0.0，电动机输出 Q0.0 起动并保持；按下停止按钮 I0.1，电动机输出 Q0.0 停止。在 TIA Portal 软件中，对该案例进行设计与实现，具体内容包括：创建项目、硬件组态、编辑变量、编写程序、下载程序、调试程序。

1. 创建项目

双击 TIA Portal 软件图标,启动软件,直接在博图视图中创建一个新项目,项目名称为"电动机起保停"控制,并选择合适的保存路径,也可保存于默认路径,具体如图附 9.13 所示。

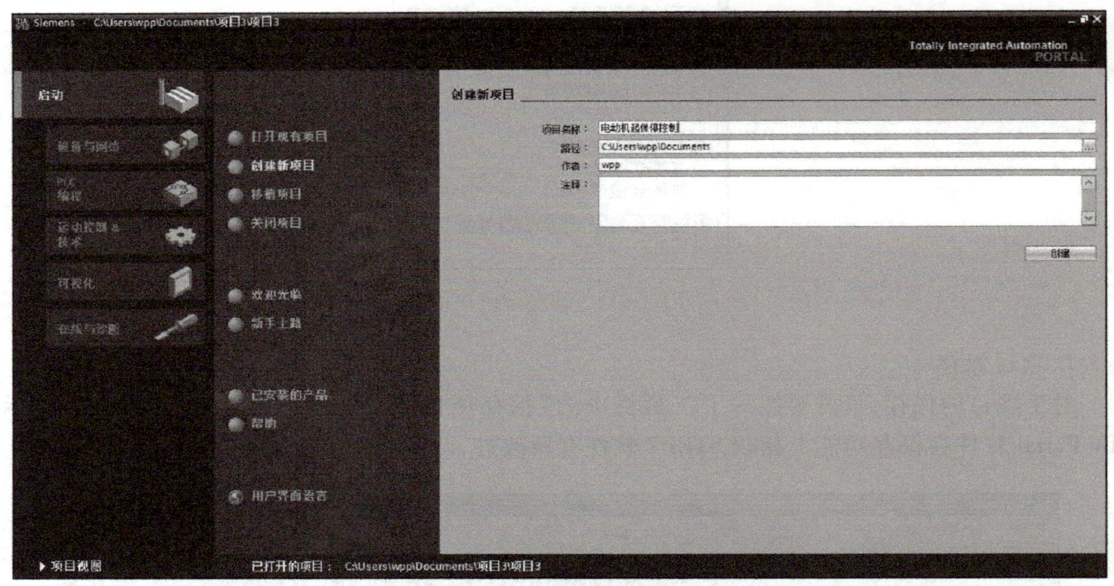

图附 9.13 创建新项目

2. 硬件组态

软件设计之前,必须进行硬件的组态,具体步骤如下。

(1) 单击左下角进入项目视图,在左侧项目树一栏中双击添加新设备,选择 SIMATIC S7-1200/CPU1214C DC/DC/DC 控制器,其订货号为 6ES7 214-1AG31-OXBO,具体如图附 9.14 所示。点击"确定"按钮,即可在项目树中自动添加 CPU 模块,并生成 PLC_1 文件夹。

(2) 在项目树中展开 PLC_1 文件夹,双击其中的"设备组态",在工作区显示了 PLC 的整个机架,界面的右边展示了设备的概览窗口,如图附 9.15 所示。从图中可以看出:CPU 模块(1214C)集成了 14 路数字量输入通道,对应的地址字节为 I 区的"0…1",具体为 I0.0~I1.5;集成了 10 路数字量输出通道,对应的地址字节为 Q 区的"0…1",具体为 Q0.0~Q1.1;同时还集成了 2 路模拟量输入通道,其地址为 AI64 和 AI66。

(3) 设置 CPU 模块的 IP 地址:单击 CPU,选中巡视窗口中的"属性"选项卡→选择"常规"选项卡→选中"以太网地址"选项→配置网络,具体如图附 9.16 所示。在该配置界面,先单击添加新子网,然后将 IP 地址改为 192.168.0.1,子网掩码默认为 255.255.255.0。

注意:PLC 的 IP 地址必须与计算机的 IP 地址在同一网段内,即前 3 个字节相同,最后字节不同,便于后续进行以太网通信。

(4) 硬件组态下载。硬件组态完成后,便可以下载组态数据。在项目树中,选中 PLC_1→单击工具栏中的"下载"按钮,弹出图附 9.17 所示界面→选择 PG/PC 的接口类型为 PN/IE,其中 PG/PC 接口为实际的连接以太网的网卡名称→子网的连接可任选→在"目标子网中的兼容设备"搜索查找实际 PLC→找到后单击"下载"按钮，进行下载。在下载过程中，系统会提示是否停止 PLC，直接点击确认即可，下载后可重新启动 PLC。下载完成后，如果各个设备都显示为绿色，则说明硬件组态成功；若不能正常运行，则说明组态错误，可使用 CPU 的在线与诊断工具进行诊断与排错。

注意：若固件版本不同，可能会引起下载失败，可用在线访问检查固件版本。在组态下载之前，务必保证 PC 与实际 PLC 之间的物理通路是正确的。

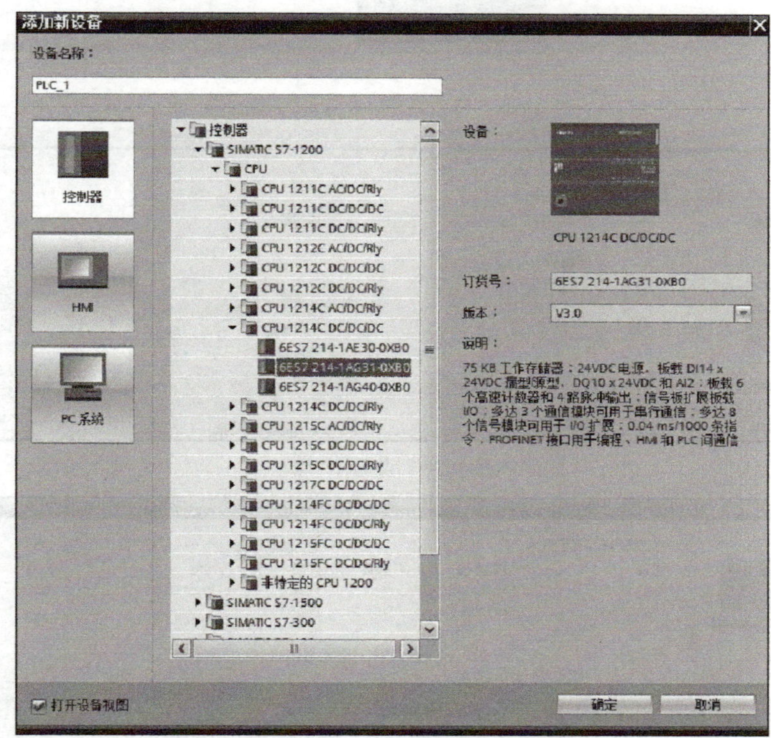

图附 9.14　添加设备

设备概览

模块	插槽	I 地址	Q 地址	类型	订货号	固件
	103					
	102					
	101					
PLC_1	1			CPU 1214C DC/DC/DC	6ES7 214-1AG31-0XB0	V3.0
DI 14/DQ 10_1	1 1	0...1	0...1	DI 14/DQ 10		
AI 2_1	1 2	64...67		AI 2		
	1 3					
HSC_1	1 16	1000...10...		HSC		
HSC_2	1 17	1004...10...		HSC		
HSC_3	1 18	1008...10...		HSC		
HSC_4	1 19	1012...10...		HSC		
HSC_5	1 20	1016...10...		HSC		
HSC_6	1 21	1020...10...		HSC		
Pulse_1	1 32		1000...10...	脉冲发生器 (PTO/PWM)		
Pulse_2	1 33		1002...10...	脉冲发生器 (PTO/PWM)		
Pulse_3	1 34		1004...10...	脉冲发生器 (PTO/PWM)		
Pulse_4	1 35		1006...10...	脉冲发生器 (PTO/PWM)		
PROFINET接口_1	1 X1			PROFINET接口		
端口_1	1 X1 P1			端口		

图附 9.15　设备组态

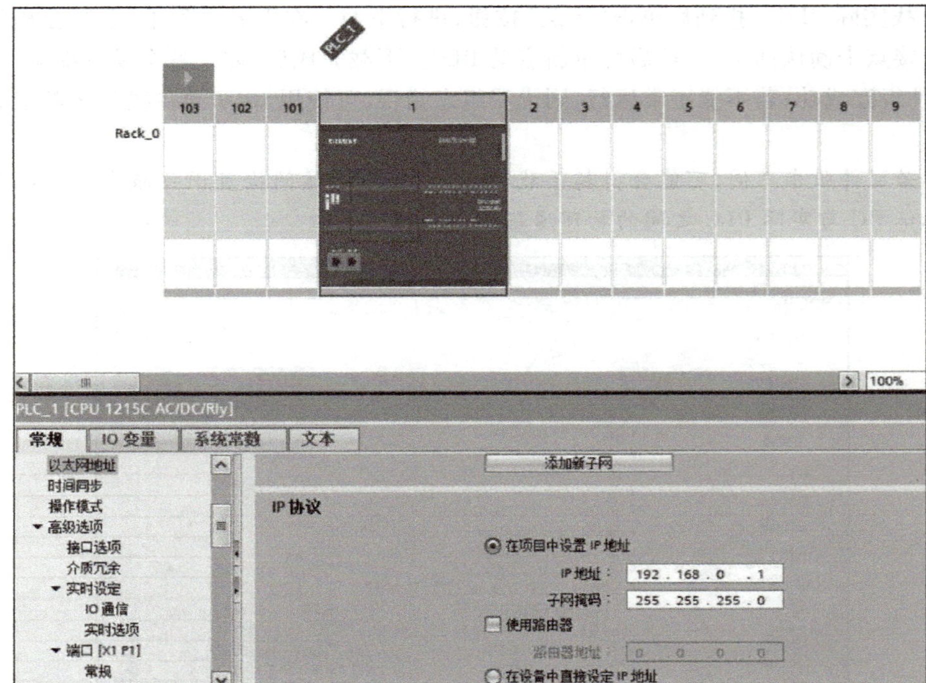

图附 9.16 设置 IP 地址

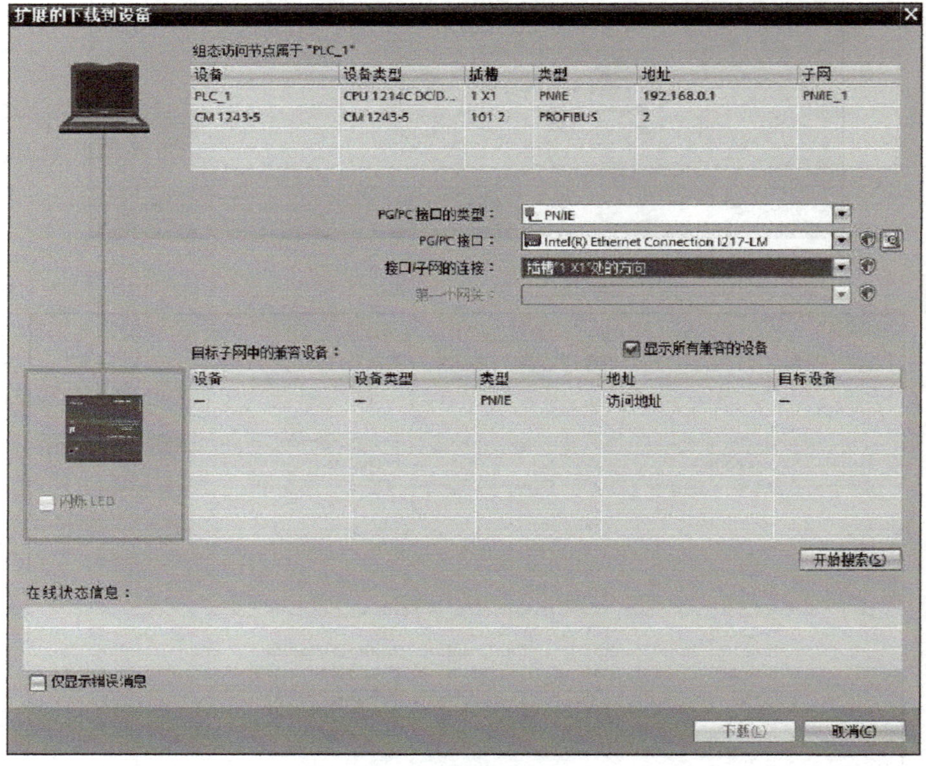

图附 9.17 下载界面

3. 编辑变量

编辑变量主要针对符号变量，因为在 TIA Portal 软件的编程理念中，特别强调符号变量的使用。在开始编写正式程序之前，需要为输入、输出、中间变量定义相应的符号名。

编辑变量的具体步骤：首先需要添加变量表，界面如图附 9.18 所示→在 PLC 变量表中建立变量名称→选择变量数据类型→选择变量对应的实际地址。

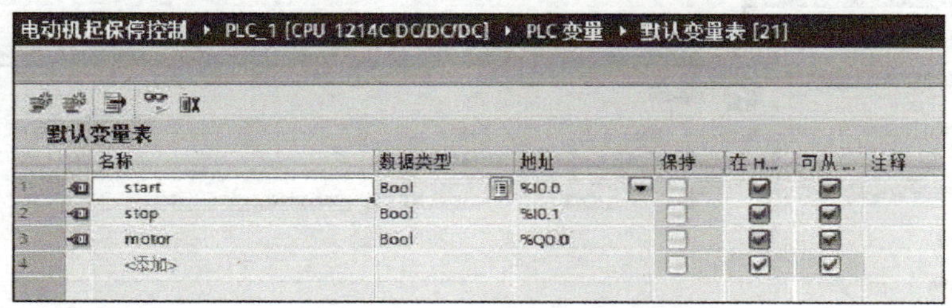

图附 9.18　变量定义

4. 编写程序

展开项目树中 PLC_1 文件夹，展开程序块对象，双击该对象列表中的主程序 Main，进入 OB1 编辑界面，如图附 9.19 所示。常用的触点、梯形图的连接操作可以直接点击程序界面上的工具按钮，编写完成后可进行编译检查，查找语法错误。

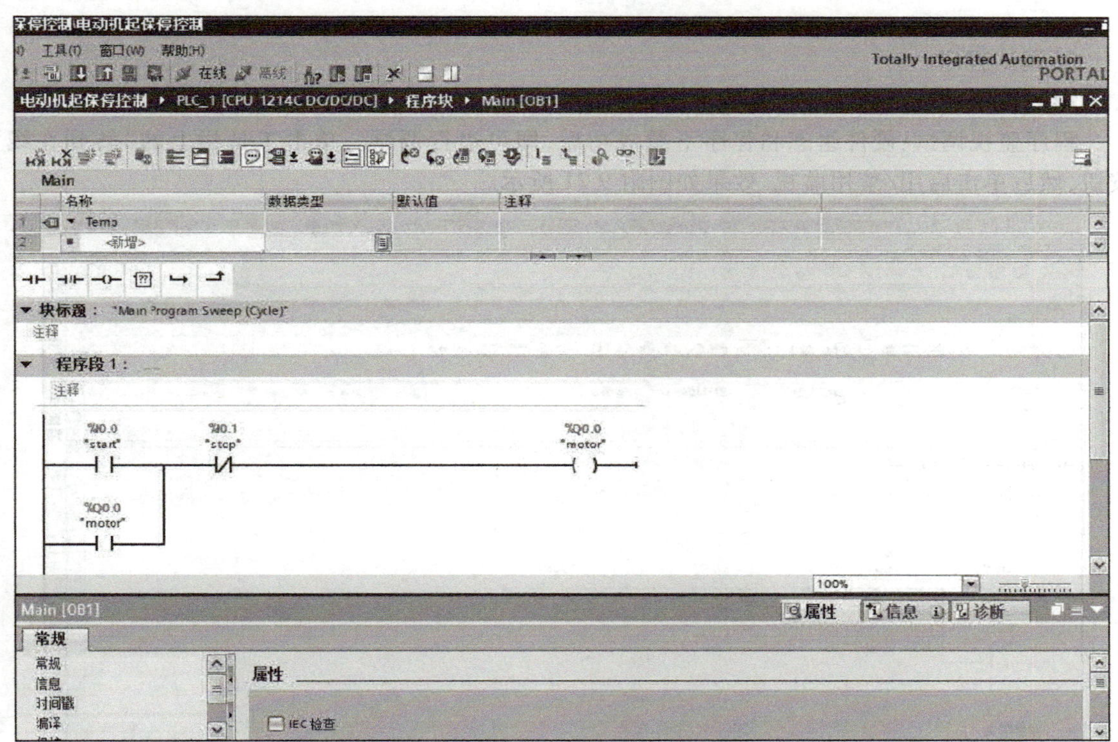

图附 9.19　程序编写窗口

5. 下载程序

程序编译没有问题后，可进行下载。选择编译好的程序块，单击工具栏中的“下载”，将程序块下载到 PLC 中，下载界面如图附 9.20 所示。

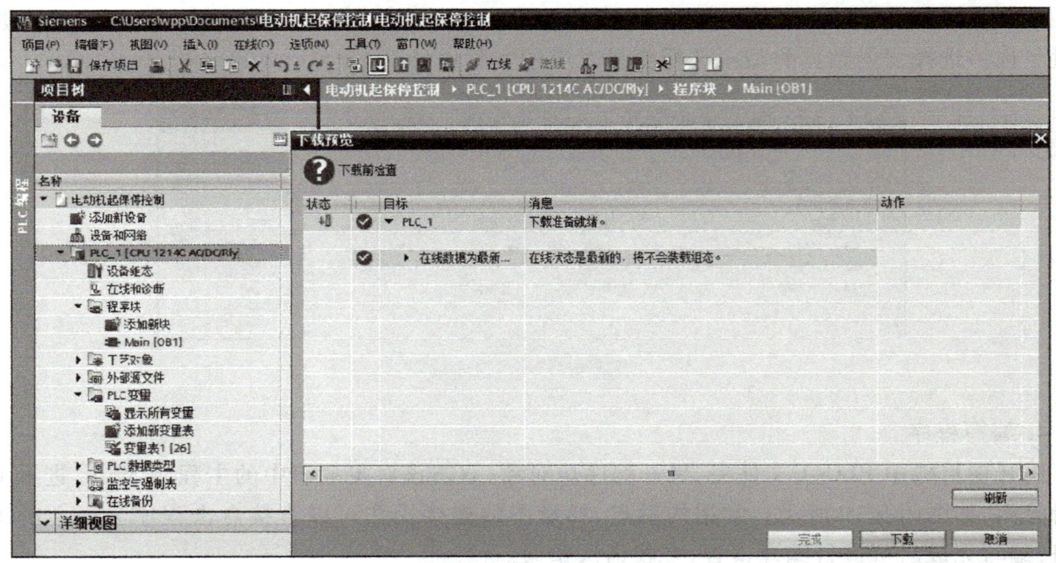

图附 9.20 下载程序

6. 调试程序

调试程序最常用的的方式是程序监视调试和监控表调试。

程序监视调试：硬件组态和程序下载成功后，即可进行调试。单击工具栏上的“转到在线”按钮，然后单击启用/禁用监视，效果如图附 9.21 所示。

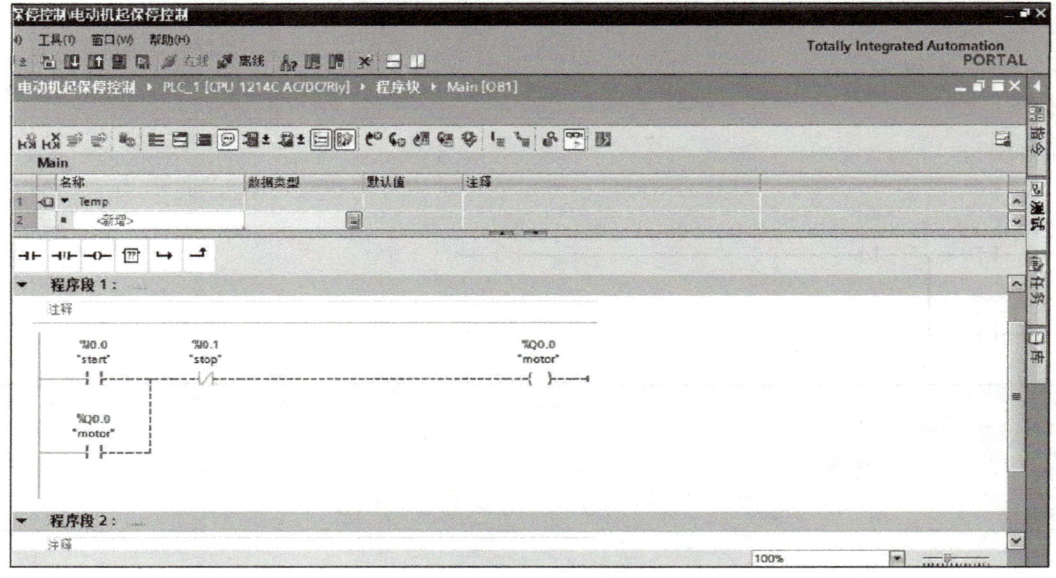

图附 9.21 程序监视调试

在硬件设备上，按下启动按钮 I0.0，图附 9.21 中的动合触点 I0.0 闭合，能流从母线流到线圈 Q0.0，Q0.0 为"1"；当释放启动按钮，动合触点 I0.0 断开，但能流通过与之并联的动合触点 Q0.0 保持通路，仍能保证 Q0.0 处于得电状态，具体如图附 9.22 所示。

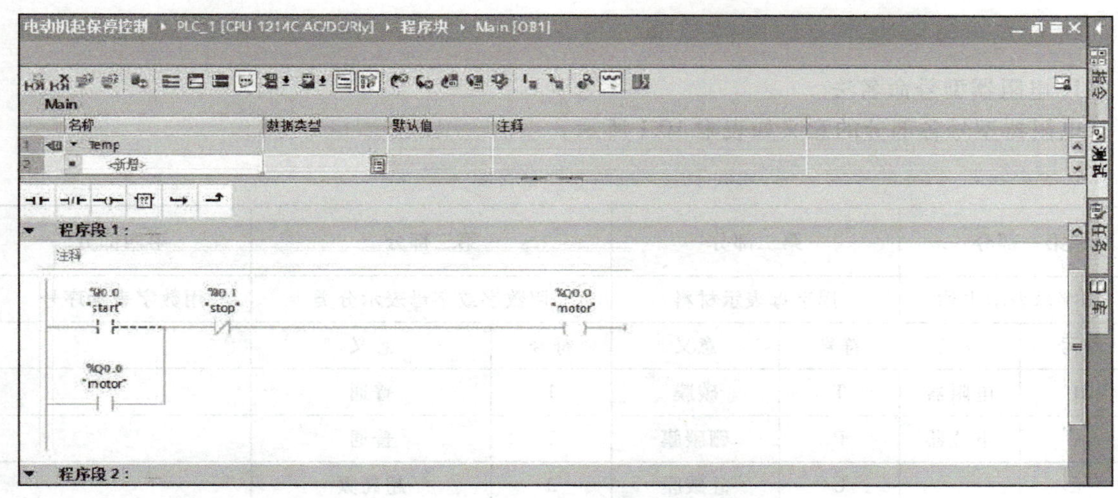

图附 9.22　程序调试

附录十 常用元器件命名法

一、电阻器的识别与型号命名法

1. 电阻器型号命名法

电阻器型号各部分的意义如表附 10.1 所示。

表附 10.1 电阻器型号各部分的意义

第一部分		第二部分		第三部分		第四部分
用字母表示主称		用字母表示材料		用数字或字母表示分类		用数字表示序号
符号	意义	符号	意义	符号	意义	
R	电阻器	T	碳膜	1	普通	
W	电位器	P	硼碳膜	2	普通	
		U	硅碳膜	3	超高频	
		H	合成膜	4	高阻	
		I	玻璃釉膜	5	高温	
		J	金属膜(箔)	6		
		Y	氧化膜	7	精密	
		C	有机实芯	8	高压或特殊函数	
		N	无机实芯	9	特殊	
		X	线绕	G	高功率	
		R	热敏	T	可调	
		G	光敏	X	小型	
		M	压敏	L	测量用	
				W	微调	
				D	多圈	

注:第三部分数字“8”,对于电阻器表示“高压”,对于电位器表示“特殊函数”。

2. 电阻器的主要指标参数

(1) 额定功率

功率共分 10 个等级,其中常用的有:1/20W,1/16W,1/8W,1/4 W,1/2 W,1 W,2 W……。

(2) 容许误差等级和标称阻值

电阻器的容许误差等级及标称阻值系列如表附 10.2、表附 10.3 所示。

表附 10.2　容许误差等级

容许误差	±0.5%	±1%	±5%	±10%	±20%
等级	005	01	Ⅰ	Ⅱ	Ⅲ

表附 10.3　标称阻值系列

容许误差	系列代号	系列值
±20%	E6	10　15　22　33　47　68
±10%	E12	10　12　15　18　22　27　33　39　47　56　68　82
±5%	E24	10　11　12　13　15　16　18　20　22　24　27　30　33 36　39　43　47　51　56　62　68　75　82　91

一般固定式电阻器的标称阻值应符合表列数值乘以 10^n，其中 n 为正整数或负整数。对于更高精度的电阻器，其系列代号可进一步扩展为 E48、E96，相应的容许误差则更小。

电阻器的阻值和误差一般都用数字标印在电阻器上。但由于体积很小或者一些为合成电阻器，其阻值和误差常用色环来表示。靠近一端画有四道或五道(精密电阻)色环，其中第 1、第 2 以及精密电阻的第 3 道色环，用以表示阻值相应位数的数字。其后的两道色环分别表示前面数字再乘以 10 的方幂和阻值的容许误差。色环颜色的意义如表附 10.4 所示。还有一些电阻，如表面贴装电阻，其阻值依照色标电阻表示法用三位数字表示，如 102 Ⅰ 表示 1 kΩ 电阻，误差为 Ⅰ 级即 5%。

表附 10.4　色环颜色的意义

颜色	第一道色环(1)	第二道色环(2)	第三道色环 (精密电阻用)	第四道色环(3)	第五道色环(4)
黑	0	0	0	0	
棕	1	1	1	1	±1%
红	2	2	2	2	±2%
橙	3	3	3	3	
黄	4	4	4	4	
绿	5	5	5	5	±0.5%
蓝	6	6	6	6	±0.25%
紫	7	7	7	7	±0.1%
灰	8	8	8	8	
白	9	9	9	9	
金				−1	±5%
银				−2	±10%
本色					±20%

例 1：有一五色环碳质电阻，色环顺序是蓝、灰、黑、黑、棕。这个电阻的阻值就是 680 Ω，误差是±1%。

例 2：有一五色环碳质电阻，色环顺序是绿、棕、黑、橙、棕。这个电阻的阻值就是 510 kΩ，误差是±1%。

二、电容器的识别与型号命名法

1. 电容器的型号命名法

电容器的型号命名法和电阻器的类似，由主称、材料、分类和序号四部分组成。

（1）主称、材料部分的符号及意义

电容器主称、材料部分的符号及意义如表附 10.5 所示。

表附 10.5　主称、材料部分的符号及意义

主称		材料	
符号	意义	符号	意义
C	电容器	C	高频陶瓷介质
		T	低频陶瓷介质
		I	玻璃釉
		O	玻璃膜
		Y	云母
		V	云母纸
		Z	纸介质
		J	金属化纸介质
		B	非极性有机薄膜
		L	极性有机薄膜
		Q	漆膜
		H	复合介质
		D	铝电解
		A	钽电解
		G	合金电解
		N	铌电解
		E	其他材料电解

（2）分类部分的符号及意义

除个别类型用字母表示外（如用 G 表示高功率，W 表示微调），一般都用数字表示。其规定如表附 10.6 所示。

表附 10.6　电容器分类符号表

名称	1	2	3	4	5	6	7	8	9
瓷介电容器	圆形	管形	叠片	独石	穿心	支柱等		高压	
云母电容器	非密封	非密封	密封	密封				高压	
有机电容器	非密封	非密封	密封	密封				高压	特殊
电解电容器	箔式	箔式	烧结粉 液体	烧结粉 固体		无极性			特殊

2. 电容器的主要特性指标

(1) 电容器的耐压

常用直流工作电压系列为(单位:V):6.3,10,16,25,32*,40,50*,63,100,160,250,400 等,有"*"号者只限于电解电容器用。

(2) 电容器容许误差等级和标称容量值

电容器容许误差等级及固定式电容器的标称容量系列表如表附 10.7、表附 10.8 所示。

表附 10.7　电容器容许误差等级

容许误差	±2%	±5%	±10%	±20%	+20% -30%	+50% -20%	+100% -10%
级别	02	Ⅰ	Ⅱ	Ⅲ	Ⅳ	Ⅴ	Ⅵ

表附 10.8　固定式电容器的标称容量系列表

名称	容许误差	容量范围	标称容量系列
纸介电容器 金属化纸介电容器 纸膜复合介质电容器 低频(有极性)有机薄膜介质电容器	±5% ±10% ±20%	100 pF~1 μF	1.0,1.5,2.2,3.3,4.7,6.8
		1 μF~100 μF	1,2,4,6,8,10,15,20,30,50,60,80,100
高频(无极性)有机薄膜介质电容器 瓷介电容器 玻璃釉电容器 云母电容器	±5%		E24
	±10%		E12
	±20%		E6
	±20%以上		E6
铝、钽、铌电解电容器	±10% ±20% +50% -20% +100% -10%		1,1.5,2.2,3.3,4.7,6.8(容量单位为 μF)

注:标称电容量为表中数值或表中数值再乘以 10^n,其中 n 为正整数或负整数。

3. 电容器电容量的几种标注方法

目前电容器的电容量标注方法比较混乱,建议对于容易混乱的电容,最好用电容表进行测量后再使用。

(1) 数字直接描述法

电解电容器电容量值的标注法均采用"数字直接描述法",即直接标出"＊＊＊μF"的字样,如 47 μF,4 700 μF 等。

(2) 传统标注法

"传统标注法"对于小于 10 000 pF 以 pF 为单位的电容,省略单位 pF,如 4 700 pF 标注为 4 700,47 pF 标注为 47;对于大于 10 000 pF 以 μF 为单位的电容,省略单位 μF,如 470 000 pF 即

0.47 μF,标注为 0.47 或.47,47 000 pF 即 0.047 μF,标注为 0.047 或.047。

从以上例子可以看出,这种标注方法是很容易识别的,凡是大于 1 的数均是以 pF 为单位,凡是小于 1 的小数均是以 μF 为单位,凡电容量大于 1 μF 的电容,后面均标出单位(μF)。

(3) 色码标注法

“色码标注法”中电容器的电容量均以三位数字标注,单位为 pF,三位数字的含义是前两位为有效数字,第三位为 10 的幂次,如 473 即为 47×10^3 pF,这个电容值与标注为 0.047 或.047 的含义是一样的,105 即为 1 μF,104 为 0.1 μF。

这种标注方法主要以小型瓷介电容为主。

4. 常用电容器的几项主要特性

常用电容器的几项主要特性如表附 10.9 所示。

表附 10.9 常用电容器的几项主要特性表

名称	型号	容量范围	直流工作电压/V	适用频率/MHz	准确度	漏阻/MΩ
纸介电容器(中、小型)	CZ	470 pF~0.22 μF	63~630	8 以下	±(5~20)%	>5 000
金属壳密封纸介电容器	CZ3	0.01~10 μF	250~1 600	直流、直流脉动	±(5~20)%	>1 000~5 000
金属化纸介电容器(中、小型)	CJ	0.01~0.2 μF	160,250,400	8 以下	±(5~20)%	>2 000
金属壳密封金属化纸介电容器	CJ3	0.22~30 μF	160~1 600	直流、直流脉动	±(5~20)%	>30~5 000
薄膜电容器		3 pF~0.1 μF	63~500	高频、低频	±(5~20)%	>10 000
云母电容器	CY	10 pF~0.051 μF	100~7 000	75~250 以下	±(2~20)%	>10 000
瓷介电容器	CC	1 pF~0.1 μF	63~630	高频、低频 50~3 000 以下	±(2~20)%	>10 000
铝电解电容器	CD	1~10 000 μF	4~500	直流、直流脉动	+20%~+50% -30% -20%	
钽、铌电解电容器	CA CN	0.47~1 000 μF	6.3~160	直流、直流脉动	±20%~+20% -30%	
瓷介微调电容器	CCW	2/7~7/25 pF	250~500	高频		>1 000~10 000
可变电容器	CB	最小>7 pF 最大<1 000 pF	100 以下	低频、高频		>500

三、常用半导体器件型号命名法

常用半导体器件的型号命名由五部分组成,第一部分用数字表示电极的数目;第二部分用汉语拼音字母表示器件的材料和极性;第三部分表示器件的类别;第四部分表示器件的序号;第五部分表示规格。具体规定见表附 10.10 所示。

表附 10.10 中国国家标准(GB/T 249—2017)规定的半导体器件型号命名方法

第一部分		第二部分		第三部分		第四部分	第五部分
用数字表示器件的电极数目		用汉语拼音字母表示器件的材料和极性		用汉语拼音字母表示器件的类别		用数字表示器件序号	用汉语拼音字母表示规格
符号	意义	符号	意义	符号	意义		
2 3	二极管 三极管	A B C D A B C D E	N 型锗材料 P 型锗材料 N 型硅材料 P 型硅材料 PNP 型锗材料 NPN 型锗材料 PNP 型硅材料 NPN 型硅材料 化合物材料	P V W C Z L S N K X G D A V J	普通管 微波管 稳压管 参量管 整流管 整流堆 隧道管 阻尼管 开关管 低频小功率管 高频小功率管 低频大功率管 高频大功率管 光电器件 结型场效应管		

参 考 文 献

1. 王香婷,徐瑞东.电工技术与电子技术实验[M]. 2 版.北京:高等教育出版社,2017.
2. 王香婷,刘涛.电工技术与电子技术实验[M]. 北京:高等教育出版社,2009.
3. 秦曾煌. 电工学(上册)电工技术[M]. 8 版. 北京:高等教育出版社,2023.
4. 秦曾煌. 电工学(下册)电子技术[M]. 8 版. 北京:高等教育出版社,2024.
5. 李琰. 电工电子 EDA 实践教程[M]. 北京:高等教育出版社, 2020.
6. 王宇红.电工学实验教程[M]. 北京:高等教育出版社, 2020.
7. 刘风春,王林.电工学实验教程[M]. 2 版. 北京:高等教育出版社, 2019.
8. 孙晖.电工电子学实践教程[M]. 北京:电子工业出版社, 2018.
9. 杨艳.电工电子技术(第 4 版)实验教程[M]. 北京:电子工业出版社, 2019.
10. 雷勇.电工学实验[M]. 北京:高等教育出版社, 2009.